基于R的语言研究
多变量分析

吴诗玉◎著

内容提要

本书基于语言研究的真实案例，遵从“一个案例接着一个案例推进”的编写理念，介绍了 R 在语言学研究的多变量分析应用。第 1 及第 2 章主要介绍基础理论和概念，包括语言研究多变量分析的概念及统计建模的基本概念、数据结构和数据可视化等。第 3 章到第 8 章根据 6 个真实案例详细展示了基于 R 的多变量分析的具体应用，分别介绍了这些研究的动机和背景、数据收集的过程，并重点展示了数据分析和统计建模的经过以及结果的呈现、解读和讨论等等。虽然这些研究案例都有各自特点，但数据分析的内在过程都存在很多共同点。本书能够帮助读者通过对这些具体研究案例的学习提升多变量分析能力，在开展语言实证研究的数据分析时做到举一反三。本书适用于所有对量化研究感兴趣的研究者，包括语言学、心理语言学、二语习得、量化语料库语言学等研究者以及其他学科对量化研究感兴趣的读者。

图书在版编目(CIP)数据

基于 R 的语言研究多变量分析/吴诗玉著. —上海：上海交通大学出版社，2024.3(2024.6 重印)

ISBN 978-7-313-29867-6

Ⅰ.①基… Ⅱ.①吴… Ⅲ.①程序语言—程序设计 Ⅳ.①TP312.8

中国国家版本馆 CIP 数据核字(2024)第 056617 号

基于 R 的语言研究多变量分析
JIYU R DE YUYAN YANJIU DUOBIANLIANG FENXI

著　　者：吴诗玉
出版发行：上海交通大学出版社　　地　　址：上海市番禺路 951 号
邮政编码：200030　　电　　话：021-64071208
印　　制：苏州市古得堡数码印刷有限公司　　经　　销：全国新华书店
开　　本：710mm×1000mm　1/16　　印　　张：17.75
字　　数：272 千字
版　　次：2024 年 3 月第 1 版　　印　　次：2024 年 6 月第 2 次印刷
书　　号：ISBN 978-7-313-29867-6
定　　价：98.00 元

前言 ▶▶▶

笔者从事语言学专业研究生教学多年，深刻理解一本合适的教材对教学的重要性。遗憾的是，目前在市场上很难找到一本有关语言数据处理的语言学专业研究生教材。这些教材要么对前置知识，尤其是数理统计知识要求太高，要么是所涉及案例与语言研究无关，导致语言学专业研究生难以阅读。本书正是在这种现状之下写作而成，希望能够助力于研究生培养，帮助他们打下扎实的量化研究的基础。

语言学的大量研究都涉及对多个变量及其关系进行考察，换句话说，多变量分析才是语言研究的常态。本书以此为出发点，从实证研究的视角，来探讨语言研究的多变量分析，主要介绍我们课题组开展过的多个语言实验，以这些真实的研究案例为主线，详细展示这些研究的背景、数据收集的过程，重点展示数据分析和统计建模的经过，还包括结果的呈现、解读和讨论等。虽然这些研究案例都有它们自己的特点，而且读者要开展的每项新研究在研究目的、研究问题和假设以及研究设计等方面可能也都与这些研究案例不一样，但是我们认为在数据分析的核心过程上所有的研究都会存在很多共同点。因此，本书讨论的具体的研究案例能帮助读者提升多变量分析能力，帮助他们在开展实证研究，进行数据分析时做到举一反三。

需要强调的是，多变量分析是一件非常复杂的事情，而本书重点介绍的基于混合效应模型来开展的多变量分析则更为复杂，能否拟合一个最合适的模型并在此基础上进行统计推断，既跟我们的知识有关，也和我们的经验有关，当然也与我们所开展的研究课题的理论知识有关。正如 Bates 等(2018:5)提出的,“我们不会说我们的解释是开展这些分析的唯一的方法,但上面介绍的策略确实产生了满意的结果”。

受时间和能力的限制,本书肯定存在很多不足之处,恳请读者批评、指正。

本书的随书数据和代码请访问上海交通大学出版社官网下载:http://www.jiaodapress.com.cn/Data/List/zyxz;文件解压密码为 20240318@wsy。

吴诗玉
2023.12.31
上海交大思源湖畔

目 录

第1章 多变量分析的概念问题

语言是“人类进化最复杂的现象”(Gries, 2013),因此开展与语言相关的研究,不管是语言的习得、产出、理解、加工,还是涉及语言本体等各种各样的研究,都会牵涉同时对很多变量进行考察。因此,多变量分析是语言研究的常态。本书以此为出发点,从实证研究的视角,来探讨语言研究的多变量分析,主要介绍我们课题组开展过的多个语言实验,以这些真实的研究案例为主线,详细展示这些研究的背景、数据收集的过程,重点展示数据分析和统计建模的经过,还包括结果的呈现、解读和讨论等。虽然这些研究案例都有各自的特点,而且读者要开展的新研究可能在研究目的、研究问题和假设以及研究设计等方面也与这些研究案例不一样,但是笔者认为在数据分析的核心过程中所有的研究都会存在很多共同点。因此,本书讨论的具体研究案例能帮助读者提升多变量分析能力,帮助他们在开展实证研究,进行数据分析时做到举一反三。

为了更好地理解本书各章的内容,笔者认为有必要在前几章对多变量分析的一些基础概念进行梳理,相关介绍分散在第一、三和四章。对初步接触多变量分析的读者来说,可以先阅读这几章;在认识和掌握语言研究多变量分析概念层面的问题之后,再阅读后续章节就会更为轻松,也能形成更好的理解。有一定基础的读者也可以先跳过这几章,先阅读后续章节的内容,再回头阅读这些章节,可能也会有不同的收获。不过,就像笔者在另外两本关于R语言应用的书里反复强调的,“我们不可能仅通过阅读就让自己的R语言应用能力达到一个很高的水平”。这些书,都是在设想读者会边读边在电脑前操作而写作的。唯有边读边操作,大家才能快速地提高自己的能力,也唯有如此才能真正体会使用 R 进行多变量分析的快乐和成就感。

尽管前几章的主要目的是让读者理解统计分析的主要概念，但是并不会把简单地停留在枯燥的文字介绍，而是接合具体的研究实例，并辅以大量的 R 应用操作。这样，读者既理解了概念又提升了 R 应用能力。首先，就从以字母 v 打头的几个英语单词开始，分别是变量（variable）、差异（variability）和方差（variance）。

1.1 变 量

第一个以 v 打头的单词是 variable，即变量。本书探讨多变量分析，故有必要先对“变量”这个概念作介绍。笔者在《第二语言加工及 R 语言应用》以及《R 在语言科学研究中的应用》两本书里都对这个概念做过介绍，此处再专辟小节进行介绍是因为我们认为这个概念实在太重要了，而较为缺乏实证研究训练的语言学专业的研究生却又容易忽视这个概念或者在具体应用这个概念时犯错误。

概而言之，语言学研究中的实验，本质上就是对变量之间的关系进行探索。通过对一个（或多个）变量进行操控（称作为自变量），同时对另一个变量进行观测或测量（因变量），从而确定两个变量之间的（因果）关系。在通过实验获得了数据以回答研究问题时，也需要以变量作为数据整理和清洁的依据，让变量清晰地体现在数据框里，从而方便开展统计分析或数据可视化。笔者在《R 在语言科学研究中的应用》一书中引用了 Gravetter &Wallnau（2017），对变量的一个正式定义：**变量**是变化的或者每个个体都有不同的值的特征（characteristic）或状况（condition）。关键字是“变化”或者“不同”。

笔者在上述两本书里也都介绍过，不管是在开展研究收集数据的阶段，还是整理数据以进行统计建模的阶段都要有“变量意识”，要把研究问题转化为对变量关系的考察，要在获得数据后把数据整理成能体现一个一个变量的“干净、整洁”的数据框。如果能坚持这个原则，在设计实验或者进行统计分析时就能避免很多错误。比如，有的研究者想调查某种教学方法是否有效，在设计实验时选取了一个班的学生作为实验对象，在开学初对这个班的学生进行了一次测试，然后，对这些学生进行一个学期的教学方法的教学干预，一个学期后使用相同的测试工具对这些学生再进行一次测试，试图通过比较前后两次测试成绩是否存在显著差异来回答这个教学方法是否有效的问题。这种设计显然是存在问题的，如果研究者能够从“变量”的角度来思考问题就能避免这种错误。既然研究者想考察的是教学方法的效果，因此，教学方法才应该是这个研究里需要操控的变量（即自变量）。但是，当他通过比较前后两次测试成绩是否存在显著差异来检验这个教学方法是否有效的时候，这个时候的自变量并不是教学方法，而是时间①（前测 vs. 后测），即使前后两次测试存在显著差异有可能是教学方法导致的，但也很难把这种差异的来源完全归咎于教学方法，时间变化本身也可能是这种差异的源头。

就这个实验来说，研究者应该通过操控教学方法的变化来考察它对学习者学习成绩的影响。比如，可以让一组学生接受传统的教学方法，另一组学生接受新的教学方法，在控制其他因素的影响的基础上（比如学习者个体差异以及环境因素等），来比较这两个班学习成绩是否存在差异。但即使是在通过这种方法进行实验获得数据之后，初学者在把这些数据整理成可以进行统计分析的数据时也仍然很容易犯错误。假设在这个实验里没有把别的因素比如时间当作变量，只比较这两组被试在经过这两种不同的教学方法干预后的词汇测试成绩是否存在差异，获得的数据大致如表 1.1 所示。

表 1.1　两个不同班级的词汇测试成绩

G1	G2
15.0	3.5
13.5	2.0
14.5	6.5
11.0	4.0
9.5	7.0

① 严格说来，在这里时间并不能算作是实验研究中的自变量，因为研究者并不能操控时间的流逝，它可以算作是准自变量（quasi-dependent variable）(Gravetter &Wallnau(2017: 17)。

表 1.1 中的 G1 代表的是接受新的教学方法的班的测试成绩，而 G2 则代表的是接受传统的教学方法的班的测试成绩。在把这个数据整理成可用于统计分析的数据时，初学者最容易犯的错误是把 G1 和 G2 视作为两个不同的变量。客观地说，G1 和 G2 确实可以视作两个不同的变量，它们也完全符合上面"变量"的定义。但是，就这个研究来讲，G1 和 G2 只能视作同一个变量的两种变化，因此，表 1.1 这种数据格式并不符合 R 语言里可用于统计建模的"干净、整洁"的数据框的标准，正确的数据格式应该如表 1.2 所示。

表 1.2　可用于统计分析的两个班测试成绩

教学方法(Method)	测试成绩(Scores)
G1	15.0
G1	13.5
G1	14.5
G1	11.0
G1	9.5
G2	3.5
G2	2.0
G2	6.5
G2	4.0
G2	7.0

表 1.2 符合我们在《R 在语言科学研究中的应用》一书中所定义的"干净、整洁"的可用于统计建模和可视化的数据框的标准：每一列就是一个变量，每一行就是一个观测，每一个单元格就是一个值。这里，G1 和 G2 是同一个变量的两个水平①，这个变量就是教学方法(method)，在统计分析中它属于分类变量，也是这个教学实验中的自变量，而测试成绩(scores)，是数值型变量，也是这个教学实验中的因变量。

在使用 R 进行数据分析时，关于变量的操作知识还有很多，比如如何对变量的类型进行修改，如何设定分类变量的参照水平(reference level)，以及如

① 在方差分析中，自变量又称作为因子(factor)，而它的变化就称作为水平(levels)。

何修改分类变量的各个水平,等等。这些知识在上述两本书都有详细介绍,在本书的后续章节中也会不断展示。

1.2　差异:总平方和、方差和标准差

现在来看字母 v 打头的第二个单词 variability 或 variation。再回到表 1.1,如果问读者:在表 1.1 中读到了什么呢? 读者可能会感到很奇怪:这个问题不是太简单了吗? 从表 1.1 里能读到的不就是数字吗? 确实,这个答案并没有错,但是,从一名研究者的角度看,这个答案却可能并不让人满意。正确的答案应该是:从表 1.1 里读到了各种不同的数字。"不同"这两个字非常重要,正是这两个字,就会衍生一系列相应的科学研究的问题,比如:为什么这些数字会不同? 是什么导致了这些数字的不同? 如果稍加观察就会发现表 1.1 右边列(G2)的数字看起来比左边列(G1)的数字更小。这是为什么呢? 这个时候,我们可能就会意识到这些数字后面可能隐含着我们感兴趣的科学问题的答案。

为什么"不同"这么重要呢? 可能是因为很多科学问题就是要从"不同"中寻找答案。而且,**根本上,统计分析就是关于"不同"的**。这句话似乎有点拗口,如果把"不同"换成它的同义词或许就更容易理解了,最常见的同义词应该是差异(variability 或 variation)。这句话就变成:**根本上,统计分析就是关于差异的**。这句话听起来就顺耳多了。更重要的是这句话所表述的并不只是笔者一个人的观点,而是许多数据科学家都提出来的观点(参见 Kaplan, 2017)。如果我们打开统计应用相关的书籍就会发现,许多重要的统计术语就是围绕"不同"或者说"差异"而设计的,许多重要的统计方法说到底也就是对"不同"或者说"差异"进行计算或检验,并进行切割或分配(partition)。下面,就以这个概念为核心,介绍相互关联的几个术语,为后面的案例分析打下基础。

1.2.1　平方和及其计算

首先,介绍统计分析中用来表示差异的一个非常重要的概念:离差平方和,英文为 *Sum of Squared Deviations*。离差平方和又称作离均差平方和,通常

又简称为平方和,英文为 *Sum of Squares*,缩写为 *SS*。需要注意的是,这几个术语表示的是同一回事。为了更好地理解 *SS* 表示的含义,不妨先看它的计算方法。笔者在 2019 年出版的《第二语言加工及 R 语言应用》一书中曾经介绍过如何计算 *SS*,可概括为三步:

(1) 求得(一组分数当中)每一个分数的离均差值:$(X-\mu)$①。

(2) 对求得的每一个离均差值进行平方:$(X-\mu)^2$。

(3) 把平方后的每一个值相加。

我们反复强调平方和(*SS*)在统计中的重要意义,许多重要的统计运算都要使用到它。因此,理解它的计算方法以及它表示的含义非常重要。从上面三步可以看出,对离均差的平方求和即获得 *SS*,可见,平方和实际上表示了一组分数(与平均数之间②)存在的总差异。以表 1.1 的数据为例,表 1.3 展示了这组数据平方和(*SS*)的计算过程。

表 1.3 平方和的计算

测试成绩(Score) X	离均差(Deviation) $X-\mu$	离均差的平方 (Squared Deviation) $(X-\mu)^2$	
15	6.35	40.32	
3.5	-5.15	26.52	
13.5	4.85	23.52	$\sum X = 86.5$
2	-6.65	44.22	
14.5	5.85	34.22	$\mu = 8.65$
6.5	-2.15	4.62	
11	2.35	5.52	
4	-4.65	21.62	$\sum (X-\mu)^2 = 204.025$
9.5	0.85	0.72	
7	-1.65	2.72	

① 在统计学里,一般使用希腊字母来表示总体,而英文字母则表示样本。比如,μ 表示总体的平均数,而 *M* 表示样本平均数,希腊字母不用斜体,而英文字母则用斜体。

② 我们在后面会详细讨论为什么是与平均数之间的差异。

可以在 RStudio 里自编一个简单的函数，把上述三个步骤的计算过程用函数表示出来：

```
compute_SS <- function(x){
  sum((x-mean(x))^2)
    }
```

在 R 语言中，一个函数的结构看起来大致如此：

```
myfunction <- function(arg1, arg2,...){

statements

return (object)
}
```

简单地看，一个函数有三个主要部件：

（1）简单易懂并且易于引用的名字（myfunction）。

（2）输入项（arg1, arg2），也就是 function 后面括号的内容，它决定着在引用函数时，要往函数里输入的内容。

（3）放在大括号中的函数的主体，主要是通过代码展示的算法。

上面这个自编函数命名为 compute_SS，容易理解和引用，它只有一个输入项，即向量 x，用于代表一组数据。把表 1. 1 的数据读入 RStudio，使用 compute_SS 函数，计算出这组分数的 SS 的值，如下：

```
df <-tribble(
  ~G1,~G2,
  15,   3.5,
  13.5, 2,
  14.5, 6.5,
  11,   4,
  9.5,  7)

df1 <- df %>%
  pivot_longer(G1:G2,
               names_to="type",
               values_to="scores")

compute_SS <- function(x){
  sum((x-mean(x))^2)
  }

compute_SS(df1$scores)

## [1] 204.025
```

从以上计算结果可以看到,表 1.1 这组分数的总差异为 SS=204.025。此时,一个很自然的问题就是:这些差异是怎么来的?有多少差异是由于实验干预(即对自变量进行操控)导致的,又有多少差异是不经过实验干预也存在的?统计分析从根本上就是要解决这些问题。在回答这些问题之前,先看从 SS 衍生的另外两个重要概念:方差和标准差。

方差的英文为 variance,概括起来,方差就是 SS 的平均数。需要特别注意的是,在计算样本方差的时候,即计算 SS 的平均数的时候,并不是用 SS 除以分数的总个数(n),而是用 SS 除以分数的总个数减去 1,即 $n-1$,在统计学上 $n-1$ 称作为自由度(df, degrees of freedom)。自由度是统计学上一个极为重要的概念,我们在之前的两本书里都有过介绍,请读者通过阅读进一步理解这个概念。也可以自编一个简单函数,把方差的计算过程表示出来:

```
compute_V <- function(x){
  ss=sum((x-mean(x))^2)
  ss/(length(x)-1)
}
```

可见,用平方和(SS)除以自由度,就得到了一组数据的平均变异性,也就是我们熟悉的方差。使用这一自编函数来计算表 1.2 这一组分数的方差,结果为:

```
compute_V(df1$scores)

## [1] 22.66944
```

跟 SS 关联的另一个概念就是标准差,英文为 Standard deviation,简称为 SD。简单说来标准差就是方差的平方根(square root),它测量了一个数与平均数之间标准的或者说平均的距离。可以用如下自编函数来表达:

```
compute_SD <- function(x){
  ss=sum((x-mean(x))^2)
  variance=ss/(length(x)-1)
  sqrt(variance)
}
compute_SD(df1$scores)

## [1] 4.761244
```

我们在对一组数据进行描述统计(descriptive statistics)的时候,一般会同时呈现它的平均数(M, mean)和标准差(SD, standard deviation),这是因为平均数表现了这组数的趋中程度(central tendency),而标准差又表现了这组数的变异性或称离散程度,同时呈现这组数的平均数和标准差就能让我们同时看到这组数的这两个重要特性。

概括起来,总平方和(SS)、方差(variance)和标准差(SD)属于同一类概念,它们的本质内涵是相同的:表示了一组分数中存在的差异。认识了这几个用来表示“差异”的重要概念以后,接下来我们就可以进一步了解跟这几个重要概念相关的一些基础统计运算。首先要介绍的就是平方和的分解。

1.2.2　分解平方和

本书是关于多变量分析的,谈到多变量分析,传统上使用最多的就是方差分析(Analysis of Variance, ANOVA)。它的逻辑实际上并不复杂,就是把代表总差异的总平方和(SS)进行分解(partition),分解成两部分:

(1) 有多少差异是由于实验干预导致的?

(2) 又有多少差异是不经过实验干预也存在的?

前者一般称作为组间差异,而后者则称作为组内差异,也称作为误差。这两部分差异分别除以各自对应的自由度后就获得两个方差值,用前一个方差除以后一个方差就获得符合 F 分布的 F 值(比例),通过 F 值最终确定实验干预是否造成了显著差异。所谓实验干预就是指在实验中对自变量进行操控,可见分解平方和本质上就是把在实验中对自变量进行操控造成的差异(效果)分解出来,通过其大小来确定自变量操控是否获得显著效果。以一组新的数据来解释这个过程,见表1.4。

表1.4　三组被试接受不同词汇学习方法后的词汇测试成绩

三种词汇学习方法		
Dic	Pic	Doc
42	98	48
36	65	41

（续表）

三种词汇学习方法		
Dic	Pic	Doc
41	83	50
43	93	54
45	80	32
38	63	67
66	54	68
45	25	50
30	52	87
51	37	81
63	71	70
37	54	75
$T_1 = 537$	$T_2 = 775$	$T_3 = 743$
$SS_1 = 1\,248$	$SS_2 = 5\,255$	$SS_3 = 2\,729$
$n_1 = 12$	$n_2 = 12$	$n_3 = 12$
$M_1 = 45$	$M_2 = 65$	$M_3 = 62$

表1.4呈现的是三组大学生在接受三种不同词汇学习方法的训练后，在一次标准化的词汇测试中所获得的成绩（为虚构数据）。这三种方法分别是（详见吴诗玉 2021：152）：

（1）词典背诵法（简称 Dic）。就是让学生直接背词典，学习材料上面有英语单词，同时有中文注解，并提供相应的句子作为实例。

（2）词汇—图片关联法（简称 Pic）。学习材料上面有英语单词，配有图片解释单词的意思，并提供相应的句子作为实例；

（3）词族学习法（简称 Doc）。把所有属于同一个语义域的近义词放在一块学习，学习材料上面有英语单词，配有释义，并提供相应的句子作为实例。

跟表1.1一样，读者也从表1.4里读到了不同的分数，即差异。重要的是，这些差异的来源是什么？是三种不同的词汇学习方法造成的呢，还是被试内部存在的差异造成的（即误差）？要回答这个问题，就要对表1.4中数据的总差异即总平方和（SS_T）进行计算，然后进行切割（partition），切割成实验造成的差异

(即组间差异)和不经实验也会存在的差异(即组内差异)两个部分。理解这些差异的计算和切割过程对理解多变量分析的原理具有重要意义。下面借助 RStudio,向读者演示这些不同差异的计算过程。首先,根据表 1.4 的数据生成数据框:

```
voc <- tribble(
  ~dic,~pic,~doc,
  42,   98, 48,
  36,   65, 61,
  41,   83, 50,
  43,   93, 54,
  45,   80, 32,
  38,   63, 67,
  66,   54, 68,
  45,   25, 50,
  30,   52, 87,
  51,   37, 81,
  63,   71, 70,
  37,   54, 75)
```

生成的数据框赋值给 voc,这个数据框跟表 1.4 的数据完全对应,从数据结构上看,这是一个“宽”数据(参见吴诗玉,2021)。但是为了方便对总差异即总平方和(SS_T)进行计算,需要把这个“宽”数据转变成一个“长”数据,从而把实验的自变量(即词汇学习的方法)体现出来:

```
voc1 <- voc %>%
  pivot_longer(dic:doc,
               names_to = "method",
               values_to = "scores")
```

通过使用 pivot_longer( )函数对原始数据进行转换,形成的新数据就符合我们在前面介绍过的可用于统计建模和可视化的“干净、整洁”的数据框的标准,我们可以清楚地看到实验的自变量(method)体现在这个新的数据框里。前面已经介绍过平方和(SS)的算法:概括起来,对离均差的平方求和即获得 SS。此处不再演示手动计算过程而是直接使用前面根据这一算法而编写的自编函数进行计算:

```
Total_SS <- compute_SS(voc1$scores)

Total_SS

## [1] 12012.75
```

求得的总平方和为 Total_SS = 12 012.75，它代表了 3 组分数存在的总差异。但是，为了检验三种不同的词汇学习方法是否造成了显著不同的词汇学习的效果，需要把这个总差异进行切割，切割成组间差异和组内差异，前者代表实验干预的效果，而后者代表误差。为了方便，先对组内差异进行计算，组内差异等于每一组内的平方和(SS)的总和，使用自编函数计算如下：

```
SS_within <- compute_SS(voc$dic)+compute_SS(voc$pic)+
  compute_SS(voc$doc)

SS_within

## [1] 9232.083
```

上面的计算使用的是未经转换的宽数据，也可以用转换后的长数据，按如下方法计算：

```
voc1 %>%
  group_by(method) %>%
  summarize(SS=compute_SS(scores)) %>%
  summarize(SS_within=sum(SS))

## # A tibble: 1 × 1
##   SS_within
##       <dbl>
## 1      9232.
```

组内差异(组内平方和)为 SS_within = 9 232. 083 333 3，它代表了不经实验干预(即三种词汇学习方法的训练)也会存在的差异(即误差)。接着，计算组间差异(即组间平方和)，它有两种计算方法，第一种方法很简单，用总平方和(即总差异)减去组内差异即获得组间差异：

```
SS_between <- Total_SS - SS_within

SS_between

## [1] 2780.667
```

组间差异为 SS_between = 2 780. 666 666 7，组间差异代表了三种不同的词汇学习方法造成的差异。计算出了组间差异和组内差异之后，让二者分别除以各自对应的自由度，就可以分别获得两个方差值。其中，组间差异的自由度等于实验干预的数量(K)减去 1：

$$df_{between} = K - 1 = 3 - 1 = 2$$

故组间方差为:SS_between/$df_{between}$ = 1 390. 333 333 3。

组内差异的自由度等于三组样本量之和(N)减去实验干预的数量(K):

$$df_{within} = N - K = 12 \times 3 - 3 = 36 - 3 = 33$$

故组内方差为:SS_within/df_{within} = 9 232. 083/33。有了组间方差和组内方差之后,即可求得 F 值,如下:

```
F=(SS_between/2)/(SS_within/33)

F
## [1] 4.969734
```

可见,F 值是一个比值,组间方差构成 F 值的分子,而组内方差则构成 F 值的分母。在方差分析(ANOVA)中,F 值的分母也称作为误差项(error term),又称作为均方误差,表示为 MSE(Mean Square Error),代表了不经实验干预也存在的差异。方差分析的目的就是要发现实验干预是否造成了效果,如果 F 值等于 1(或接近于 1)说明误差项所测量的方差的来源与分子(组间方差)所测量的方差的来源是相同的,即实验干预没有造成效果(零假设为真)。此处,F 值为 $F(2,33)$= 4. 969 734,远远大于 1,依据其关联的两个自由度(2,33),如果零假设为真的话,其概率值为 $p<0.01$。故拒绝零假设,说明三种不同的词汇学习方法造成了显著不同的词汇习得的效果。

以上介绍展现了计算组间平方和的一种方法,即用总平方和减去组内平方和。从过程上,这种算法容易理解,但总平方和减去组内平方和的实际意义却很难仅通过上面的计算看出来。而且,上述整个计算过程也没有显示出方差分析过程中零假设(Null Hypothesis Significant Test, NHST)的意义之所在。零假设在统计分析过程中,具有重要意义。因为零假设让各种统计量如 z 值,t 值以及 F 值等的计算变得可能。比如,正是因为假设两组(或两个实验条件之间)的平均数之间没有差别(即零假设),在计算 t 值这个比值时,才可以让其分子等于两个样本均值之差,从而计算出 t 值(参见吴诗玉,2021:149 - 150)。从这个逻辑出发,方差分析的零假设也应该具有同样的意义,即:没有零假设,F 值也就无法计算。但以上计算平方和的方法似乎并没有体现这一点。要解决这个问题就需要从模型拟合的视角来理解这些计算过程。

1.3 作为基准模型的平均数

在上面介绍如何计算总平方和即三组分数的总差异的时候,读者可能会感到困惑:为什么是让每一个值减去平均数呢?即为什么每个值减去平均数(再平方)之后的和就代表了一组分数的总差异呢?

首先,我们需要从另外一个角度来理解平均数,那就是平均数其实就是一个统计模型。平均数,用英文表述为 the mean,也常称作算术平均数。算法上是把数据分布中的所有数值加起来再除以数值的个数。从统计符号看,总体(population)平均数用希腊字母 μ 来表示,而样本(sample)平均数则一般用 M 来表示①。

为什么说平均数其实就是一个统计模型呢?一般来说,一个统计模型有三个功能(吴诗玉,2019:113):①推断(理),即基于样本的统计量对总体的参数进行推断(估计);②推广,即所构建的模型不仅适用于本研究的样本,也适用于其他类似样本;③预测,具有预测能力是统计模型最重要的特点,即基于所构建的模型能够对因变量进行预测。之所以说平均数其实就是一个统计模型,是因为平均数具备这三个重要功能。举例说明。假设我们做了一次大规模的英语水平考试,试卷已经批改完毕,我们掌握了这次考试的分数分布,并计算出了这次考试的平均数 $M=79$。但是,有一个学生碰巧因为某种原因没有参加考试,试问如果这个学生也参加了考试,他应该考了多少分?此时,我们完全可以使用这次考试的平均数来作出推断或预测,而认为这个学生如果也参加了考试,他的分数应该是 79 分。那么,79 分是否准确呢?这个时候就要取决于这组分数存在的差异性,也就是我们上面反复提到(总)平方和以及

---

① 在统计学上,希腊字母一般用来表示总体(的特征),不用斜体,而大写英语字母一般用来表示样本统计量,用斜体。

由此衍生的一系列概念包括方差和标准差。如果这些差异性越小，以平均数作为预测模型就越准确，而差异性越大，则这个模型就越不准确，存在很大的噪声。从这个角度来看待平均数也容易理解为什么很多统计分析都要求数据符合正态分布，因为当数据符合正态分布时，平均数就是一组数据当中最有代表性的数据。

当把平均数看作是一个统计模型的时候，我们也就完全可以理解为什么让每个值减去平均数经过平方之后再相加所获得的值就可以表示这组分数的总差异，那是因为实际上这个总差异表示的是以平均数作为模型的不准确程度，这个总差异越大，说明以这个平均数作为预测模型就越不准确，这也体现了计算一组分数总差异（即 *SS*）的统计意义：它表示了以平均数作为统计模型所不能解释的差异。熟悉统计分析的读者可以知道，统计分析中的许多重要统计量都要通过计算总差异而获得。从计算过程看，之所以在计算总差异的时候是让每个数减去平均数经平方之后再相加是因为一组数里有一半的数大于平均数，一半的数小于平均数，如果不经平方再相加，其结果总是等于0。

现在也可以很好理解为什么在上面计算总平方和即三组分数的总差异的时候，是让每一个值减去三组合并起来的平均数了（见表1.4）。三组数据合并起来后的平均数称作为总平均数（grand mean）。这正是方差分析时零假设的意义之所在：当假定三组的平均数没有差别时，就可以使用总平均数作为一个最初的、最简单的模型来对三组的数据进行拟合，并基于这一模型进行预测或作统计推理（参见吴诗玉，2019：43）。也就是说总平均数是一个最初的、最简单的模型，它表示的就是实验干预没有任何效果，三组之间没有差别，自变量和因变量之间没有关系。

零假设的反面就是三组之间的平均数存在显著区别，从模型拟合的角度看，它表示的实际意思是，把三组各自的平均数作为新拟合的模型要显著好于以表示三组没有差别的总平均数这个模型。如何衡量一个模型比另外一个更好呢？当然就是考察每个模型所不能解释的差异（即SS）的大小，这个差异越小，这个模型就越好。此时，进行方差分析的过程就变成了检验新拟合的模型（即三组各自对应的平均数）是否显著优于由三组的总平均数所拟合的最初模型。如果新拟合的模型显著好于由总平均数所拟合的模型，就可以拒绝零假设,说明三组的平均数存在显著差异。从模型拟合的视角来看求平方和的过程,可以使用连续 3 张图形表示。第一张图如下(基于表 1.4 数据):

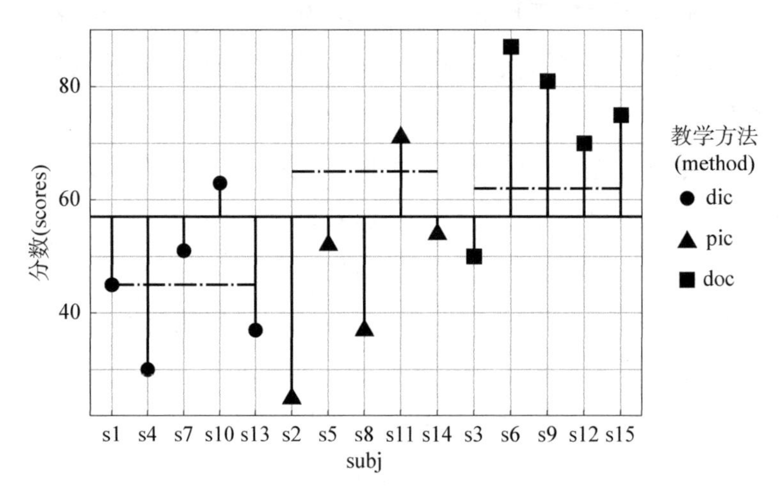

图 1.1　总平方和的计算原理

图 1.1 中间的那根横向实线代表的就是总平均数(grand mean),是基于三组数据所拟合的最初的、最简单的模型,这个模型表示实验干预没有产生任何效果,自变量和因变量之间没有关系。图 1.1 中的各个形状的点表示各个组里的观测值,即每一名被试的真实词汇测试成绩,每个点跟横向实线的垂直线代表了观测值与模型的拟合值(即总平均数)之差,也就是前面所介绍的计算 SS 值时,让每个数据减去平均数,从模型拟合的角度看,这个值也称作为残差(residuals)(见第三章 3.6.1 的概念)。上文已经介绍过,这些差值经平方后再求和就获得总平方和(SS_T)。可见,总平方和实际也表示了使用总平均数作为模型对三组数据进行拟合时存在的总偏差,表示了以总平均数作为模型所不能解释的总差异。简单说来,统计分析就是要看这个总差异有多少可以从新拟合的模型中得到解释,有多少无法解释。总平方和(SS_T)的算法跟前面介绍的一样,也仍然可以使用上面根据这一算法而编写的自编函数进行计算:

```
SST<- compute_SS(voc1$scores)
SST
## [1] 4968.4
```

再看图 1.2,它显示了组内平方和的计算原理:

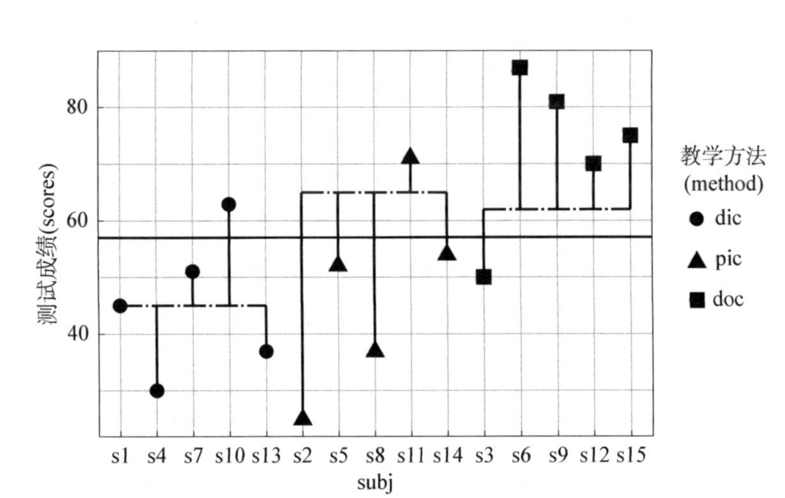

图 1.2　组内平方和的计算原理

图 1.2 显示了三组中的各个观测值(即各个不同形状的点表示的词汇测试成绩)与新拟合的模型的拟合值之差(残差)。前面说过,新拟合的模型就是三组各自的平均数,即图中对应的三根横向虚线,可见,这个残差值也就是各组内各个观测值与其所属组的平均数之差,这些差求平方后再求和,所得值即为组内平方和。可见,组内平方和实际上表示了使用新拟合的模型(各组的平均数)对各组数据进行拟合后的残差值(residuals)。也就是前面介绍的总平方和(SS_T)表示的总偏差中新的统计模型不能解释的差异。这个值越大,说明新的模型对数据的拟合越糟糕,从模型拟合的角度看,组内平方和也因此又称作为残差平方和(SS_R, Residual sum of squares)。计算组内平方和即残差平方和的方法跟前面一样,即残差平方和等于每一组组内的平方和(SS)的总和,仍可以使用根据这一算法而编写的自编函数计算,如下:

```
SSR = compute_SS (voc$dic) + compute_SS (voc$pic)+
      compute_SS(voc$doc)= 9232.083
```

通过计算,得出残差平方和为 $SS_R = 9\,232.083$,这个值表示了新拟合(即三个平均数)的模型所无法解释的差异。

现在到了计算第三个平方和的时候了，即组间平方和。前面介绍过，组间平方和可以通过总平方和减去组内平方和求得，即：

$$SS_{between} = SS_T - SS_R$$

经过上面从模型拟合的视角来介绍各种平方和的计算过程后，再来理解这个等式就容易多了，而且也很容易就能理解其背后的计算逻辑。前面介绍过，总平方和（SS_T）实际上表示的是使用总平均数作为模型拟合三组数据的总残差值，它表示了新的统计模型需要解释的总差异，而组内平方和（SS_R）表示的是使用新的模型（即三组的平均作为模型）拟合三组数据的残差，即新的模型不能解释的差异。因此，这两者之差自然就表示新的模型可解释的差异总数，也就是新模型相对于旧的模型所体现的可量化的优势，如果这个差异足够大就可以放弃旧的模型（即总平均数），即拒绝零假设，说明三组之间存在显著差异（使用三组平均数拟合数据是成立的）。也正是这个原因，组间平方和也称作为模型平方和（SS_M，Model sum of squares），因此，上面的计算公式可以改为：

$$SS_M = SS_T - SS_R$$

这种计算组间平方和的方法也提供了另外一种计算思路，请看图 1.3。

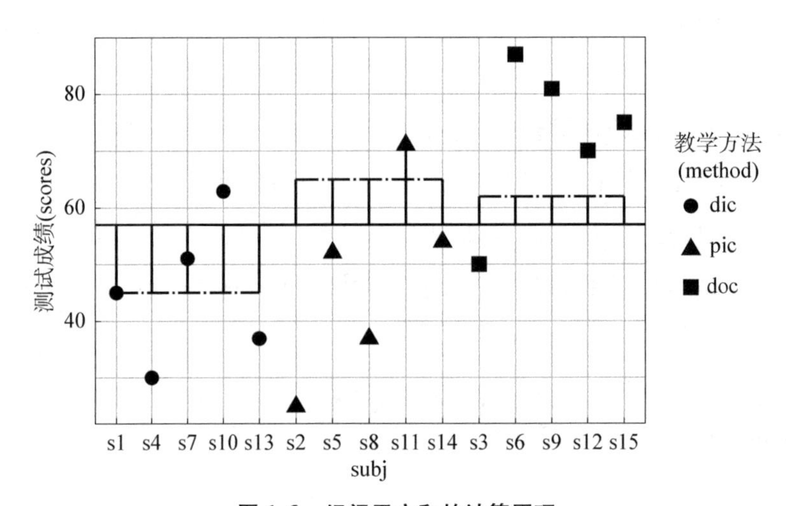

图 1.3　组间平方和的计算原理

跟前面一样,图 1.3 中间的那根横向实线代表的是初始模型,即总平均数,用它拟合的模型说明了三组之间没有区别,因变量和自变量之间没有关系,而图 1.3 中那三根横向虚线就是三组的平均数,是对三组数据拟合的新的模型。新模型对每一名被试成绩的拟合值(该组的组均值)减去初始模型对每一名被试成绩的拟合值(总均值)求平方后再求和,所得的平方和实际上表示了新模型一共解释了总差异数中的多少差异。在计算该平方和时用该组的组均值来表示该组的每一个观测值,实际是要忽略各组内部的误差,从而计算实验干预造成的总差异。这背后的逻辑其实也很容易理解,毕竟组间平方和表示的是实验干预造成的差异,理所当然要忽略掉由误差带来的组内变异。概括起来,根据这一逻辑,组间平方和(即模型平方和)就是让每一组的平均数减去总平均数求平方后乘以这一组的样本量(n)再求和,计算如下:

```
SSM <- nrow(voc)*(mean(voc$dic)-mean(voc1$scores))^2+
  nrow(voc)*(mean(voc$pic)-mean(voc1$scores))^2+
  nrow(voc)*(mean(voc$doc)-mean(voc1$scores))^2

SSM

## [1] 2287.6
```

结果跟上面使用总平方和减去组内平方和所得值完全一样。但它从另外一个视角解释了组间平方和的含义。

概括起来,组间平方和($\mathrm{SS_M}$)表示了新模型能解释数据中存在的总差异($\mathrm{SS_T}$)中的多少差异,而组内平方和($\mathrm{SS_R}$)则相反,表示了新模型不能解释的总差异有多少。简单说来,组间平方和说明了新拟合的模型有多好,而组内平方和则相反,说明了新拟合的模型有多坏。但是,这两个数都是求和后所得总数,也就是说它们受分数个数的影响,为了消除这种偏差,分别让两者除以各自对应的自由度从而求得两个平均值,即两个方差值:

$$\mathrm{MS_M} = \frac{SS_M}{df_M} = \frac{2\,780.667}{2}$$

$$\mathrm{MS_R} = \frac{SS_R}{df_R} = \frac{9\,232.083}{33}$$

MS_M 表示了模型所能解释的差异数的平均数，而 MS_R 则表示了模型所不能解释的差异数的平均数，两者都有一个新的名字，前者为组间方差，而后者为组内方差（即误差）。让前者除以后者所得值即为符合 F 分布的 F 值：

$$F = \frac{MS_M}{MS_R}$$

可见，用通俗的话来解释 F 值就是，模型有多好除以模型有多坏后的比值。以上求平方和并计算 F 值的过程，可以概括为图 1.4（参看 Gravetter *et al.*, 2021: 403）：

方差分析的终极目标是得出F值	$F=\frac{组间方差}{组内方差}$	
F值计算时使用的每一个方差值都是通过平方和除以自由度得到	$组间方差=\frac{组间平方和}{组间自由度}$	$组内方差=\frac{组内平方和}{组内自由度}$
将总差异切割成组间差异和组内差异，分别得到两个平方和和两个自由度	总平方和 组间平方和　组内平方和	总自由度 组间自由度　组内自由度

图 1.4　平方和的分解过程示意图

1.4　重复测量的平方和分解

表 1.5 的数据跟表 1.4 的数据完全相同，但是两个表存在一个根本区别：表 1.4 的 3 列数据来自三组不同的被试，但是表 1.5 的 3 列数据却来自同一组被试。换句话说就是表 1.4 和表 1.5 在实验设计上存在根本不同，表 1.4 呈现的是独立测量的被试间设计，而表 1.5 却是重复测量的被试内设计。

表 1.5　同一组被试接受三种不同词汇训练方法后的测试成绩

被试	三种词汇学习方法		
	Dic	Pic	Doc
A	42	98	48
B	36	65	41
C	41	83	50
D	43	93	54
E	45	80	32
F	38	63	67
G	66	54	68
H	45	25	50
I	30	52	87
J	51	37	81
K	63	71	70
L	37	54	75
	$T_1=537$	$T_2=775$	$T_3=743$
	$SS_1=1\,248$	$SS_2=5\,255$	$SS_3=2\,729$
	$n_1=12$	$n_2=12$	$n_3=12$
	$M_1=45$	$M_2=65$	$M_3=62$

尽管对两种实验设计来说 F 值(比值)的结构都如图 1.4 所示,是完全一样的,但正是这两种实验在设计上的不同导致在计算 F 值时存在一个根本区别。具体来看,对独立测量的方差分析的 F 值,不管是分子还是分母都包含了个体差异,比如个体的年龄、性别、智商(IQ)等。但是,在重复测量的方差分析中,由于三次测试使用的都是相同的被试,因此,个体差异自然就被排除了。从前面介绍的计算 F 值的方法来看,当使用重复测量的实验设计来收集数据的时候,个体差异已经自动从 F 值的分子当中被剔除了,但是却并没有从计算 F 值的分母之中被剔除,这就意味着计算重复测量的 F 值要比前面介绍的计

算独立测量的 F 值要多一个步骤,即把被试的个体差异从分母中剔除。这个过程可以用图 1.5 表示。

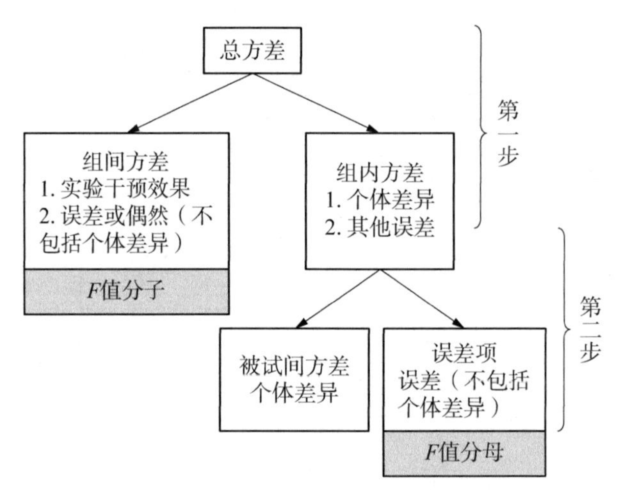

图 1.5 重复测量设计的平方和分解过程示意

如图 1.5 所示,被试间、独立测量的 F 值计算只用一个步骤即可完成,而被试内设计的 F 值计算则必须通过两个步骤才能完成,就是在把总平方和(或总方差)分解成组间平方和(或方差)和组内平方和(或方差)之后,还要进一步把个体差异从组内平方和(或组内方差)剔除。下面详细展示表 1.5 所示三组数据的 F 值计算过程。首先,也在 RStudio 生成数据表:

```
voc_R <- tribble(
 ~subj, ~dic,~pic,~ doc,
 "A", 42,   98, 48,
 "B", 36,   65, 61,
 "C", 41,   83, 50,
 "D", 43,   93, 54,
 "E", 45,   80, 32,
 "F", 38,   63, 67,
 "G", 66,   54, 68,
 "H",45,    25, 50,
 "I",30,    52, 87,
 "J", 51,   37, 81,
 "K", 63,   71, 70,
 "L", 37,   54, 75)
```

为了方便计算个体差异,在这个数据框的基础上再生成新的一个变量,表示每名被试三次测试的平均成绩:

```
voc_R0 <- voc_R %>%
  mutate(M=(dic+pic+doc)/3)
voc_R0
## # A tibble: 12 × 5
##    subj    dic   pic   doc     M
##    <chr> <dbl> <dbl> <dbl> <dbl>
##  1 A        42    98    48  62.7
##  2 B        36    65    61  54
##  3 C        41    83    50  58
##  4 D        43    93    54  63.3
##  5 E        45    80    32  52.3
##  6 F        38    63    67  56
##  7 G        66    54    68  62.7
##  8 H        45    25    50  40
##  9 I        30    52    87  56.3
## 10 J        51    37    81  56.3
## 11 K        63    71    70  68
## 12 L        37    54    75  55.3
```

同时,把数据框从“宽数据”转变成“长数据”,为方便后面进行计算:

```
voc_R1 <- voc_R %>%
  pivot_longer(dic:doc,
               names_to="method",
               values_to="scores")
```

首先,计算组间平方和(即模型平方和),方法跟上面介绍的相同,有两种方法,这里选择上面介绍的第二种方法:让每一组(dic vs. pic vs. doc)的平均数减去总平均数(grand mean),求平方后乘以这一组的样本量(n)再求和,计算如下:

```
SS_M <- (mean(voc_R$dic)-mean(voc_R1$scores))^2*12+
  (mean(voc_R$pic)-mean(voc_R1$scores))^2*12+
  (mean(voc_R$doc)-mean(voc_R1$scores))^2*12
SS_M
## [1] 2780.667
```

接着,计算组内平方和(即残差平方),方法也跟前面一样:残差平方和等于每一组组内的平方和(*SS*)的总和,如下:

```
SS_R <- compute_SS(voc_R$dic)+
  compute_SS(voc_R$pic)+
  compute_SS(voc_R$doc)

SS_R

## [1] 9232.083
```

到这里为止,完成了图 1.5 所示的两个步骤中的第一步,这个步骤跟前面介绍的独立测量的被试间设计是一样的。现在的关键是第二步,需要从组内平方和(即残差平方)中去除个体差异。那么应该如何去除个体差异呢?实际上,个体差异也就是被试间差异(between-subjects variations),它的计算思路跟计算组间平方和(即模型平方和)相同:让每一名被试 3 次测试的平均数减去总平均数(grand mean),求平方后乘以测试的次数再求和,计算如下:

```
SS_subj <- sum((voc_R0$M-mean(voc_R1$scores))^2*3)

SS_subj

## [1] 1652.083
```

SS_subj 代表的就是被试的个体差异。现在,需要从组内平方和(即残差平方和)减去被试的个体差异,从而获得计算 F 值的分母:

```
SS_error <- SS_R-SS_subj
SS_error

## [1] 7580
```

有了组间平方和(即模型平方和)和去除了被试个体差异的组内平方和以及它们各自对应的自由度之后就可以计算 F 值。这里的一个难点在于计算各自对应的自由度,其中组间平方和的自由度跟前面介绍的一样,等于组数减去 1:

$$df_{between} = K - 1 = 3 - 1 = 2$$

关键是如何计算去除了个体差异的组内平方和的自由度,需要注意的是它也需要从组内平方和的自由度减去个体差异的自由度,用公式表示为:

$$df_{error} = df_{within-treatment} - df_{between-subjects}$$

$$df_{error} = (12 - 1) \times 3 - (12 - 1) = 22$$

```
F = (SS_M/2)/(SS_error/22)
F
[1] 4.035268
```

另外一个计算去除被试个体差异之后平方和的自由度的方法是使用下面的公式：

$$df_{error} = (K-1)(n-1)$$

前面介绍过，K 表示实验干预的数量，而 n 则表示被试的个数(样本量)，故：

$$df_{error} = (K-1)(n-1) = (3-1) \times (12-1) = 22$$

1.5　多因素设计中的平方和的分解

上面对总平方和分解过程的介绍，只涉及单因素设计。本书是关于多变量分析的，因此，还有必要对多因素设计的平方和分解过程进行介绍。总体上，多因素设计的平方和分解过程跟单因素一样，也是先把总平方和先分成两部分，即组间平方和和组内平方和，不过对于多因素设计来说，组间平方和必须进一步分解，分解为各个因素的主效应和交互效应。因此，多因素方差分析的平方和分解过程可以概括为两个步骤：①把总平方和分解成组间平方和和组内平方和；②把组间平方和进一步分解为各个因素的主效应和交互效应。这个过程可以用下图 1.6 表示(参看 Gravetter *et al.*， 2021: 447)。

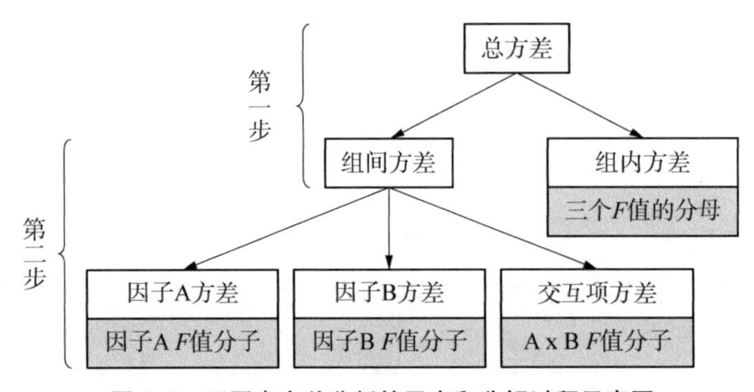

图 1.6　双因素方差分析的平方和分解过程示意图

下面以 3×2 双因素方差分析为例，来介绍双因素方差分析的平方和分解过程。图 1.7 展示了这个 3×2 双因素实验设计的结构：

		因素A：三种不同方法		
		Dic	Pic	Doc
因素B：性别	男性	6人	6人	6人
	女性	6人	6人	6人

图 1.7　3×2 双因素独立测量的实验设计

在这个实验中，男女各 18 人随机分配到 Dic，Pic 和 Doc 三种不同的学习方法当中去接受词汇学习训练，训练结束后对他们进行标准化的词汇测试，以考察不同词汇训练方法的效果以及这种效果与性别的关系。表 1.6 是各组标准化词汇测试成绩：

表 1.6　三组被试接受不同词汇学习方法训练后的词汇测试成绩

Sex	词汇学习方法		
	Dic	Pic	Doc
M	42	98	48
M	36	65	41
M	41	83	50
M	43	93	54
M	45	80	32
M	38	63	67
F	66	54	68
F	45	25	50
F	30	52	87
F	51	37	81
F	63	71	70
F	37	54	75
	$T_1=537$	$T_2=775$	$T_3=743$
	$SS_1=1\,248$	$SS_2=5\,255$	$SS_3=2\,729$
	$n_1=12$	$n_2=12$	$n_3=12$
	$M_1=45$	$M_2=65$	$M_3=62$

第一个步骤跟前面介绍的完全一样,即把总平方和(SS_T)分解成组间平方和(SS_M)和组内平方和(SS_R)。仍然通过 RStudio 来演示计算的过程和结果。首先,根据表 1.6 的数据生成数据框:

```
voc <- tribble(
  ~sex, ~dic,~pic,~doc,
  "M",42,   98, 48,
  "M",36,   65, 61,
  "M",41,   83, 50,
  "M",43,   93, 54,
  "M",45,   80, 32,
  "M",38,   63, 67,
  "F",66,   54, 68,
  "F",45,   25, 50,
  "F",30,   52, 87,
  "F",51,   37, 81,
  "F",63,   71, 70,
  "F",37,   54, 75)
```

为了方便对总差异即总平方和(SS_T)进行计算,对这个数据进行转换:

```
voc1 <- voc %>%
  pivot_longer(dic:doc,
               names_to = "method",
               values_to = "scores")
```

上述代码把宽数据转变成长数据。以下,再增加一个新的变量,用来标识被试信息(subj):

```
voc2 <- voc1 %>%
  mutate(subj=paste0("s",1:36)) %>%
  select(subj,everything())
```

总平方和等于:

```
SST = compute_SS(voc2$scores)
SST

## [1] 12012.75
```

跟单因素设计一样,总平方和 $SS_T = 12\,012.75$ 表示这组分数存在的总差异。接着计算组间平方和。采用前面介绍的第二种方法,就是让每一组的平均数减去总平均数求平方后乘以这一组的样本量(n)再求和。在计算这个 3×2 双因素的组间平方和时需要特别注意的是尽管前面的表 1.4 看起来与

表 1.6 非常相似,但是实际上里面存在一个很大的区别,那就是表 1.4 一共只有 3 组,但是表 1.6 一共有 6 组,为便于理解,把表 1.6 转换成下表 1.7:

表 1.7 3×2 双因素设计的平方和计算

实验干预	A_1B_1	A_1B_2	A_2B_1	A_2B_2	A_3B_1	A_3B_2
观测值	42	66	98	54	48	68
	36	45	65	25	41	50
	41	30	83	52	50	87
	43	51	93	37	54	81
	45	63	80	71	32	70
	38	37	63	54	67	75
组均值 M_i	41	49	80	49	49	72
总均值 M	57					

(注:A 表示学习方法,下标 1,2,3 分别表示 Dic, Pic 和 Doc;B 表示性别,下标 1,2 分别表示男性和女性。)

同时,也在 RStudio 里按表 1.7 的数据结构生成新的数据:

```
df <- tribble(
~A1B1,~A1B2,~A2B1,~A2B2,~A3B1,~A3B2,
42, 66, 98, 54, 48, 68,
36, 45, 65, 25, 41, 50,
41, 30, 83, 52, 50, 87,
43, 51, 93, 37, 54, 81,
45, 63, 80, 71, 32, 70,
38, 37, 63, 54, 67, 75)
```

根据“组间平方和(即模型平方和)就是让每一组的平均数减去总平均数求平方后乘以这一组的样本量(n)再求和”这一算法,对组间平方和使用自编函数计算如下:

```
SSM=SS_between <- (mean(df$A1B1)-mean(voc2$scores))^2*nrow(df)+
  (mean(df$A1B2)-mean(voc2$scores))^2*nrow(df)+
  (mean(df$A2B1)-mean(voc2$scores))^2*nrow(df)+
  (mean(df$A2B2)-mean(voc2$scores))^2*nrow(df)+
    (mean(df$A3B1)-mean(voc2$scores))^2*nrow(df)+
  (mean(df$A3B2)-mean(voc2$scores))^2*nrow(df)

SS_between

## [1] 7121.583
```

根据“组内平方和等于每一组组内的平方和的总和”这一算法,对组内平方和使用自编函数计算如下:

```
SSR= SS_within <- compute_SS(df$A1B1)+
 compute_SS(df$A1B2)+
 compute_SS(df$A2B1)+
 compute_SS(df$A2B2)+
 compute_SS(df$A3B1)+
 compute_SS(df$A3B2)

SS_within

## [1] 4891.167
```

至此,对总平方和进行了组间平方和以及组内平方和的分解,但是到这里只是完成了分解过程的第一步,对于多因素设计来说还需要完成第二步:把组间平方和进一步分解为主效应和交互效应。首先,考虑主效应平方和。这个 3×2 设计一共有两个自变量,把词汇学习的方法称作为 A 因素,性别称作为 B 因素。此时,相当于要把上面分解出来的组间平方和进一步分解成三个部分: SS_A, SS_B 和 SS_{AxB}。

当计算 SS_A 时就是暂时不考虑 B 因素(性别),此时,A 因素把表 1.7 的数据分成了三组,可以用表 1.8 表示:

表 1.8　三组被试接受不同词汇学习方法后的词汇测试成绩

实验干预	A_1(Dic)	A_2(Pic)	A_3(Doc)
观测值	42	98	48
	36	65	41
	41	83	50
	43	93	54
	45	80	32
	38	63	67
	66	54	68
	45	25	50
	30	52	87
	51	37	81

（续表）

实验干预	A_1(Dic)	A_2(Pic)	A_3(Doc)
	63	71	70
	37	54	75
组均值 M_i	45	65	62
总均值 M		57	

根据表1.8生成新的数据框：

```
voc_A <- tribble(
  ~dic,~pic,~doc,
  42,  98, 48,
  36,  65, 61,
  41,  83, 50,
  43,  93, 54,
  45,  80, 32,
  38,  63, 67,
  66,  54, 68,
  45,  25, 50,
  30,  52, 87,
  51,  37, 81,
  63,  71, 70,
  37,  54, 75)
```

并进一步转换：

```
voc_T <- voc_A %>%
  pivot_longer(dic:doc,
         names_to = "method",
         values_to = "scores")
```

A因素组间平方和的计算逻辑跟前面介绍的组间平方和的计算逻辑完全一样：组间平方和等于每一组的平均数与总平均数之差求平方，然后乘以每一组的被试数量(n)，最后再求和。根据这一算法，求得A因素组间平方和：

```
SSA_between <- nrow(voc_A)*(mean(voc_A$dic)-mean(voc_T$scores))^2+
  nrow(voc_A)*(mean(voc_A$pic)-mean(voc_T$scores))^2+
  nrow(voc_A)*(mean(voc_A$doc)-mean(voc_T$scores))^2
SSA_between

## [1] 2780.667
```

也就是说A因素(词汇学习的方法)一共造成了SSA_between = 2780.667的差异。现在考虑B因素。需要注意的是，当计算SS_B时就是暂时不考虑A因素

(词汇学习方法),此时,B 因素把表 1.7 的数据分成了两组,可以用表 1.9 表示:

表 1.9　三组被试接受不同词汇学习方法后的词汇测试成绩

实验干预	B_1(M)	B_2(F)
观测值	42	66
	36	45
	41	30
	43	51
	45	63
	38	37
	98	54
	65	25
	83	52
	93	37
	80	71
	63	54
	48	68
	61	50
	50	87
	54	81
	32	70
	67	75
组均值 M_i	57	56
总均值 M	57	

(注:M 表示男性,F 表示女性。)

根据表 1.9 生成新的数据框:

```
SS_B <- tribble(
  ~sex, ~dic,~pic,~ doc,
  "M",42,   98, 48,
  "M",36,   65, 61,
  "M",41,   83, 50,
```

```
 "M",43,  93, 54,
 "M",45,  80, 32,
 "M",38,  63, 67,
 "F",66,  54, 68,
 "F",45,  25, 50,
 "F",30,  52, 87,
 "F",51,  37, 81,
 "F",63,  71, 70,
 "F",37,  54, 75)


SS_B1 <- SS_B %>%
 filter(sex=="M")

SS_B2 <- SS_B1 %>%
 pivot_longer(dic:doc,
         names_to = "method",
         values_to ="M") %>%
 select(-(sex:method))

SS_B3 <- SS_B %>%
 filter(sex=="F")


SS_B4 <- SS_B3 %>%
 pivot_longer(dic:doc,
         names_to = "method",
         values_to ="F") %>%
 select(-(sex:method))


mydf <-bind_cols(SS_B2,
          SS_B4)


mydf1 <- mydf %>%
 pivot_longer(M:F,
         names_to = "sex",
         values_to = "scores")
```

上面的系列代码展示的是在原来数据的基础上,生成如表 1.9 所示的数据的过程。B 因素组间平方和的计算逻辑跟前面介绍的组间平方和的计算逻辑完全一样:组间平方和等于每一组的平均数与总平均数之差求平方,然后乘以每一组的被试数量(n),最后再求和。根据这一算法,求得 B 因素组间平方和:

```
SSB_between <- nrow(mydf)*(mean(mydf$M)-mean(mydf1$scores))^2+
 nrow(mydf)*(mean(mydf$F)-mean(mydf1$scores))^2
SSB_between
## [1] 14.69444
```

也就是说B因素(性别)一共造成了SSB_between = 14.694 44的差异。在完成了A和B两个因素的主效应平方和的计算后,现在计算A和B的交互效应。交互作用是指总的组间平方和叠加上A的主效应和B的主效应之后,额外多出来的那一部分,故SS_{AxB}的值为:

```
SSAxB=SSM - SSA - SSB=SS_between-(SSA_between+SSB_between)
```

生成的交互效应的值为SS_{AxB} = 4 326.222。至此,平方和全都分解完毕,可以看到组间平方和也刚好被主效应以及交互作用瓜分完毕。

以上计算过程,很好地解释了“根本上,统计分析就是关于差异的”这一观点。各种统计方法从根本上都是相通的,即不管是t检验,方差分析(ANOVA),还是其他什么方法,都可以视作为回归分析或者确切地说都是广义线性模型的特例(Field *et al.*, 2012)。因此,上述差异的分解过程,也能帮助读者比较全面完整地理解统计分析的内在逻辑。实际上,在使用统计模型拟合数据,以验证我们想检验的假设时,都是对两个差异进行比较,所有的统计量(test statistics),不管是t值,F值,还是χ^2值,都是这两个值的比值(Field *et al.*, 2012),也就是前面所概括的,模型有多好(实验效果)除以模型有多坏(误差)后的比值:

$$\text{统计量} = \frac{\text{统计模型能解释的差异}}{\text{统计模型不能解释的差异}} = \frac{\text{实验效果}}{\text{误差}}$$

通过以上的介绍,读者也可以更深入地理解一些概念,包括平均数(M)、平方和(SS)、方差(Variance)、标准差(Standard Deviation)以及自由度(Degrees of Freedom)等在统计分析中的重要的位置。

1.6　几种不同类型的平方和[①]

上一节比较完整地介绍了平方和的分解过程,但是,是不是所有的平方和

① 此部分内容借鉴了该网页上的文章的思想:https://m.sohu.com/a/420789239_777125。向作者表示诚挚的谢意!

都是这么分解呢？答案是否定的。刚才的这种分解方法仅限于均衡设计（或称等组设计）（equal *ns*）。如果是非均衡设计，即各处理（实验干预）的观测值数量或者说样本量不相等时，上述平方和的分解过程就行不通了。下面仍然以前面介绍过的那个 3×2 两因素方差分析为例来介绍均衡设计和非均衡设计中平方和分解过程的区别。试比较表 1.10 和表 1.11 所示词汇学习方法与性别各种组合下的样本量：

表 1.10　均衡设计中的词汇学习方法与性别各种组合下的样本量

	Dic	Pic	Doc
男性	6	6	6
女性	6	6	6

表 1.11　非均衡设计的词汇学习方法与性别各种组合下的样本量

	Dic	Pic	Doc
男性	6	1	4
女性	6	6	6

很显然表 1.10 为均衡设计，而表 1.11 为非均衡设计。为什么说非均衡设计就不能像前面介绍的那样来分解平方和呢？非均衡设计到底存在什么问题？先以表 1.10 的均衡设计为例，在这个均衡设计的例子中，每种组合下均有 6 个样本观测值。为了评估词汇训练方法对词汇学习的效应，我们可以分别计算 Dic，Pic 和 Doc 组词汇测试成绩的均值，这些均值之差可以体现不同词汇训练方法的效果。在这个均衡设计中，性别因素在不同的词汇训练方法之间的频数分布是一样的，也就是说在 Dic，Pic 和 Doc 三组中均有一半是男性，一半是女性，这就决定了我们在计算不同的词汇训练方法的效果时，可以不考虑性别因素；同样，在计算性别的效果时，也可以不考虑词汇训练方法这个因素。可以用图 1.8 来表示因素之间这种彼此独立的关系：

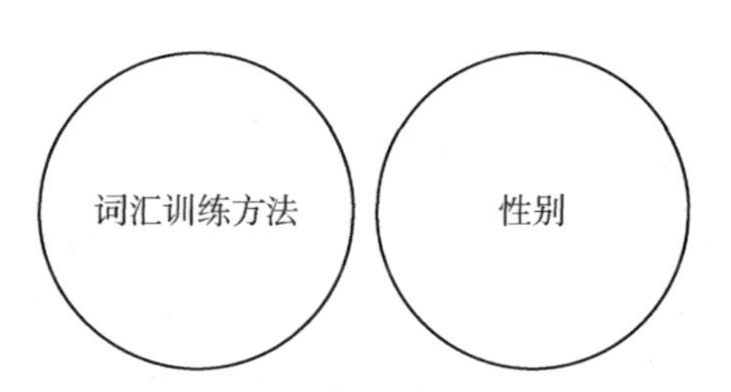

图 1.8　均衡设计中词汇训练方法与性别的效应

如图 1.8 所示,词汇训练方法和性别两个因素效应之间没有重叠,互不相关。现在再来看如表 1.11 所示的非均衡设计的情况。这个例子之中 Pic 中的男性以及 Doc 中的男性的被试都要更少,显然是一个非均衡设计。在这个例子中,假设女性的词汇测试成绩比男性显著更高,比如女性平均数为 $M=75$,男性平均数为 $M=55$,我们能把男女 20 分的差距归为性别的效应值吗?答案是否定的。因为在这个例子中,性别和词汇训练的效应是混在一起的,并不能像均衡设计一样,当考虑性别效应时可以不考虑词汇训练方法的效应或者在考虑词汇训练方法的效应时不考虑性别的效应。我们无法知道,两组之间词汇测试成绩的差异是由于性别还是词汇训练的方法引起的:女性成绩更高可能是因为女性在词汇学习上更具优势,也可能因为更多女性接受了不同词汇学习方法的训练,也可能二者兼有。同样,在评价词汇训练的效应时,也存在同样的问题。可以用图 1.9 来表示这个例子中两个因素的效应,二者的效应存在重叠。

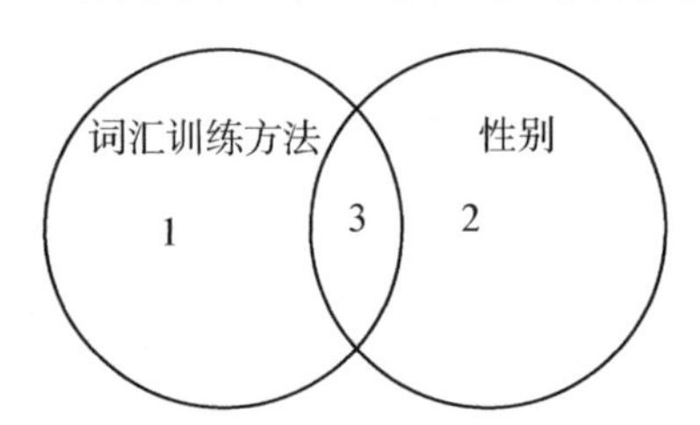

图 1.9　非均衡设计中词汇训练方法与性别的效应

从图 1.9 可以看到,性别和词汇训练方法两个因素的效应存在重叠。可见,非均衡设计存在的最大的问题在于引起不同因素效应的混淆。从表 1.11 看,不等样本量引起组间频数分布不同,导致的行变量(性别)和列变量(词汇训练方法)之间产生了相关性,进而导致无法区分一部分或全部效应来自行变量还是列变量。也正因为如此,我们不能再像前面介绍的分解平方和的方法来分解非均衡设计的平方和：因为无法分解干净，比如，可能把两个因素混淆的效应分配给某一个因素。在这种非均衡设计中，为评价词汇训练方法的效应，正确的方法应该是计算图 1.9 所示的面积 1；评价性别的效应时，应该计算面积 2，此时，就不能再采用上述均衡设计中的均值来计算平方和。统计学家提出了未加权均值（之前计算平方和所计算的均值为加权均值），并在此基础上计算平方和来估计上图中面积1 和 2。限于篇幅，本书不给出未加权均值的计算公式，读者需要掌握的是加权均值和未加权均值与四种类型平方和密切相关，分别是Ⅰ型、Ⅱ型、Ⅲ型和Ⅳ型平方和：所有研究因素按照未加权均值计算的平方和就是Ⅲ型和Ⅳ型平方和；一部分研究因素按照未加权均值计算平方和，另一部分研究因素按照加权均值计算平方和就是Ⅰ型、Ⅱ型平方和。

四种类型平方和之间的区别主要在于如何分配因素之间效应的混淆部分，就如图 1.9 中的面积 3。而且，在多因素析因设计中，除了研究因素之间的主效应，研究因素之间往往还存在交互效应，主效应和交互效应之间往往也有重叠。这里图 1.10 完整地表示了主效应与交互效应之间及四种类型平方和之间的关系：

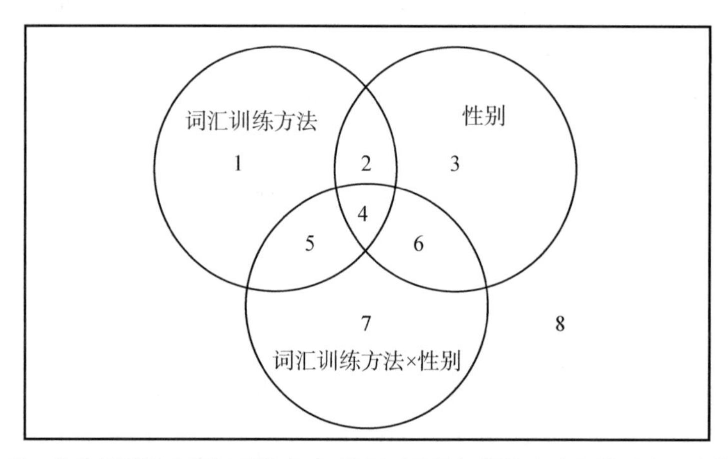

图 1.10　非均衡设计中词汇训练方法、性别以及词汇训练方法和性别交互项的效应

图 1.10 中，长方形面积表示总平方和，面积 8 表示误差平方和（即组内平方和），剩下三个圆形围成的面积表示词汇训练方法、性别、词汇训练方法和性别交互项的平方和，可以看到，目前三个圆形之间存在重叠（如果是均衡设计，

三个圆形之间将没有重叠)。正是因为对重叠部分分配不同,才形成了四种类型的平方和。当按照词汇训练方法、性别、交互项依次将研究因素纳入模型时,四种类型平方和分配情况如下表 1.12 所示:

表 1.12　各种不同类型平方和分配表(顺序 1)

	Ⅰ型平方和	Ⅱ型平方和	Ⅲ型平方和	Ⅳ型平方和
词汇训练方法	面积 1+2+4+5	面积 1+5	面积 1	面积 1
性别	面积 3+6	面积 3+6	面积 3	面积 3
词汇训练方法×性别	面积 7	面积 7	面积 7	面积 7

当按照性别、词汇训练方法、交互项依次将研究因素纳入模型时,四种类型的平方和分配情况如下表 1.13 所示:

表 1.13　各种不同类型平方和分配表(顺序 2)

	Ⅰ型平方和	Ⅱ型平方和	Ⅲ型平方和	Ⅳ型平方和
性别	面积 3+6+2+4	面积 3+6	面积 3	面积 3
词汇训练方法	面积 1+5	面积 1+5	面积 1	面积 1
词汇训练方法×性别	面积 7	面积 7	面积 7	面积 7

比较表 1.12 和 1.13 两个表格后,四种类型平方和之间的关系就很清楚了:Ⅲ型平方和计算的是研究因素的“净平方和”(采用未加权均值,控制了其他研究因素),对于研究因素之间混淆的部分没有计算在内,因此称为部分平方和。Ⅰ型平方和与研究因素进入模型的顺序有关,先进入模型的研究因素,会将该研究因素与后续研究因素之间混淆的平方和分配给自己(使用加权均值),最后进入模型的研究因素只分配到“净平方和”(使用未加权均值计算而来),因此Ⅰ型平方和又称为顺序平方和。Ⅱ型平方和是将研究因素主效应之间混淆的平方和忽略不计(未加权均值),而将研究因素主效应与交互效应之间混淆的平方和分配给主效应(加权均值)。表格中Ⅲ型和Ⅳ型平方和结果相同,通常来说二者的结果是一致的,但当两个因素某一组合下无样本观测数据时,二者有所不同。

从图1.10中还可以发现，在非均衡设计中，由于Ⅰ型平方和将因素之间混淆的部分分配给某个因素，所有平方和相加的结果将等于总平方和，而其他三种类型平方和并未计算一部分混淆的平方和，因此相加的结果常常不等于总平方和。此外，还需要说明的是，在均衡设计中，因为三个圆圈之间没有重叠，所以四种类型平方和是相等的。

概括起来，使用哪种方法计算平方和可以总结如下(Field, *et al.* 2012: 476-477)：

第一，除非变量之间彼此完全独立(事实上不太可能)，否则Ⅰ型平方和并不能真正地评估每一个变量的主效应。同时，就像上面介绍的那样，由于使用Ⅰ型平方和时，变量进入模型的顺序会影响结果，因此Ⅰ型平方和不能有效地用来评估主效应和交互效应。

第二，如果感兴趣的是主效应，就应该使用Ⅱ型平方和。就像上面介绍的那样，Ⅱ型平方和将研究因素主效应与交互效应之间混淆的平方和分配给主效应，来自主效应的方差不会因交互项而"损失"，所以如果你感兴趣的是主效应并且不关心主效应之间的交互效应，Ⅱ型平方和是最为有效的。然而，如果变量之间确实存在交互效应，那么只对主效应感兴趣就没有多大意义。Ⅱ型平方和的另外一个优势就是使用它时不需要考虑自变量的编码(详见下文)。

第三，Ⅲ型平方和是大家最为熟悉、使用得最多的计算平方和的方法，很多统计软件比如大家熟悉的SPSS默认的平方和就是Ⅲ型平方和。Ⅲ型平方和相对于Ⅱ型平方和的优势在于，如果交互效应存在，跟交互效应关联的主效应仍然是有意义的，因为主效应是在考虑了交互效应的基础上而计算出来的。不过，这个所谓的优势经常也被视作是它的劣势，因为交互效应存在的话，对主效应自娱自乐看起来是很愚蠢的事。但是，在非均衡设计中，Ⅲ型平方和优于其他类型的平方和。然而，只有当自变量是直角正交编码的时候(orthogonal contrasts)，Ⅲ型平方和的计算才是有效的。在默认情况下，R采用的是虚拟编码(dummy coding)，而非直角正交编码。因此，如果我们不更改这个默认编码的话，使用Ⅲ型平方和是错误的。

在使用R进行多变量分析，构建统计模型的时候，使用car包应用Anova()函数的时候，就需要定义使用何种平方和。下面，仍然以前面介绍的3 x 2

两因素方差分析为例，来展示使用不同平方和的效果。前面介绍过，在这个实验中，男女各 12 人随机分配到 Dic、Pic 和 Doc 三种不同的学习方法当中去接受词汇学习训练，训练结束后对他们进行标准化的词汇测试，以考察不同词汇训练方法的效果以及这种效果与性别的关系。这是一个均衡设计的析因实验。构建的模型使用的数据命名为 mydata，如下：

```
mydata

## # A tibble: 36 x 4
##    subj sex   method scores
##    <chr> <chr> <chr>   <dbl>
##  1 S1   M     dic       42
##  2 S2   M     pic       98
##  3 S3   M     doc       48
##  4 S4   M     dic       36
##  5 S5   M     pic       65
##  6 S6   M     doc       61
##  7 S7   M     dic       41
##  8 S8   M     pic       83
##  9 S9   M     doc       50
## 10 S10  M     dic       43
## # ... with 26 more rows
```

使用 mydata，分别以 sex 和 method 为自变量，scores 为因变量，构建第一个模型，命名为 m0：

$$m0 < - lm(\text{scores} \sim \text{method} * \text{sex},\ data = \text{mydata})$$

为了查看 method 和 sex 是否有主效应以及交互效应，可以使用 car 包中的 Anova( ) 函数，下面是使用Ⅱ型平方和以及Ⅲ型平方和所获得结果的对比：

（1）Ⅱ型平方和：

```
car::Anova(m0, type="II")

## Anova Table (Type II tests)
##
## Response: scores
##             Sum Sq  Df  F value    Pr(>F)
## method      2780.7   2   8.5276  0.001169 **
## sex           14.7   1   0.0901  0.766084
## method:sex  4326.2   2  13.2675  7.448e-05 ***
## Residuals   4891.2  30
## ---
## Signif. codes:  0 '***' 0.001 '**' 0.01 '*' 0.05 '.' 0.1 ' ' 1
```

（2）Ⅲ型平方和：

```
car::Anova(m0,type="III")

## Anova Table (Type III tests)
##
## Response: scores
##              Sum Sq    Df    F value      Pr(>F)
## (Intercept)  14210.7   1     87.1612      2.211e-10 ***
## method       2131.4    2     6.5366       0.004403 **
## sex          184.1     1     1.1291       0.296452
## method:sex   4326.2    2     13.2675      7.448e-05 ***
## Residuals    4891.2    30
## ---
## Signif. codes:  0 '***' 0.001 '**' 0.01 '*' 0.05 '.' 0.1 ' ' 1
```

仔细看，会发现使用两种不同的平方和，两个因素 method 和 sex 对应的平方和是不一样的。从结果上看，使用Ⅱ型平方和的结果跟前面介绍平方和的分解时所获得的结果是一致的，但是使用Ⅲ平方和所获得的结果跟前面介绍平方和的分解时所获得的结果并不一致。但有趣的是，method 和 sex 的交互效应对应的两种平方和的结果完全一样，而且后面对应的自由度和 *F* 值以及 *p* 值也完全一样。这个结果印证了前面介绍的观点，那就是“如果存在交互效应，对主效应自娱自乐是愚蠢的事”。再把这两种平方和的计算结果跟使用 aov_4( ) 函数①进行方差分析的结果进行比较：

```
afex::aov_4(scores~method*sex+(1|subj),data=mydata)
## Converting to factor: method, sex
## Contrasts set to contr.sum for the following variables: method, sex
## Anova Table (Type 3 tests)
##
## Response: scores
##          Effect     df     MSE        F       ges    p.value
## 1        method     2, 30  163.04     8.53 **   .362   .001
## 2           sex     1, 30  163.04     0.09      .003   .766
## 3    method:sex     2, 30  163.04    13.27 ***  .469   <.001
## ---
## Signif. codes:  0 '***' 0.001 '**' 0.01 '*' 0.05 '+' 0.1 ' ' 1
```

从 method 和 sex 的主效应以及它们的交互效应看，Ⅱ型平方和的结果与使用 aov_4( ) 函数进行方差分析的结果完全一致。可见，使用Ⅲ型平方和的问题在于 method 和 sex 两个自变量的编码并非是直角正交编码。现在把 sex

---

① aov_4( ) 函数是 afex 包用于方差分析的函数，也是笔者最经常使用的方差分析函数，详见第 2 章。

和 method 两个自变量的编码分别改为直角正交编码，再比较以上各个结果，以验证“Ⅲ型平方和只有在自变量是正交编码的时候才有效”的观点。R 当中自带可用的直角正交编码是 contr. helmert，可以通过定义 contrasts 参数来把自变量编码设置为 contr. helmert：

```
m1 <- lm(scores~method*sex, data=mydata,
      contrasts=list(method=contr.helmert,
                sex=contr.helmert))
car::Anova(m1,type="III")
## Anova Table (Type III tests)
##
## Response: scores
##               Sum Sq    Df    F value     Pr(>F)
## (Intercept)   117306    1     719.4986    < 2.2e-16 ***
## method        2781      2     8.5276      0.001169 **
## sex           15        1     0.0901      0.766084
## method:sex    4326      2     13.2675     7.448e-05 ***
## Residuals     4891      30
## ---
## Signif. codes:  0 '***' 0.001 '**' 0.01 '*' 0.05 '.' 0.1 ' ' 1
```

从以上的结果可以看到，当把自变量设置为直角正交编码的时候，Ⅲ型平方和获得的结果与Ⅱ型平方和获得的结果完全相同。由于Ⅱ平方和不需要考虑自变量的编码，因此，笔者经常会使用 Anova( ) 函数，并使用Ⅱ平方和来快速地查看自变量的主效应或者交互效应，如果发现存在交互效应，则会根据需要再把自变量设置为直角正交编码，使用Ⅲ平方和来进一步查看变量的主效应。不过，这看起来也是愚蠢的，因为“如果存在交互效应，对主效应自娱自乐是愚蠢的事”。但是，在拟合混合效应模型时，当对固定效应进行拟合的时候，使用 Anova( ) 函数来快速查看各固定效应的结果则是笔者经常使用的模型拟合策略。

如果要解读上面模型拟合的结果则涉及与模型相关的一些关键概念，这些内容将在下一个章节中详细介绍。

1.7　自变量的编码

跟平方和相关联的另外一个重要概念是自变量的编码。当自变量是分类变量的时候就要考虑自变量采用哪种编码方式。许多读者对自变量的编码比较陌生,这是因为在使用很多商业统计软件比如 SPSS 时,并不需要对自变量的编码进行设定,只需要使用这些软件设定的默认编码就行了。但事实上,在使用统计模型拟合数据时使用何种自变量的编码是一个重要的问题,直接决定着拟合的模型是否准确,以及在查看,尤其是使用 summary( )函数查看模型的摘要的时候会读到什么样的结果。要能正确解读模型的统计摘要,也必须知道自变量采用了哪种编码方式才行。关于自变量的编码,笔者在 2019 年出版的《第二语言加工及 R 语言应用》(吴诗玉,2019:173 - 194)一书中进行过详细的介绍,因此本书不再讨论,但强烈推荐读者阅读此书相关章节。

上面介绍过,R 中默认的自变量的编码是虚拟编码(dummy coding),就是让自变量的每一个水平与其参照水平(reference level)进行比较。除虚拟编码以外,R 自带可用的自变量编码还有 contr. treatment(等同于 dummy coding),contr. SAS, contr. sum 以及 contr. helmert。当中,只有 contr. helmert 为直角正交编码。关于 R 自带可用的自变量编码的详细情况,读者也可以参看 Field 等(2012:426)。

除使用 R 自带的自变量编码以外,读者也可以根据需要,自己对自变量进行编码,详情也可参考《第二语言加工及 R 语言应用》。

1.8 实验设计和数据来源

实验设计是一个非常复杂而重要的话题,许多研究者甚至认为实验设计才是一项实验研究的灵魂。在一项实验研究报告里,研究者都必须详细汇报实验是如何设计的,包括它的被试、实验的材料、实验程序的设计以及数据收集的过程等。审稿人通过了解实验的设计来评估研究的可靠性,而读者则只有通过阅读论文的实验设计才能“知其然,并知其所以然”。

就数据分析来说,了解实验设计也是至关重要的,正是通过对实验设计的了解我们才能深刻认识数据的来源,并熟悉数据结构,这是数据分析的前提。在进行数据分析时,最常见的错误就是不问三七二十一,一拿到数据就开始着手构建统计模型(Gries, 2021),这种做法至少是非常不专业的。最好的办法应该是从一开始就花大量时间了解并认识数据,从数据中获取尽可能多的信息(Crawley, 2013: 389)。

对于研究者来说,了解数据应该要从了解实验设计开始。比如,通过独立测量(independent-measures)的被试间设计(between-subjects design)所收集的数据在分析方法和策略上就与重复测量(repeated-measures)的被试内设计(within-subjects design)不同。实验设计不是本书要重点介绍的内容,笔者在《R 在语言科学研究中的应用》的第 7 章中对实验设计进行过比较详细的介绍,建议感兴趣的读者在阅读本书前阅读该章节。

思考题

(1) 请解释平方和、方差和标准差之间的关系。

(2) 在计算平方和的时候,总是以平均数为参照,让每个数减去平均数,平方后再求和。为什么总是以平均数为参照? 这背后的逻辑是什么?

(3) 为什么进行数据分析的时候要了解数据的来源和结构?

第2章　交互式阅读对二语词汇学习和整固的影响

前一章主要是通过介绍统计建模(statistical modelling)的思想来展示语言研究中的多变量分析。为了让读者更好地理解统计建模跟传统方差分析(ANOVA)之间的联系和区别,尤其是把第1章介绍的平方和分解的知识应用于统计实践,并帮助先前已经熟悉方差分析的读者更好地理解本书的内容,在介绍更多关于统计建模的概念之前,本书第2章特通过介绍我们课题组2022年发表在国际期刊的一项实证研究的数据分析作为范例,来介绍如何使用R进行传统的方差分析。

2.1　研究背景

我国的大学英语教学曾经一度面临“费时低效”的指责,亦曾被指责为“哑巴英语”,等等。在笔者看来,很多指责或批评可能都是不公平甚至是没有道理的,是“来自外行的评头论足”。试问,有哪一门学科或学问学起来不是“费时低效”的?之所以会有人会提出“费时低效”的观点,笔者认为可能是有些人低估了外语学习之难,尤其是成年人的外语学习之难,甚至简单地认为只要靠记忆,记住了单词或语法就能学会一门外语。事实显然不是这样,如果把“达到跟母语本族语者一样的水平”当作是外语学习的目标的话,那么它的难度可能要超越任何其他学科的学习,更何况外语学习也同时意味着对目标语国家的文化和风俗习惯等的学习。

但是,就外语教师或者应用语言学研究者来说,则不妨把上述批评当作是一种督促,外语教师和学者们确实有必要通过不断地探索和实践,寻找适合我国国情的有效外语教学方法,提升外语教和学的效率,以及学生外语学习的获得感。笔者甚至认为这是国内应用语言学研究者或者说二语习得研究者不可推脱的历史责任:我们的研究根本上还是要落实到解决自己的问题上,不能只满足于发表几篇研究论文。尽管二语习得研究者反复强调为教学问题提供解决方案并不是二语习得研究的目标(Gass, *et al.*, 2020),但是无论如何,从专业人的角度提出专业的方法和策略是对“来自外行的评头论足”最好的回应。

笔者对外语教学怀有浓厚的兴趣,一直在尝试并实践一种称作为“阅读基础上的讨论”的外语教学模式,英译为 *Reading-for-discussion model*,简写为 *RfD* 教学模型。笔者在《当代外语研究》曾经发表过两篇相关的研究论文,分别是:《何为“有效”的外语教学?——根植于本土教学环境和教学对象特点的思考》(2019)和《大学英语教学,为什么要坚守“阅读和讨论”?》(2018)。最近的一篇文章发表在国际 SSCI 期刊 *International Review of Applied Linguistics* (IRAL)上,标题为:*Consolidating EFL Content and Incidental Vocabulary Learning via Interactive Reading*。在这篇文章里,我们把 RfD 教学模型称作为 *Interactive reading approach*。这个章节主要介绍这个教学实验研究的起因、背景和教学实验实施的过程,然后详细展示这个研究的数据分析。

这项研究已经发表,故此处只对研究背景及研究问题做简要介绍,目的是让读者了解本章节要分析数据的来源,更好地理解数据的结构。笔者建议读者阅读原文,以便更详细地了解这项研究的背景、动机、目的以及详细的实验过程。

阅读在语言学习中起着非常重要的作用(Koda, 2007),尤其是在外语学习中,外语阅读构成语言输入(input)的主要来源,并由此成为学习者语言发展的驱动力。因此,开展有效的阅读教学对提升英语学习举足轻重。然而,从历史上看,英语阅读教学在提高学习者的语言技能方面所发挥的作用并不明显,主要原因可能在于学生在英语阅读学习中很大程度上扮演着相当被动的角色:独自阅读(默读或朗读),然后回答一些理解问题。学生之间通常很少就阅读内容进行互动和讨论。20 世纪 70 年代末以来,受新的二语习得理论的影响，如互动假说（Long 1981, 1996）和社会文化理论（Lantolf, 2006; Vygotsky, 1978）等，各种互动阅读教学实践开始引入课堂，如“拼图阅读”（Geddes & Sturtridge, 1982），“读—问—说”方法（Wajnryb, 1988）和“ER+”方法（ER plus 即 extensive reading plus after-reading group discussion，泛读+阅读后小组讨论）（Boutorwick 等人，2019），等等。然而，由于各种原因，主要可能是受传统教学理念和实践的影响，英语阅读教学在一些地方并没有跟上新的教学理念发展的步伐，在英语阅读学习中学生仍然扮演着相当被动的角色。例如，Hu 和 Baumann（2014）的《中国英语阅读教学研究》报告称，大多数教师仍然遵循传统的教学模式，让学生单独阅读，然后聚焦语法和词汇，并回答问题。从另外一个角度看，新的互动教学方法虽然已经获得一些研究者的重视，并开始应用于教学实践，但系统的实证研究，尤其是检验这种方法有效性的研究仍然比较缺乏。只有 Boutorwick 等人（2019）研究并检验了“ER+”方法的有效性。

在此背景下，本节研究旨在通过实验，比较“阅读—讨论”互动阅读方法与传统的非互动阅读教学对中国大学生英语阅读理解和词汇习得的有效性。这一新的阅读教学实践方法以“互动”语言学习理论（Long, 1981, 1996）和“学习的社会文化理论”（Lantolf, 2006; Vygotsky, 1978）为理论基础，在教学实践中通过操控阅读内容分配，使其在不同学生之间形成信息差，由此构造交流和互动的驱动力，促使学生之间进行口语和书面形式的组内和组间互动。

之所以将词汇学习纳入考核这一教学方法有效性的指标，是因为通过阅读进行词汇学习，尤其是附带词汇学习，长期以来一直是一个非常重要的研究课题（如 Boutorwick *et al.*, 2019; Godfroid *et al.*, 2018; Henderson & James 2018; Horst *et al.*, 1998）。这些研究通过不同的设计（如案例研究、实验和访谈），并采用各种学习成果评估手段（如意义关联、定义、拼写、意义多项选择和翻译），发现阅读（尤其是目标词多次出现的泛读）在词汇学习的数量和质量上都有积极作用（词汇知识的广度和深度）。本节研究试图回答以下研究问题：

（1）“阅读—讨论”教学法对英语学习者阅读内容的学习是否有即时的

和延迟的影响?

(2)“阅读—讨论”教学法对英语学习者的词汇学习是否有即时的和延迟的影响?

2.2 实验设计

2.2.1 被试

来自中国北方某大学的两个平行班级(各 40 名学生)一共 80 名学生参加了本研究,其中一个班作为实验组(即交互式阅读班),另一个作为对照组(传统班)。这些学生年龄在 21 至 23 岁之间,都是从小学三年级开始学习英语,现在是这所大学的在读研究生,专业包括机械工程、电子和通信工程以及海洋建筑和工程。

在开展这项研究时,被试已经在学校环境下学习了大约 13 年的英语,都通过了大学英语四级考试(CET-4)。此外,这两个班的学生在上学期都参加了相同的英语期末考试,成绩非常接近(实验组为 $M=85.7$ 分,对照组为 $M=85.9$ 分),没有显著差异($t(72.99)=0.32$, $p=.75$)。

2.2.2 材料

使用弗吉尼亚州车辆部发布的 2012 年版《弗吉尼亚州驾驶员手册》第 2 节和第 3 节作为阅读材料(手册的当前版本见 https://www.dmv.virginia.gov/webdoc/pdf/dmv39.pdf)。整个手册共有 8 节,17 733 字。本研究选取的两节共有 5 905 个单词,共 12 页。第 2 节涉及“信号、标志和路面标线”,而第 3 节涉及“安全驾驶”。只选择了两节而不是整个手册作为学习材料是因为整个手册对于一个 1 小时的阅读课来说可能太长了。采用本手册作为阅读学习材料的理由有:①该手册是地道的英文文本;②它涉及的主题是许多中国大学生感兴趣的内容;③手册中有许多高质量的说明性图片,有助于阅读理解;④该手册的词汇难度适当。文本中 85.6%的单词是一般事务词汇表(GSL)中的单词,其中包括 2 000 个最常用的英语单词,另有 4.5%的单词在 Coxhead(2000)的学术词汇表(AWL)中。换言之,文本中至少 90.1%的词汇是本研究被试认识的词汇。

为了测试词汇学习效果,我们选择了以下 10 个单词作为目标词汇项(括号内数字表示该词在阅读材料出现的次数):intersection(31)、yield(35)、pedestrian(21)、roundabout(19)、lane(89)、curve(16)、markings(19)、vehicle(75)、flash(27)和 pass(34)。之所以选择这些单词,是因为它们在 12 页的文本中出现的次数都在 16 到 89 次之间,在页面上的分布相当均匀,平均每两页中每个单词至少出现 3 次。在这 10 个目标词中,有 6 个(60%)属于 GSL 和 AWL 词汇(yield、roundabout、curve、vehicle、flash、pass),其余 4 个(40%)(intersection、pedestrian、lane 和 markings)属于第 3 组(即 GSL 和 AWL 之外的单词)。然后,我们将这 10 个单词替换为假词(见例 1 和例 2),以确保所有被试都事先不认识它们。这些假词的词形或发音都与其替代的目标词不相关联,以防止学生根据其相似性猜测单词的含义。在词汇习得研究中,使用假词也是一种常见的做法(Godfroid et al, 2013; Leach & Samuel 2007)。

例 1:Traffic signals apply to drivers, motorcycle riders, bicyclists, moped-riders and spoists (spoist 代替 pedestrian)。

例 2:Red light: At a red light, come to a complete stop before you reach the courch (代替 intersection), stop line or crosswalk. Remain stopped unless turns are allowed on red.

2.2.3 程序

2.2.3.1 交互式阅读班(实验组)

该班的 40 名学生被分为六组,前四组各由 7 名学生,后两组各有 6 名学生。12 页的阅读文本平均分为六个部分(每个部分有两页加上手册的封面),每组阅读一个部分。这意味着每个小组只有文本信息的六分之一,形成了“知识差”。如每个目标假词在每组阅读材料中至少出现三次,这意味着每个词在整个12页材料中的总出现次数至少为18次。课堂包括以下四个关键步骤（活动）：

（1）阅读：收到阅读材料后，每个学生花大约15分钟阅读，要求为理解而阅读，并且不能查字典。

（2）组内讨论：阅读完材料后，学生在指定的小组中参加20分钟的小组讨论。讨论仅用英语进行，涵盖可能遇到的与阅读内容和语言相关的问题。在讨论中，鼓励大家记笔记。

（3）总结：讨论结束后，要求每组花5分钟一起写一篇他们所读内容的总结。

（4）组间讨论：在完成组内讨论并写好总结后，每组学生依次换到另一个组，告诉别的组自己所阅读的内容。

每次换两名学生，留在组中的学生则欢迎来自其他组的学生，听他们介绍所在组所阅读的内容。在小组讨论期间，学生们不能看阅读材料，但可以查阅他们前面写的书面笔记。小组讨论也仅用英语进行。等到所有学生都曾到别的小组交流，并最终返回到原指定小组后，组间讨论阶段结束。整个组间讨论持续了25分钟。通过这项活动，学生们获得了其他五个小组阅读部分的信息。老师的作用主要是作为引导者，随时准备提供帮助，并确保一切顺利进行。讨论结束后，立即进行词汇和学习内容的测试。不包括测试时间，整个实验持续约65分钟。

2.2.3.2　传统班（对照组）

与实验组不同的是，对照组每个学生都要阅读完整的12页材料。这个班的课堂同样包括四个活动，其中三个与实验组不同：

（1）阅读，收到材料后，要求学生按照自己的节奏阅读理解，不要查字典。允许重读，但要求他们在大约30分钟内完成阅读。

（2）提问：鼓励学生向老师询问关于阅读材料的任何内容或语言问题，包括不懂的交通标志/规则、难理解的单词、短语或句子。

（3）教师授课：正如典型的阅读课上通常所做的那样，教师花了大约15分钟解释语言难点（词汇和/或语法）和内容难点，并提供内容总结。

（4）写总结：学生独立完成对阅读内容的书面总结并交给老师。与实验组一样，对照组的这四个步骤也花了大约 65 分钟。

需要注意的是，两个班级都没有特意教授词汇，课文中也没有以任何方式标记或突出显示目标词汇。另外，非常重要的一点是，在实验开始之前，老师告知了两个班的学生在课后会立即进行两种测试，一种为阅读内容的测试，一种为针对阅读材料中的某些词的测试。

2.2.3.3 阅读理解和词汇测试

阅读内容的测试主要包括对交通标志和交通规则的测试，共有 22 题：11 个真题和 11 个填充题。在 11 个真题中，6 个为正误判断，5 个为单项选择题。在填充题中，5 个为正误判断，6 个为单项选择。真题基于阅读材料而设计，即《驾驶员手册》第 2 节和第 3 节；填充题的内容基于手册的其他部分内容而设计。

词汇测试分为两个部分，重点是理解被测单词的含义。第一部分要求学生为每个词项提供中文翻译。这一部分共有 20 个单词，10 个为目标假词，另外 10 个是从阅读材料中随机选择的英语真词，后者为填充词，不纳入统计分析。第二部分要求学生从 40 个单词中选择一个合适的单词来填补句子中的空白，以完成句子。共有 20 个句子（或 20 个填空），其中 10 个为目标假词，10 个为英语真词。同样，填充词的答案不计入统计分析。即时后测和延迟后测的题目相同，但顺序不同。

2.2.3.4 访谈

在即时测试后，我们从每个班随机选择 10 名学生进行回顾性访谈，了解他们如何确定自己不知道或不理解的单词的含义或内容信息、写下阅读总结时遇到的最大困难、在课堂上做得最有益的事情等。对于交互式阅读班，我们还询问了被试在组内和组间讨论中交换了哪些信息，以及他们如何解决遇到的语言问题。这一步骤旨在研究被试对阅读课上的教学和学习活动的感受及其影响。访谈分组进行，由授课老师用中文开展。

2.3　在 RStudio 中操控数据

2.3.1　数据清洁和整理

这个研究的数据文件以 Excel 格式贮存,命名为"RfDmodel. xlsx",先把它读入 RStudio,并使用 glimpse( )函数查看数据结构:

```
library(tidyverse);library(readxl)
mydata<-read_excel("RfDmodel.xlsx") #import the data
glimpse(mydata)

## Rows: 80
## Columns: 6
## $ student       <chr> "P1", "P2", "P3", "P4", "P5", "P7","P…
## $ group         <chr> "RfD", "RfD", "RfD", "RfD", "RfD", …
## $ Immed_voc     <dbl> 9.5, 10.5, 10.0, 9.0, 12.5, 10.5, 8.0, 1…
## $ Week3_voc     <dbl> 3.0, 5.0, 9.0, 3.0, 9.0, 2.5, 4.0, 3…
## $ Immed_content <dbl> 8, 8, 10, 10, 10, 8, 5, 8, 7, 8,9,…
## $ Week3_content <dbl> 5, 8, 8, 3, 8, 8, 5, 5, 9, 5, 7, 10…
```

数据一共 80 行(观测),6 列,即 6 个变量。在这 6 个变量中,student 是被试识别号(identifier),表示参加了实验的学生;group 表示组,代表了两种不同的教学方法;Immed_voc 是在实验结束后立即进行的词汇测试里学生取得的成绩,Week3_voc 表示在实验结束 3 周后进行的词汇测试里学生取得的成绩,Immed_content 是在实验结束后立即进行的交规内容测试里学生取得的成绩,Week3_content 是在实验结束后 3 周后进行的交规内容测试里学生取得的成绩。查看代表两种不同教学方法的 group 这个变量:

```
mydata %>%
  count(group)

## # A tibble: 2 × 2
##   group     n
##   <chr> <int>
## 1 RfD      40
## 2 Trad     40
```

可以看到,group 确实有两个水平,RfD 代表的是实验组,即接受交互式阅读(Read_Discuss)训练的学生,而 Trad 代表的是对照组,接受传统教学方法(Traditional)训练的学生。仔细观察 mydata 这个数据框就会发现,它并不符合《R 在语言科学研究中的应用》一书中定义的可用于可视化和统计建模的"干净、整洁"的数据框。根据前面的介绍可以知道,这是一个 2×2 的实验设计,即有两个自变量,这个数据框已经有 group 这个自变量了,但是仍然少了一个表示测试时间的自变量。从上面的数据结构可以看出,时间这个变量被分散在 4 个不同的列了,因此有必要对这个数据进行转换,从而确保在数据框里可以体现 2×2 的实验设计中的两个自变量。方法是使用 pivot_longer( ) 函数,把分散在 4 个不同的列的变量归集起来:

```
mydata2 <- mydata %>%
  pivot_longer(Immed_voc:Week3_content,
               names_to =c("time","type"),
               names_sep ="_",
               values_to = "scores")
colnames(mydata2)

## [1] "student" "group"   "time"    "type"    "scores"

view(mydata2)
```

pivot_longer( ) 函数的使用非常灵活,在功能上它实现了从"宽"数据到"长"数据的转换,这个函数是由原来的 gather( ) 函数升级而来,但在数据转换的功能上有更多的操作空间。代码中 Immed_voc: Week3_content 表示的是把从 Immed_voc 到 Week3_content 的列按要求归并起来,冒号(:)相当于英语的 to(到)。经转换后,数据框里就可以找到两个自变量了:group 和 time。同时,还增加了两个新的变量 type 和 scores,其中 type 表示测试的类型:

```
mydata2 %>%
  count(type)
## # A tibble: 2 × 2
##   type        n
##   <chr>   <int>
## 1 content   160
## 2 voc       160
```

可以看到 type 有两个水平,分别为交规内容测试(content)和词汇测试(voc),各有 160(4×40)个观测值(observations)。最后一个变量是 scores,为这个研究的因变量,代表了两种测试的成绩。到这一步为止,数据已经非常规整了,可以找到研究中所有的变量,这也就意味着我们可以使用这个数据框,进行数据可视化或者统计建模了。

2.3.2　数据挖掘:EDA

跟所有数据分析的做法一样,首先进行数据探索,即 EDA(Exploratory Data Analysis),方法是使用多种可视化的手段对实验组和对照组在两次词汇和交规内容测试的成绩进行可视化。使用 mydata2 这个数据框可以同时呈现这两个测试成绩的可视化结果,但是在本书有限的空间里,只呈现词汇测试成绩的结果,读者可以自己尝试完成对交规内容测试成绩的可视化。首先,使用箱体图来呈现结果:

```
mydata3 <- mydata2 %>%
  filter(type=="voc")

ggplot(mydata3,aes(time,scores,fill=group))+
  geom_boxplot(notch = TRUE)+
  facet_wrap(~type)+
  scale_y_continuous(breaks = seq(2,18,3))+
                     labs(x="Time",y="Scores")
```

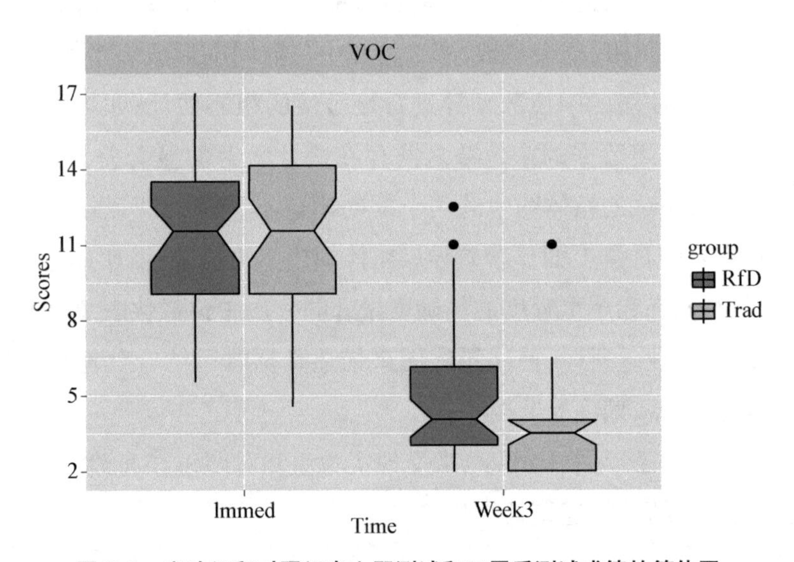

图 2.1　实验组和对照组在立即测试和三周后测试成绩的箱体图

箱体图,亦称箱线图,可以很好地呈现数据中的值是如何分布的。尽管与直方图(histogram)或密度图(density plot)相比,箱线图可能看起来比较“古旧”,但它们具有空间占用更小的优势,这在比较许多组或数据集之间的分布时就显得很有用。箱线图在呈现数据的分布时基于五个数值(摘要):最小值(Minimum)、第一四分位数(Q1, first quartile)、中位数(median)、第三四分位数(Q3, third quartile)和最大值(Maximum)。图 2.2 是一个横放的箱体图,显示了各个值的位置:

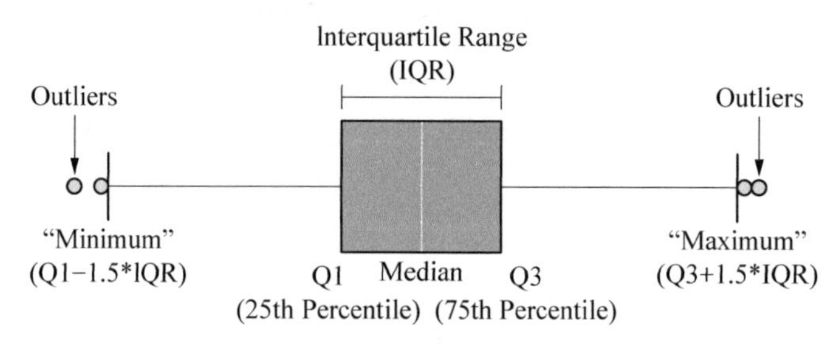

图 2.2 箱体图的构成

箱体图的箱体正好占据一个四分位距(interquartile range, IQR),即第三四分位数和第一四分位数之差,在最大值和最小值之外的数用点表示,它们是这组数据的离群值或称逸出值或异常值(outliers)。在生成箱体图时,若在代码中设定 notch=TRUE 这个参数,那么将在中位数周围形成一个槽口,可用于对两个或多个箱体图的中位数差异进行显著性的粗略估计;如果两个框的槽口不重叠,说明两组数据的中位数之间存在统计学上的显著差异。如图 2.1 所示,在三周后测试的箱体图中的两个框的槽口不重叠,说明两组数据(的中位数之间)存在统计学上的显著差异。箱体图当然也局限性,比如它不能提供关于数据分布偏态和尾重程度的精确度量,同时,用中位数代表总体平均水平也有一定的局限性。所以,使用箱线图来描述数据时可结合其他描述统计工具,如均值、标准差、偏度等。

接着,再使用条形图(barplot)来呈现实验组和对照组在实验结束后,前后两次词汇测试成绩的描述统计结果:

```
ggplot(mydata3,aes(time,scores,fill=group))+
  geom_bar(stat = "summary",
           fun=mean,
           position="dodge")+
  geom_errorbar(stat="summary",
                fun.data=mean_cl_normal,
                position=position_dodge(width=0.9),
                width=0.2)+
  scale_fill_grey(start = 0.3,end = 0.6)+
  scale_y_continuous(breaks = seq(1,16,1))+
  theme(axis.text = element_text(size = 11),
        axis.title = element_text(size=13,
                                  face="bold"),
        legend.text = element_text(size=11),
        legend.title = element_text(size=12,
                                    face = "bold"))+
  labs(x="Time",y="Scores")
```

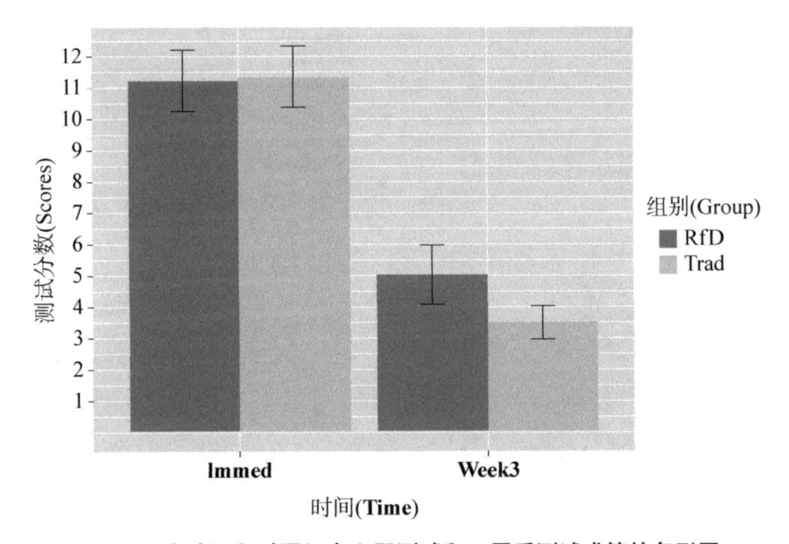

图 2.3　实验组和对照组在立即测试和三周后测试成绩的条形图

条形图(bar plot),纵置时亦称柱状图(column plot),主要呈现分类变量(categorical variable)不同水平的数据分布情况,可用于呈现分类变量不同水平的均值、中位数、标准差和置信区间等。分类变量的每一个水平都由一个条形表示,条形的长短表示数值的大小,该类型的图是展示描述型数据的一种常见方式。研究论文中的条形图常见带有一条误差棒(error bar),误差棒主要用于描述测量值的精准程度,即对测量数据的确定程度。误差棒其实反映了数据的离散程度,是一种标准差的表现手段,表示一组数据内各观测值与平均值的偏离程度。通常,我们认为误差棒越短,数据的离散程度越小。从上述条形图中,我们可以看出在即时后测中互动阅读方法和传统的非互动阅读方法的词汇学习效果差别不大,而三周后的延时后测中互动阅读方法的词汇记忆效果优于传统的非互动阅读方法。然而,仅通过条形图并不能呈现数据的全貌,还可以通过其他的图形类型,比如散点图,对数据的描述进行补充。

最后,再使用散点图来呈现每名被试在实验结束后前后两次词汇测试成绩的描述统计结果:

```
ggplot(mydata3,aes(student,scores,color=group))+
  geom_point(size=3)+
  geom_text(aes(label=student),
          check_overlap = TRUE,
          nudge_y = 0.25)+
  facet_wrap(~time,scales = "free_y")+
  xlab("Students")+
  ylab("Scores")
```

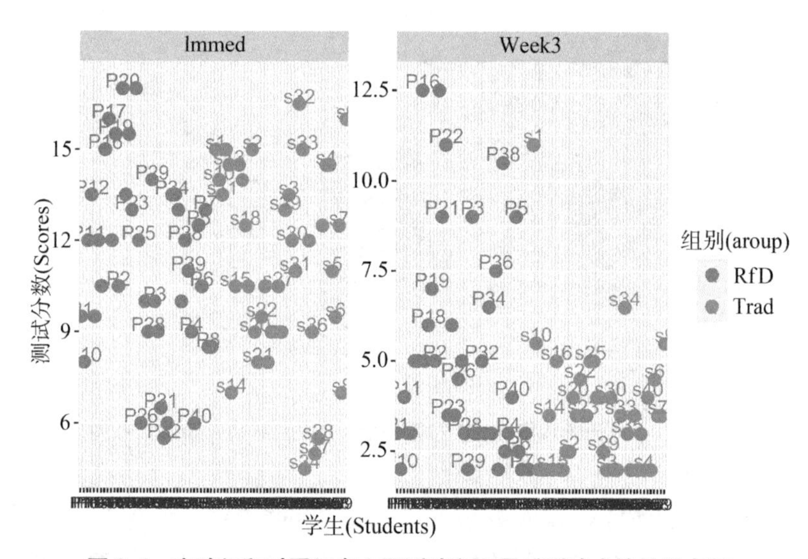

图 2.4　实验组和对照组在立即测试和三周后测试成绩的散点图

散点图(scatter plot),亦称散布图,顾名思义是由许多散布的点组成的坐标,每个点在坐标轴中的位置代表了变量中不同数据的数值。此外,在散点图中,不同的变量可由不同的点标记,如颜色、形状、样式等表示。散点图也常用于建模之前的数据探索,可以根据散点的分布趋势判断自变量对于因变量的影响趋势。图 2.4 中的散点显示了 80 名被试的词汇测试得分情况，根据该散点的总体分布可以观察到与条形图相似的结果，即在即时后测中互动阅读方法和传统的非互动阅读方法的词汇学习效果差别不大，而三周后的延时后测中互动阅读方法的词汇记忆效果优于传统的非互动阅读方法。要在散点图上呈现每个点对应具体哪一名被试关键是要在生成 geom_text( ) 这个图层时设置 label 这一图形属性的参数。这个实例是通过把 student 这个变量映射给 label 来实现这个目的的。

2.4　多变量方差分析

从前面的实验设计部分的介绍可以知道，这是一个 2×2 的混合设计实验 (mixed-design)，共有两个自变量(组和时间)，每个自变量都只有两个水平。之所以称作为混合设计是因为两个自变量中其中有一个自变量为被试间设计 (between-subjects design)，即组(group)这个变量，而另外一个自变量是被试内设计(within-subjects design)，即时间(time)这个变量。这一点可以通过下面的代码看出来：

```
mydata2 %>%
  count(student,type,time)

## # A tibble: 320 × 4
##    student type    time      n
##    <chr>   <chr>   <chr> <int>
##  1 P1      content Immed     1
##  2 P1      content Week3     1
##  3 P1      voc     Immed     1
##  4 P1      voc     Week3     1
##  5 P10     content Immed     1
##  6 P10     content Week3     1
##  7 P10     voc     Immed     1
##  8 P10     voc     Week3     1
##  9 P11     content Immed     1
## 10 P11     content Week3     1
## # … with 310 more rows
```

可以看到，每名被试(student)，不管是交规内容测试(content)，还是词汇测试(voc)，都有两个分数，这主要是因为时间(time)这个变量，也就是说时间是被试内设计。再对数据的结构进行简单探索：

```
mydata2 %>%
  count(group,time) #equal n design

## # A tibble: 4 × 3
##   group time      n
##   <chr> <chr> <int>
## 1 RfD   Immed    80
## 2 RfD   Week3    80
## 3 Trad  Immed    80
## 4 Trad  Week3    80
```

从上面的结果可以看出，这是一个均衡设计（equal *ns* design），以下是数字化的描述统计结果，这些结果已经通过上面的图形显示了。一般来说，在论文写作时二者择其一就行：

```
library(flextable)
x1 <- mydata2 %>%
  group_by(group,type,time) %>%
  summarize(M=round(mean(scores),2),
            sd=round(sd(scores),2),
            n=n())
set_caption(flextable(x1), "表2.1实验组和对照组在即时和延时测试的描述统计结果"
```

表 2.1 实验组和对照组在即时和延时测试的描述统计结果

group	type	time	M	sd	n
RfD	content	Immed	7.88	1.30	40
RfD	content	Week3	6.70	1.83	40
RfD	voc	Immed	11.22	3.09	40
RfD	voc	Week3	5.03	2.98	40
Trad	content	Immed	7.58	1.47	40
Trad	content	Week3	4.90	1.19	40
Trad	voc	Immed	11.32	3.17	40
Trad	voc	Week3	3.50	1.72	40

从描述统计结果的最后一列也可以看出,这是一个均衡实验设计。对这个实验设计的多变量分析,可以使用混合设计的方差分析(ANOVA)对结果进行统计分析。根据这个研究的自变量的数量,这个方差分析称作为二向方差分析(two-way ANOVA)。这里也按照我们发表在 IRAL 的那篇论文对结果的汇报顺序,首先对交规内容测试成绩进行方差分析。在 R 中,可用于方差分析的函数有很多,对初学者来说,最重要的是要理解各种不同的函数对被试间设计的变量和被试内设计的变量在具体设置上的区别。笔者习惯采用 afex 包中的 aov_4( )函数进行方差分析:

```
df_content<- mydata2 %>%
  filter(type=="content")

library(afex)
M_content <- aov_4(scores~group*time+
                (time|student),
              data=df_content)
```

以上代码首先实现的是筛选出交规内容测试的数据,然后加载 afex 包,接着使用 aov_4( )函数进行方差分析,并把分析结果赋值给 M_content。在代码的运行结果里出现了两行提示,第一行是:Converting to factor: group,它的意思是在进行方差分析时,R 自动把 group 这个变量转换成因子(factor),group 原来是一个字符串格式的变量。第二行提示是:Contrasts set to contr. sum for the following variables: group,说明 R 在把变量 group 转换成因子后,又把 group 的自变量编码设置为 contr. sum。笔者喜欢使用 afex 包中的 aov_4( )函数进行方差分析有两个主要原因。第一个原因就在于 aov_4( )函数中表达式的设置,仔细观察函数中的表达式会发现它的设置方式跟混合效应模型的 lmer( )函数的设置方式非常相似。第二个原因就在于使用 aov_4( )函数进行方差分析不需要自行设置自变量的编码,就像上面第二条提示内容所显示的,它自行把自变量的编码设置成了 contr. sum。contr. sum 也称作为效应编码(effect coding)。那为什么 aov_4( )函数进行方差分析时把自变量编码设置为 contr. sum,而不是使用 R 默认的虚拟编码(dummy coding)呢?一般认为,如果模型中有多个分类变量,使用效应编码或虚拟编码通常没有太大区别。但是,如果两个分类变量存在交互作用,效应编码就具备一定的优势,主要表现在效应编码可以对主效应和交互效应进行合理估计。若使用R默认的虚拟编码,仍然可以较好地估计交互效应,但对主效应的估计则不够准确(Singmann *et al.*, 2022)。

调用上述模型,查看方差分析的结果:

```
## Anova Table (Type 3 tests)
##
## Response: scores
##       Effect    df   MSE         F        ges   p.value
## 1      group 1, 78   2.34        18.81 ***   .116   <.001
## 2       time 1, 78   1.97        75.43 ***   .306   <.001
## 3 group:time 1, 78   1.97        11.45 **    .063    .001
## ---
## Signif. codes:  0 '***' 0.001 '**' 0.01 '*' 0.05 '+' 0.1 ' ' 1
```

阅读上面的分析结果,读者可能会感到困惑,上面的方差分析结果表中的第一行显示了方差分析使用的是Type 3 tests,也就是第一章介绍的Ⅲ型平方和的方法。我们在第1章节明确指出"只有当自变量是直角正交编码的时候(orthogonal contrasts),Ⅲ型平方和才是有效的",但是,上面不是已经提示aov_4()函数已经自动地把group的编码设置为了contr. sum,即效应编码了吗?效应编码并不是直角正交编码啊?这不自相矛盾吗?

读者的谨慎是非常有道理的,而且值得称道。限于篇幅而且考虑到不是本书的重点,故不在此对这一问题进行详细解释。这里仅说明两点:首先,如果实验采取的是平衡设计(equal *ns*),使用哪种类型的平方和其实没什么区别。其次,在上述情形里,使用contr. sum、contr. helmert或contr. poly,或者使用自己设置的直角正交编码,所获得的结果都是相同而且也是可靠的,但不建议使用contr. treatment的编码方式(即虚拟编码),否则可能导致平方和的计算结果不准确。关于这点的更多详细内容,读者可以参看线上论坛stack overflow当中的讨论。

再看上面的方差分析的结果表,一共有3行6列,每一行显示的是方差分析中的每个项的检验结果。就这个研究来说,这三个项分别是group和time的主效应以及它们的交互效应。第一列Effect显示的是方差分析的项,第二列则是每个项对应的自由度,第三列MSE表示的是Mean Standard Error,即平均标准误差。根据第一章的知识可知它就是计算F值的分母,第四列为F

值,ges 表示的是 general eta squared,即效应量,最后一列表示的是对应的 p 值。从上面的结果可以看到,组(group)有主效应($F(1,78)=18.81$, $p<.001$, $\eta^2=.116$),时间(time)也有主效应($F(1,78)=75.43$, $p<.001$, $\eta^2=.306$)。而且,组和时间还有交互效应($F(1,78)=11.45$, $p=.001$, $\eta^2=.063$)。

可以使用 emmeans 包中的 emmeans( )函数进行事后检验,从而“解开”(untangle)组和时间的交互效应:

```
emmeans::emmeans(M_content,specs = pairwise~group*time,
                 adjust="None")

## $emmeans
##  group time   emmean    SE df lower.CL upper.CL
##  RfD   Immed    7.88 0.219 78     7.44     8.31
##  Trad  Immed    7.58 0.219 78     7.14     8.01
##  RfD   Week3    6.70 0.244 78     6.21     7.19
##  Trad  Week3    4.90 0.244 78     4.41     5.39
##
## Confidence level used: 0.95
##
## $contrasts
##  contrast                  estimate    SE df t.ratio p.value
##  RfD Immed - Trad Immed       0.300 0.310 78   0.967  0.3365
##  RfD Immed - RfD Week3        1.175 0.313 78   3.749  0.0003
##  RfD Immed - Trad Week3       2.975 0.328 78   9.064  <.0001
##  Trad Immed - RfD Week3       0.875 0.328 78   2.666  0.0093
##  Trad Immed - Trad Week3      2.675 0.313 78   8.534  <.0001
##  RfD Week3 - Trad Week3       1.800 0.345 78   5.213  <.0001
```

所谓组和时间存在交互效应,就是指组(即教学方法)的影响还要取决于时间的不同水平(即不同的测试时间),具体看就是组的影响还要取决于是立即测试(Immediate),还是三周后测试(Three Weeks)。因此,上述分析结果中最重要的是 contrasts 表中的第一行和最后一行,第一行的结果显示,在立即测试时,阅读和讨论组(Read-Discuss)跟对照组(Traditional Immediate)没有区别($\beta=0.30$, $SE=0.33$, $t=0.94$, $p=0.36$),但是在三周后测试,两组存在显著区别($\beta=1.80$, $SE=0.33$, $t=5.48$, $p<.001$)。

采用相同的方法对词汇测试成绩进行 2×2 混合设计的方差分析:

```
df_voc <- mydata2 %>%
  filter(type=="voc")
M_voc <- aov_4(scores~group*time+
                 (time|student),
               data=df_voc)
```

```
M_voc

## Anova Table (Type 3 tests)
##
## Response: scores
##       Effect    df   MSE          F         ges  p.value
## 1      group 1, 78  10.07       2.02        .016    .159
## 2       time 1, 78   5.64     349.02 ***   .616   <.001
## 3 group:time 1, 78   5.64       4.69 *     .021    .033
## ---
## Signif. codes:  0 '***' 0.001 '**' 0.01 '*' 0.05 '+' 0.1 ' ' 1
```

对上述结果可报告如下：

词汇测试的方差分析结果显示，教学方法无主效应（$F(1,78)=2.02$，$p=0.16$，$\eta^2=0.016$），该结果说明，如果不考虑时间的影响的情况下，两个班级词汇成绩之间无显著差异。然而，时间有主效应（$F(1,78)=349.02$，$p<0.001$，$\eta^2=0.616$），被试在延时后测的词汇测试成绩显著低于即时后测的词汇测试成绩。最重要的是，我们发现教学方法与时间之间存在显著的交互效应（$F(1,78)=4.69$，$p=0.03$，$\eta^2=0.021$），说明教学方法的作用还要取决于不同的测试时间（时间的不同水平）。至于这两个变量到底是如何交互的，可以使用 emmeans( )函数来进行事后检验，此处略去。

2.5 混合模型

在这个教学实验里，我们同时考察了交互式阅读对教学内容和词汇学习的影响。此时，一个很自然的问题就是：教学内容的学习和词汇学习是否存在某种联系？这个问题笔者在 IRAL 发表的论文原文中进行了统计分析和系统的讨论。统计分析的方法是把被试的交规内容考试成绩当作协变量（covariate），把教学方法（group）和时间（time）当作自变量，使用 lmer( )函数，拟合一个关于被试词汇测试成绩的混合效应模型。混合效应模型是本书后续章节介绍的重点，此处暂不详细介绍。但根据惯例，在拟合模型前首先对数据进行准备：

```
df_mixed <- mydata2 %>%
  pivot_wider(names_from = "type",
              values_from = "scores") %>%
  mutate(content=as.vector(scale(content)))

df_mixed %>%
  count(group)

## # A tibble: 2 × 2
##   group     n
##   <chr> <int>
## 1 RfD      80
## 2 Trad     80

df_mixed$group <- factor(df_mixed$group,
                         levels =c("Trad","RfD"))
```

因为 content 是一个连续型的数值型变量,根据惯例,在拟合混合模型前会把它进行标准化,即 scale,从而避免模型拟合过程中可能碰到的问题,同时也让模型拟合的结果更好解释。笔者在论文原文里对这一操作进行了描述:*Before entering the model, the scores of the content tests were scaled and centered for the convenience of the model fitting procedures and the interpretation of the results*。上面的前四行代码实现了转换的目的,而后面两行代码则重新设置了 group 这个因子(变量)两个水平的顺序。一般而言,R 默认根据字母的先后顺序来设置因子的水平,字母顺序在最前面的设置为因子的第一个水平,即参照水平。故 group 这个因子中,Read-Discuss 应该是第一个水平,但是上面代码对此进行了修改,把 Traditional 设置为第一个水平,即参照水平,因为事实上,这个研究的参照就是传统阅读教学方法的效果。以下是混合模型拟合的结果:

```
library(lme4)
summary(m_mixed1 <- lmer(voc~1+time*group*content+
                           (1|student),
                         data = df_mixed,
                         REML=FALSE),
        correlation=FALSE)

## Linear mixed model fit by maximum likelihood . t-tests use Satterthwaite's
##   method [lmerModLmerTest]
## Formula: voc ~ 1 + time * group * content + (1 | student)
##    Data: df_mixed
##
##      AIC      BIC   logLik deviance df.resid
##    768.8    799.5   -374.4    748.8      150
##
```

```
## Scaled residuals:
##     Min      1Q  Median      3Q     Max
## -2.5234 -0.6016 -0.0509  0.6155  2.8802
##
## Random effects:
##  Groups   Name        Variance Std.Dev.
##  student  (Intercept) 0.3181   0.564
##  Residual             5.9994   2.449
## Number of obs: 160, groups:  student, 80
##
## Fixed effects:
##                            Estimate Std. Error       df t value Pr(>|t|)
## (Intercept)                 10.6363     0.4556 159.8269  23.343  < 2e-16 ***
## timeWeek3                   -7.1941     0.8587 114.2603  -8.378 1.57e-13 ***
## groupRfD                    -0.1895     0.6951 159.9070  -0.273  0.78553
## content                      1.5779     0.5106 159.7638   3.090  0.00236 **
## timeWeek3:groupRfD           1.8295     1.0749 108.5238   1.702  0.09161 .
## timeWeek3:content           -1.6357     0.8162 140.3853  -2.004  0.04700 *
## groupRfD:content            -0.2758     0.7680 159.7973  -0.359  0.72000
## timeWeek3:groupRfD:content   2.0365     1.0735 159.9989   1.897  0.05962 .
## ---
## Signif. codes:  0 '***' 0.001 '**' 0.01 '*' 0.05 '.' 0.1 ' ' 1
```

使用drop1()函数,查看变量的主效应或交互效应:

```
drop1(m_mixed1,test="Chisq")
## Single term deletions using Satterthwaite's method:
##
## Model:
## voc ~ 1 + time * group * content + (1 | student)
##                    Sum Sq Mean Sq NumDF DenDF F value  Pr(>F)
## time:group:content 21.591  21.591     1   160  3.5989 0.05962 .
## ---
## Signif. codes:  0 '***' 0.001 '**' 0.01 '*' 0.05 '.' 0.1 ' ' 1
```

结果发现,时间(time)、组(group)和内容(content)存在边缘显著的交互效应($F(1,160)=3.60$, $p=0.059$)。为了解读这三个变量的交互效应,使用effects包并结合plot()函数对模型的交互效应进行可视化:

```
library(effects)

plot(allEffects(m_mixed1),
     xlab="Content scores",
     ylab="Vocabulary scores",
     layout=c(4,1),main="")
```

图2.5呈现了一副非常有趣的三个变量的交互关系,笔者在论文原文中对这个交互关系进行了非常细致的解读,翻译成中文如下:

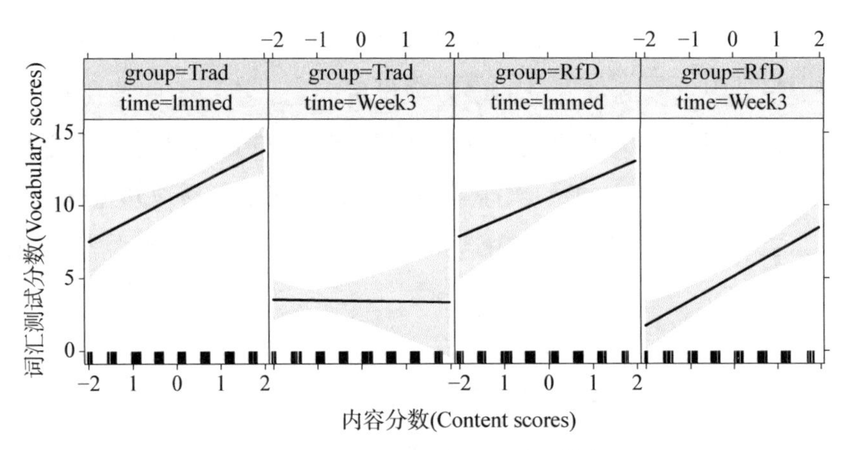

图 2.5　时间、组和内容的交互效应

在即时后测，内容测试的成绩对两组的词汇测试成绩产生了相似的影响：随着内容测试成绩的提高，两组的词汇测试成绩也以相似的速度增长。但是与即时后测形成鲜明对比的是，在延迟后测中，被试在内容测试中的表现对两组的词汇测试成绩产生了截然不同的影响：对交互式阅读组，内容和词汇分数之间的关系保持不变，内容测试分数的增加伴随着词汇测试分数的类似增加；然而，对于传统班级，延迟后测没有发现这种正向预测关系，因为该组的词汇测试成绩没有显示出相关的变化。

2.6　其 他 方 法

2.6.1　使用 aov( ) 函数进行方差分析

前面介绍过，在 R 统计环境里，可用于方差分析的方法和手段非常多，如果对第 1 章的内容非常熟悉的话甚至可以人工手算。不过考虑到时间成本，最好还是使用直接可用的函数，更快、更方便地获得结果。除上面介绍的笔者喜欢使用的方法和函数以外，也可以使用 R 自带的 aov( ) 函数进行方差分析。不过，使用这个函数时，有两个比较重要的注意事项。第一就是要注意实验设计是否为均衡设计，如果为非均衡设计则不建议使用这个函数进行方差分析，除非对自变量进行直角正交编码,使用Ⅲ类平方和。第二个要注意的事项是针对研究设计中重复测量变量的误差项设置问题。第一个问题比较容易处理,因为每一个研究者对自己的设计应该都很清楚,知道自己的实验是否为均衡设计,即使是分析陌生的数据,也可以通过数据探索轻易地知道这个信息。而关于第二个问题,不妨先看使用这一函数对本研究中的交规内容的测试数据的分析,如下:

```
Content_M<- aov(scores~group*time+
                    Error(student/(time)),
                data=df_content)
summary(Content_M)

##
## Error: student
##           Df Sum Sq Mean Sq F value   Pr(>F)
## group      1   44.1   44.10   18.81 4.28e-05 ***
## Residuals 78  182.9    2.34
## ---
## Signif. codes:  0 '***' 0.001 '**' 0.01 '*' 0.05 '.' 0.1 ' ' 1
##
## Error: student:time
##            Df Sum Sq Mean Sq F value   Pr(>F)
## time        1  148.2  148.23   75.43 4.41e-13 ***
## group:time  1   22.5   22.50   11.45  0.00112 **
## Residuals  78  153.3    1.97
## ---
## Signif. codes:  0 '***' 0.001 '**' 0.01 '*' 0.05 '.' 0.1 ' ' 1
```

比对前面使用 aov_4( )的分析结果会发现使用 aov( )函数,获得的结果完全一样。这里需要特别注意的是 Error( )项的设定,也就是上面提到的第二点注意事项,这里 student/time 表示的意思就相当于使用 aov_4( )时的这个表达式:(time|student),它们表示的都是被试(student)分别出现在时间(time)这个变量的不同水平之下(即不同测试时间)。如果是独立测量的被试间设计则不需要设置这个项。

在获得组(group)和时间(time)的主效应和交互效应后,也可以跟前面介绍的方法一样,使用 emmeans( )函数进行事后检验,限于篇幅,此处略去。读者也可以使用这一函数对本研究中的词汇测试成绩进行分析,此处也不再介绍。

2.6.2　使用 lme( ) 函数构建多层模型

笔者在《第二语言加工及 R 语言应用》(2019)一书以及《R 在语言科学研究中的应用》(2021)一书中都曾经提及使用 lme( ) 函数来进行重复测量数据分析的方便和优势。在《第二语言加工及 R 语言应用》一书的 234—235 页还专门介绍了如何使用这个函数来分析本实验的词汇测试成绩的数据。请读者自行阅读和参考相关内容,此处不再介绍。

一般来说,对于实验设计比较简单的包含重复测量的数据分析,笔者大都采用本章节介绍的方法。但是当在涉及比较复杂的重复测量设计的数据分析时,尤其是涉及"多被试、多测试项、多变量"这"三个多"的时候,笔者则主要考虑使用后面章节着重介绍的混合效应模型来进行数据分析。

思考题

(1) 有读者指出,在这篇文章介绍的这个研究里,实验组有互动,而对照没有互动,也就是说对照组比实验组少了一个环节,因此实验组学习效果肯定会更好,不需要开展实验这个结果也是可预知的。为什么这种看法不对? 请评估这个实验对自变量的操控是否成功。

(2) 在这个研究中我们从多个角度分析了交规内容学习和词汇习得之间的关系。我们发现,如果交规内容学得好,词汇也学得好,我们能不能说,这二者是一种因果关系,即因为交规内容学得好,所以,词汇才学得好? 为什么? 应该如何解释这两者之间的关系? 请阅读原文参考作者是如何解读这二者关系的。

第 3 章　统计建模的概念问题:二语阅读的多维变量关系(一)

第 1 章介绍了传统统计分析的一些重要概念,包括平均数(Mean)、平方和(SS, Sum of Squared Deviations)、方差(Variance)以及标准差(SD, Standard Deviation),等等。也介绍了一些统计模型的概念,比如残差(residual)、残差平方和以及模型平方和等等。因为本书介绍的多变量分析主要是通过统计建模来实现的,所以仍然需要一个章节再介绍一些模型的概念,为后续章节内容的理解奠定基础。有些概念在《第二语言加工及 R 语言应用》一书详细介绍过,读者也可以通过阅读该书的相关章节来进行理解。这当中的很多概念比较抽象,直接枯燥的文字介绍可能很难理解,因此,这一章将以我们前期开展的一项第二语言阅读(L2 reading)研究作为实例,通过获取这项研究中具体研究问题的答案来介绍这些概念。同时,这个章节也将以实例的方法,向读者展示数据整理的过程,以帮助大家理解一次完整的统计建模的过程是如何一步一步实现的。为了读者能更好地理解统计建模的概念,笔者将围绕二语阅读的多维变量关系分两个章节来介绍。本章节以独立测量被试间设计(independent-measures between-subjects research design)的二语阅读数据为基础,而下个章节则以重复测量被试内设计(repeated-measures within-subjects research design)的二语阅读数据为基础。

阅读(reading)对每一个人都具有重要意义,是大家接受教育、获取知识的重要渠道。而外语阅读对外语学习者而言,其重要性则更是不言而喻。阅读是外语学习者获取语言输入(language input)的重要渠道,可以帮助他们从多个方面提升外语能力。比如,研究发现,外语学习者的词汇大部分都是通过外语阅读附带习得的(见第 9 章),单这一点就足以说明外语阅读了不起的作用。就我国的外语学习者来说,外语阅读也应该是他们最熟悉、在外语学习过程中从事得最多的学习活动。这个章节就从这个熟悉的主题开始,介绍我们在二语阅读方面开展的项目以及所获得的实证研究的成果。

3.1　研究背景

笔者曾就中国学生的第二语言阅读进行过一些实证研究,相关成果陆续发表在《外语教学与研究》《心理学报》和《国外外语教学》(现名为《外语教学理论与实践》)等期刊。由于阅读对于外语学习者非常重要,尽管已经过去了很多年,笔者对于这个话题仍然很感兴趣,而且当重新回顾这些研究时,仍然觉得还有很多重要问题值得思考。其中,笔者最为好奇的一个问题是如何论证二语阅读能力、二语水平和母语阅读能力三者的关系。在 20 世纪 80 年代,这个问题是二语阅读研究的核心问题,可概括为:二语阅读是一个语言问题,还是一个阅读问题?(Alderson, 1984)。有学者以 Cummins(1979)提出的"语言相互依赖假说"(Linguistic Interdependence Hypothesis)为依据,指出学习者在母语里习得的认知和读写技能会成为潜在的、共享的能力,自然地迁移到第二语言阅读。因此,二语阅读根本上是一个"阅读问题",表现为母语阅读能力强的学习者其第二语言阅读能力亦然。然而,又有学者提出"门槛"假说,指出认知能力共享具有先决条件,即学习者如果要能受益于其母语里所习得的认知和读写技能,必先达到一定程度的第二语言水平(即越过"门槛")(threshold),否则有限的第二语言知识将造成其第二语言阅读体系的"熔断"(short-circuit)(Clarke, 1980; Bernhardt & Kamil, 1995; 吴诗玉等, 2017)。从这个角度看,二语阅读问题又是一个语言问题(language problem)(Yamashita, 2001: 192)。

围绕上述问题,学术界涌现了一批实证研究,探讨了第二语言阅读与其两大关键预测变量即第二语言水平和母语阅读能力之间的关系(如 Carrell, 1991; Bernhardt & Kamil, 1995; Taillefer, 1996; Lee & Shallert, 1997)。笔者现在仍然对这一问题感到好奇的重要原因之一在于统计方法的应用。过去的研究在界定这三个变量之间的关系时,主要是在测定了被试的二语阅读能力、母语阅读能力和二语水平之后,以二语阅读为因变量、母语阅读和二语水平为预测变量(predictors),进行回归分析,通过考察各个变量对应的回归系数的大小以及对应的 p 值等来确定各个变量的影响。这一方法的应用使二语阅读研究取得了丰硕的成果,也让学术界对这三个变量的关系大致有了定论:当二语水平比较低的时候,二语阅读主要表现为“语言问题”,而当二语水平比较高的时候,尤其是当高于某一个值时(阈值),二语阅读则主要表现为“阅读问题”。

但是,在我看来,先前研究仍然有两个问题值得进一步深入分析或者进一步完善:

(1) 先前的研究在测量二语阅读能力时基本都采用独立测量被试间设计,在每个被试完成一套标准化的二语阅读测试后,按照评分标准计算出考试总分,用来代表他的二语阅读成绩,这也就意味着每名被试只有一个二语阅读成绩。但是,仍然存在另外一种计算方法,这种方法除了把被试作为随机变量考察,也把测试题目作为随机变量,那就是让被试完成多少道阅读理解题就有多少个二语阅读分数。这么做的好处是能充分抓住阅读如何随着随机变量即阅读材料的变化而发生变化(variations),而计算总分则容易抹去随机变量即理解测试题所造成的影响(变异)。

(2) 二语阅读和母语阅读的测试问题。有很多研究在测量这两个变量的时候,所用的二语阅读材料和母语阅读材料在内容上彼此独立,没有关联,这种方法测量出来的这两个变量虽然也可能存在关联(毕竟都测量了理解能力),但是严格说来这种测量方法并不科学,也不符合“阅读技能迁移”这个构念(construct)的内涵。要能有效地考察母语阅读能力与二语阅读之间的关系,必须要让母语阅读材料和二语阅读材料在内容上相同,让二者之间的区别只体现在语言上。

正是上述这两个问题促使我重新回到二语阅读研究的这个核心问题,试图通过重做实验,在克服上述两个问题的基础上重新验证或者界定二语阅读与母语阅读和二语水平三者之间的关系,即使获得的结果与之前的研究没有多大区别,也至少可能帮助我消除心中长期存在的一些疑惑。

我们对上面提到的两个问题有针对性地进行了实验设计。首先,确保母语阅读和二语阅读材料在内容上完全相同,唯一的区别就在于阅读材料使用的语言。其次，在采用传统独立测量的被试间设计的数据分析的基础上，采用重复测量被试内设计的模式，并采用混合效应模型来拟合数据。也就是说，不使用被试的二语阅读总分来代表他们的阅读成绩，而是确保被试完成多少道阅读理解题就有多少个阅读分数，从而体现二语阅读分数随着测试材料变化而发生的变异性。

3.2 研究设计

3.2.1 被试

一共召集了 61 名被试参加测试，其中，男性 30 名，女性 31 名，性别比例基本均衡。被试均为在读本科生，年龄为 18—22 岁，就读于上海交通大学、南开大学、四川大学、华中农业大学、合肥工业大学等院校。被试均已通过大学 CET－4 考试，且分数在 500 分以上。

3.2.2 材料

本研究一共设计了 3 种测试材料：语言背景问卷、语言水平测试以及两套英汉阅读能力测试。

语言背景问卷：调查问卷要求被试提供个人基本信息（姓名、学校、年龄、年级、性别等）、语言背景（英语学习年数、英语国家生活经历等）。

英语水平测试：该测试题借自 Jensen 等（2020）的研究（参看 Wu *et al.*，2022；马拯，2022），由标准化牛津英语水平测试（Standardized Oxford Proficiency Test）中的部分试题构成，一共 40 道多选题（MCQ，Multiple-choice Questions），每道题三个选项，只有一个为正确答案，如例（1）：

(1) Water ______ at a temperature of 100° C.

A. is to boil B. is boiling C. boils

英汉阅读能力测试：英语阅读材料选自 2013 年和 2014 年的 TEM－4 考试

中的阅读题。2013 年和 2014 年的 TEM-4 考试各包含四篇阅读,每篇阅读有 5 道单项选择题。接着,将试卷中的 8 篇阅读材料及其题目翻译为中文。翻译由两名语言学及英语教育专业的研究生共同完成并进行校对,最终整理为一一对应的 8 篇英文阅读及 8 篇中文阅读。我们使用拉丁方,交叉平衡的方法(counterbalancing)把这 16 篇阅读题分成两套题目,每套题目包含 4 篇中文阅读及 4 篇英文阅读,且同一套阅读材料不会同时包含同一篇阅读文章的中文版和英文版。被试随机分配到这两套材料中的一套参加测试。

3.2.3 过程

本实验通过线上招募被试,通过问卷星发放测试材料并收集测试结果。61 名被试全部完成了语言背景和语言水平测试,其中,30 名被试完成了第一套英汉阅读能力测试问卷,31 名被试完成了第二套英汉阅读能力测试问卷。在分配两套英汉阅读能力测试问卷时,本实验对性别比例进行了控制,保证每套试卷的男女比例基本均衡(第一套:15 名男性,15 名女性;第二套:15 名男性,16 名女性)。

3.3 在 RStudio 中操控数据

3.3.1 数据清洁和整理

一共获得了三组不同的数据:①参加第一套阅读材料测试的学生英汉语阅读成绩;②参加第二套阅读材料测试的学生英汉语阅读成绩;③学生外语水平测试成绩。它们依次对应本章节文件夹里分别被命名为"1_英汉阅读能力测试(1).xlsx""1_英汉阅读能力测试(2).xlsx"和"1_语言背景和语言水平测试.xlsx"这三个数据文件。三个文件都是从问卷星直接下载来的原始数据,除了因保护隐私的缘故把被试的姓名隐去以外,其他信息都完整地保留下来了,包括提交答卷的时间、阅读所用时间、IP 地址、每道题得分,等等。在语言背景和语言水平测试的数据中,还可以看到被试的性别、年龄和来自的学校。

大家都认同数据在现代社会的力量,掌握数据就掌握了关于许多事情的内在规律。就以这三个数据文件为例,我们可以使用数据挖掘技术(data mining),把参加了这次测试的被试的相关信息完整地呈现出来,并形成对每个被试的一些重要判断,比如他的性别、年龄、是否认真地完成测试,以及他的母语阅读能力、英语阅读能力和英语水平等种种信息。这给我们的启示就是:做研究一方面要重视数据,重视通过数据来回答研究问题,另一方面也要重视数据的保护,不要轻易泄露重要信息,以免被不当利用。

这三个文件放在一块尽管数据量也不算特别大,但因为涉及前面说的很多变量,初学者仍然可能会觉得无从下手:万事开头难,应该如何开始呢?关键就是要回归到研究的问题上来:要回答的研究问题是什么?为回答这个(些)研究问题涉及什么变量?就这个项目来说,要回答的是二语阅读、母语阅读和二语水平之间的关系以及二语阅读能力是否受到性别的影响等问题。清楚了这些问题之后,该如何整理数据就变得很清楚了。概括起来就是,整理出来的最终数据表必须包含这四个变量:二语阅读、母语阅读、二语水平和性别。另外,在整理数据的时候,还必须坚持一个比较简单的原则那就是"避免数据损失",也就是说要在数据表里要尽可能呈现所能呈现的所有变量。比如,就这个研究来说,要尽可能保留与被试相关的数据,如年龄、英语学习时长、完成阅读所用时间,以及所在的学校等。同时,也要尽可能保留测试材料的信息,比如被试完成阅读的每个篇章,所完成的每个阅读测试项等。被试和阅读材料,是一项研究里的重要随机变量,在拟合重复测量的统计模型时,这些变量必不可少。下面将详细介绍如何通过 RStudio 把完整的数据整理出来。

首先,上面三个文件的文件名都是中文名,为便于把数据读进 RStudio,建议使用更为简洁的英文对它们重新命名。这里,我们把"1_英汉阅读能力测试(1). xlsx""1_英汉阅读能力测试(2). xlsx"和"1_语言背景和语言水平测试. xlsx"依次命名为"set1_reading. xlsx""set2_reading. xlsx"和"LanguageP. xlsx"。在把最原始的数据表读进 RStudio 之前,一般会对杂乱的数据进行一些简单的手动操作。比如,在把 excel 或 csv 格式的数据读进 RStudio 之后,一般会让第一行呈现这个数据表的变量名,因此,有必要在把数据读进 RStudio 之前先把各个数据文件里的一些使用中文表示的列名修改为简洁的英文名,以方便后面对变量进行引用。直接从电脑打开这三个原始数据文件,读者可以看到在

“1_英汉阅读能力测试(1). xlsx”和“1_英汉阅读能力测试(2). xlsx”两个数据表中,从 H 列开始直到最后一列都是被试完成的具体阅读测试题目以及每道题获得的分数,答对一题获 1 分,而答错则获 0 分。H 列之前的信息是被试的姓名、参加考试的时间、所用时长等信息,这些信息中真正有用的是被试的用户 ID(姓名)、参加考试的时间以及完成阅读考试所用时长,其他信息都可删除。另外,如果要获得最终的数据,最后需要把各个表格合并起来,首先要合并的就是这两个包含阅读测试成绩的表格。因此,在整理这两个表格的时候,要确保这两个表格在 J 列之前的列名完全一样,才能确保它们在后面合并的时候能够合并在一起。另外一个表格,即“1_语言背景和语言水平测试. xlsx”这个数据表有很多被试的背景信息以及他们语言水平测试成绩,因此,需要把这些信息保留下来。读者在文件夹里看到的这三个重新命名的数据文件是按这些要求经过人工整理后的数据。把它们读入 RStudio,并对这些数据做进一步清洁、整理。以下代码展现了清洁和整理的过程,读者可参考。

首先,把第一套阅读测试成绩“set1_reading. xlsx”导入 RStudio:

```
library(tidyverse); library(readxl); library(stringr)
set1 <- read_excel("set1_reading.xlsx")
glimpse(set1)

## Rows: 29
## Columns: 43
set1_1 <- set1 %>%
  pivot_longer(4:43,
               names_to="items",
               values_to="scores")
View(set1_1)
```

上面的第一行代码把第一套材料读进 RStudio 后,然后使用 glimpse( ) 函数查看数据的概览(鉴于篇幅,省略详细结果),一共有 29 行(观测),43 列(变量)。从这个函数的返回值还可以看到,从第 4 个变量开始直到最后一个变量都是被试完成的一道道阅读测试问题,一共有 40 道题,它们属于同一个变量,即测试项。因此,可以使用 pivot_longer( ) 函数把这些列从第 4 列开始直到 43 列归集起来成为一个变量,命名为 items,同时,把每一道阅读测试问题对应的被试的分数命名为 scores。这种数据操作是 R 最为基础的能力,我们在《R 在语言科学研究中的应用》一书中对此进行了详细介绍。4:43 表示从第 4 列开始,直到 43 列,冒号(:)相当于英语的 to(到),也可以不使用数字,而直接引用列名。但是,这些列名表示的是被试完成的阅读测试题,列名很长,引用起来不方便。如果一定要引用列名,比较聪明的办法是直接在 glimpse()函数返回值里拷贝,而不是手动输入,才能达到准确无误。接着,再按如下代码对数据做进一步操作:

```
set1_2 <- set1_1 %>%
  mutate(language=str_extract(items,"\\d+"),
         language=as.numeric(language))

set1_3 <- set1_2 %>%
  mutate(language=ifelse(language<21,"Eng","Chi"))
```

上面前几行代码增加了一个新的变量,即 language:首先,把 items 这个变量中的数字提取出来(即 str_extract()函数)作为变量,并把这个变量命名为 language,转变为数值型(as. numeric);然后,根据提取的数字,再把它们转换成具体的语言,方法是使用 ifelse()函数:让数字小于 21 时,语言为英语,表示为 Eng,否则为汉语,表示为 Chi。接着,我们再采用相同的方法和步骤把第二套阅读测试成绩"set2_reading. xlsx"也读进 RStudio:

```
set2 <- read_excel("set2_reading.xlsx")

glimpse(set2)

## Rows: 33
## Columns: 43


set2_1 <- set2 %>%
  pivot_longer(4:43,
               names_to="items",
               values_to="scores")
view(set1_1)

set2_2 <- set2_1 %>%
  mutate(language=str_extract(items,"\\d+"),
         language=as.numeric(language))


set2_3 <- set2_2 %>%
  mutate(language=ifelse(language<21,"Chi","Eng"))
```

第二套阅读测试成绩的清洁和整理过程跟第一套基本一样,关键的区别在于确定哪些是汉语阅读测试项，哪些是英语阅读测试项，也就是如何定义 language 这个变量。从上面的代码可以看出，在这一点上，第二套阅读材料跟第一套材料正好相反：在第一套材料中，数字小于21的是英语(Eng)测试项，而第二套则是汉语(Chi)测试项。这是因为采用拉丁方设计、交叉平衡设计实验材料再收集数据形成的结果。

在分别完成两套阅读测试成绩的清洁、整理后，我们现在可以把它们合并为一个数据表格：

```
reading <- bind_rows(set1_3,
                     set2_3)
```

查看合并后的数据表：

```
view(reading)
```

至此，用于数据分析的数据表已经基本成形，但是这个表格里仍然少了几个非常重要的变量，包括：被试的语言水平、被试的年龄、性别以及所在学校。这些信息都在第三个数据表，即"LanguageP. xlsx"。把它读入，并使用 left_join()函数，把它跟前面已经清洁整理出来的阅读分数表合并起来：

```
lp <- read_excel("LanguageP.xlsx")

L2reading <- reading %>%
  left_join(lp,by="subj")

view(L2reading)
```

使用 View()函数查看数据的全貌，从函数的返回值可以看出合并后的数据已经非常完整了。从前面"混乱的、毫无头绪的"数据状态，到现在"干净、整洁"的数据状态需要有比较扎实的R基础操作能力作为保证。我们在2021年出版的《R在语言科学研究中的应用》一书中把这个过程称作为"最麻烦、是艰难的过程"，现在仍然维持这个看法。

3.3.2 数据挖掘：EDA

每一次当数据已经准备好，在根据自己的研究问题进行数据分析前，我们都必须对数据进行探索，以了解数据的分布特征，称作为探索性数据分析，EDA，即 Exploratory Data Analysis。先对这个数据中的每一个变量进行检视，了解它们分别代表的含义，以及变量的类型：

```
glimpse(L2reading)

## Rows: 2,480
## Columns: 15
```

从 glimpse( ) 函数的返回值我们可以看到，这个数据一共有 2 480 行(观测)，15 列即 15 个变量。在 $ 符号后面的全部都是变量名，在变量名后面显示的是每一个变量的类型，比如<chr>表示变量为字符型，而<dbl>表示变量为双精度浮点型，即数值型。这 15 个变量中，第一个变量表示被试(subj)；test_time 表示测试开展的时间；dur_reading 表示被试完成测试所用时间；items 表示阅读理解题；scores 为被试完成相应的阅读理解题所获得的分数；language 表示语言，用来表示是英语阅读，还是汉语阅读；dur_lp 表示被试完成语言水平测试所用时间；IP 表示被试的 IP 来源地；lp 表示被试的二语水平；school 表示学校，age、grade、gender 分别表示年龄、年级和性别，而 EN_length 和 EN_stay 分别表示被试所学英语的时长(多少年)和是否去过英语国家。下面通过一些具体的问题，对这个数据(L2reading)进行探索，即 EDA：

问题 1：一共有多少被试参与了实验？他们是谁？

```
x1 <- L2reading %>%
  distinct(subj) %>%
    nrow()
x1

## [1] 61
```

通过调用 distinct( ) 函数，并结合使用 nrow( ) 函数发现一共有 61 名学生参加了测试。这些学生是：

```
L2reading %>%
   distinct(subj)

## # A tibble: 61 × 1
##    subj
##    <chr>
```

```
##   1 S2_XXM
##   2 S1_WBB
##   3 S9_MQY
##   4 S8_CYY
##   5 S5_GYL
##   6 S6_XSQ
##   7 S16_QF
##   8 S3_ZS
##   9 S27_MJ
##  10 S25_MYP
## # … with 51 more rows
## # ℹ Use `print(n = ...)` to see more rows
```

不过,使用 distinct( )函数时,要特别小心的是被试变量之下(subj),有没有重名的学生,如果有,那么这个函数的结果并不准确。

问题 2:每名被试一共完成了多少道英、汉语阅读测试题?

```
L2reading %>%
  count(subj,language)

## # A tibble: 122 × 3
##    subj    language     n
##    <chr>   <chr>    <int>
##  1 S1_WBB  Chi         20
##  2 S1_WBB  Eng         20
##  3 S10_XKY Chi         20
##  4 S10_XKY Eng         20
##  5 S11_WY  Chi         20
##  6 S11_WY  Eng         20
##  7 S12_ZSQ Chi         20
##  8 S12_ZSQ Eng         20
##  9 S13_LQT Chi         20
## 10 S13_LQT Eng         20
## # … with 112 more rows
## # ℹ Use `print(n = ...)` to see more rows
```

从以上代码运行的返回值可以看出,每名被试分别完成 20 道英语和 20 道汉语阅读测试题。

问题 3:这些被试分别来自哪些学校?哪所学校最多?

```
L2reading %>%
  count(school,sort = TRUE)

## # A tibble: 21 × 2
##    school           n
##    <chr>        <int>
##  1 上海交通大学    840
```

```
##  2 南开大学           640
##  3 四川大学           160
##  4 华中农业大学       120
##  5 合肥工业大学        80
##  6 北京航空航天大学    40
##  7 东北大学            40
##  8 杭州医学院          40
##  9 河南师范大学        40
## 10 湖南师范大学        40
## # … with 11 more rows
## # ℹ Use `print(n = ...)` to see more rows
```

问题4:完成阅读测试时,用时最少和用时最多的被试分别是谁?

```
L2reading %>%
  mutate(dur_reading=str_extract(dur_reading,"\\d+"),
         dur_reading=as.numeric(dur_reading))%>%
  filter(dur_reading %in% range(dur_reading)) %>%
  select(subj,dur_reading) %>%
  view()
```

从返回值可以看到,最长用时为8 887秒,而最短用时为151秒,两个数字都让人“震惊”,除非有什么特殊情况,要不然被试无需用这么长时间更不可能在这么短时间内完成40道英汉阅读测试题。事后了解,使用最短时间的被试是在认真完成测试后突然网络中断,故在再次登录后,他只需要把已经做好的答案录入就行了,故用时很少。而最长用时的原因则无从得知。

问题5:被试完成阅读测试平均用时多少?

```
L2reading %>%
  mutate(dur_reading=str_extract(dur_reading,"\\d+"),
         dur_reading=as.numeric(dur_reading))%>%
  filter(dur_reading%in% range(dur_reading)) %>%
  select(subj,dur_reading) %>%
  view()#the time for the shortest is for copying answers

L2reading %>%
  mutate(dur_reading=str_extract(dur_reading,"\\d+"),
         dur_reading=as.numeric(dur_reading)) %>%
  summarize(mLength=mean(dur_reading))

## # A tibble: 1 × 1
##   mLength
##     <dbl>
## 1   2869.
```

问题 6:完成二语水平测试时,用时最少和用时最多的被试分别是谁?

```
L2reading %>%
  mutate(dur_lp=str_extract(dur_lp,"\\d+"),
         dur_lp=as.numeric(dur_lp))%>%
  filter(dur_lp%in% range(dur_lp)) %>%
  select(subj,dur_lp) %>%
  view()
```

问题 7:被试完成二语水平测试平均用时多少?

```
L2reading %>%
  mutate(dur_lp=str_extract(dur_lp,"\\d+"),
         dur_lp=as.numeric(dur_lp)) %>%
  summarize(mlp=mean(dur_lp))

## # A tibble: 1 × 1
##     mlp
##   <dbl>
## 1  728.
```

在回答了上面 7 个问题之后,读者对这个综合了三个数据表的数据,应该已经比较了解了。但是,数据整理还没有结束,因为就像前面介绍过的,整理好的最终数据,至少应该包含这几个变量:二语阅读、母语阅读、二语水平和性别。这四个变量中,二语水平和性别这两个变量已经存在,但是,二语阅读和母语阅读这两个变量还没有生成,而且,这个数据还有一个变量编码的问题:性别这个变量使用了中文来编码,即男和女:

```
L2reading %>%
  count(gender)

## # A tibble: 2 × 2
##   gender     n
##   <chr>  <int>
## 1 男      1240
## 2 女      1240
```

使用中文编码固然可行,但是为了运算方便,最好使用简写字母如 M 和 F,故需重新编码性别这个变量,使用 M 指代男性,F 指代女性。此外,在进行最终的统计建模前,还有一个可能影响数据可靠性的因素需要考虑:这次考试是通过问卷星,在被试签署承诺书后通过获得网站链接独立在线完成,有没有被试因为疏忽,同时完成了两套测试?如果有,那么很显然被试第二次完成的阅读测试成绩是不可靠的，需要去除。通过以下代码检测：

```
intersect(set1_3$subj,set2_3$subj)

## [1] "S25_MYP"
```

从函数的返回值看，果然有一个学生做了两套阅读测试题。通过上述对两套阅读材料的介绍可以知道，这个学生第二次的测试成绩会受到他完成第一套测试的影响，故应该把他第二次测试的分数去除。先查看这名学生完成两套测试的时间：

```
set1_3 %>%
   filter(subj=="S25_MYP") %>%
  select(test_time)

## # A tibble: 40 × 1
##    test_time
##    <chr>
##  1 2022/2/20 17:40:37
##  2 2022/2/20 17:40:37
##  3 2022/2/20 17:40:37
##  4 2022/2/20 17:40:37
##  5 2022/2/20 17:40:37
##  6 2022/2/20 17:40:37
##  7 2022/2/20 17:40:37
##  8 2022/2/20 17:40:37
##  9 2022/2/20 17:40:37
## 10 2022/2/20 17:40:37
## # … with 30 more rows
## # ℹ Use `print(n = ...)` to see more rows

set2_3 %>%
   filter(subj=="S25_MYP") %>%
  select(test_time)

## # A tibble: 40 × 1
##    test_time
##    <chr>
##  1 2022/2/21 16:43:32
##  2 2022/2/21 16:43:32
##  3 2022/2/21 16:43:32
##  4 2022/2/21 16:43:32
##  5 2022/2/21 16:43:32
##  6 2022/2/21 16:43:32
##  7 2022/2/21 16:43:32
##  8 2022/2/21 16:43:32
##  9 2022/2/21 16:43:32
## 10 2022/2/21 16:43:32
## # … with 30 more rows
## # ℹ Use `print(n = ...)` to see more rows
```

根据以上代码的运行结果，应该去除这名学生第二次测试的阅读成绩，但保留第一次成绩。获得最新的数据框，如下：

```
L2reading_N <- bind_rows(set1_3,
                         filter(set2_3,subj!="S25_MYP")) %>%
   left_join(lp,by="subj")

nrow(L2reading)

## [1] 2480

nrow(L2reading_N)

## [1] 2440

L2reading_N %>%
  count(gender)#one female more

## # A tibble: 2 × 2
##   gender     n
##   <chr>  <int>
## 1 男      1200
## 2 女      1240
```

代码 nrow(L2reading)运行的结果显示的是这名学生两套阅读材料都计分时的数据总量，而代码 nrow(L2reading_N)运行的结果显示的是去除这名学生第二套阅读材料的成绩之后的数据总量，两者相差 40，正好等于一名被试应该完成的英语和中文阅读题的数量(20+20=40)。

在这个最新的数据框基础上，我们重新编码性别(gender)这个变量的两个水平，即男和女：

```
L2reading_N1 <- L2reading_N %>%
  mutate(gender=ifelse(gender=="男","M","F"))
```

到此为止，在上述必备的四个变量中，还缺少二语阅读和母语阅读两个变量。对母语阅读这个变量来说，处理起来比较简单，我们可以把被试完成的每道中文阅读理解题的分数加起来从而获得总分，代表他的母语阅读分数。但是，对二语阅读，就像前面介绍的，有两种不同的计算方法，一种是跟母语阅读一样，把被试每道英语理解题的分数加起来获得总分，代表他的二语阅读分数，这种计算方法使得每名被试只有一个二语阅读分数。另一种计算方法就是不对被试每道题的分数相加获得总分，而是保留每名被试完成的每道英语理解题的分数，确保被试完成多少道英语阅读题就有多少个英语阅读的分数。在这个研究中，每名被试要完成 20 道英语阅读理解题，因此，每名被试一共有 20 个英语阅读分数。第一种计算方法代表的是独立测量的被试间设计，而第二种计算方法代表的是重复测量的被试内设计。就像前面介绍的，笔者在几年之后重新开展这个研究的动机之一，就是想使用新的计算方法来重新拟合模型，从而探讨二语阅读与母语阅读和二语水平之间的关系。但是，为了方便跟之前的研究形成比较，我们首先采用第一种方法来计算被试的二语阅读分数。

3.3.3　描述统计

在进行正式的统计分析之前，一般会对数据的结果进行描述统计。首先，还需要获得用于构建统计模型的数据框。第一步，通过求和，先获得每名被试的母语阅读分数：

```
L1reading <- L2reading_N1 %>%
  filter(language=="Chi") %>%
  group_by(subj) %>%
  summarize(L1reading=sum(scores))
```

用同样的方法，再获得每名被试的英语阅读分数，并跟母语阅读分数进行合并，让它们出现在同一个数据框：

```
L2reading_N2 <- L2reading_N1 %>%
  filter(language=="Eng") %>%
  group_by(subj,gender,lp) %>%
  summarize(L2reading=sum(scores)) %>%
  left_join(L1reading,by="subj") %>%
  ungroup #ungroup here is very important!!!

view(L2reading_N2)
```

通过以上操作，我们成功获得了使用第一种计算方法的最终数据，查看这个数据（view）就可以看到这个数据框一共有 5 个变量，分别是被试（subj）和上面已经介绍过的四个变量，如下：

```
colnames(L2reading_N2)
## [1] "subj"      "gender"    "lp"        "L2reading" "L1reading"
```

这些变量分别指代被试(subj)、性别(gender)、二语水平(lp)、二语阅读(L2reading)和母语阅读(L1reading)。

回看上面获得这个数据框的过程,它所展现的方法是先过滤(filter)出汉语的阅读成绩,再过滤出英语的阅读成绩,最后通过表格合并的方法(left_join())获得最终数据。另外一个可能更为便利的方法是直接对L2reading_N1这个数据框根据subj和language分组,直接计算出每名subj在language条件之下的阅读成绩,然后使用pivot_wider()分解出母语阅读和英语阅读分数,再与前面读入的语言水平数据合并,获得完整的数据:

```
df <- L2reading_N1 %>%
  group_by(subj,language) %>%
  summarize(Rscore=sum(scores))
df1 <- df %>%
  pivot_wider(names_from = language,
              values_from = Rscore) %>%
  left_join(lp,by="subj")
```

通往最终的数据框之路有很多,有的比较简单、快捷,有的则比较繁琐,采用哪种方法取决于数据整理的思维以及经验。至此,已万事俱备,可以使用这个数据框根据自己的研究问题进行一些统计运算了。首先,按照常规的做法,计算二语水平(lp)、二语阅读(L2reading)和母语阅读(L1reading)这三个变量的描述统计结果,如下:

```
x2 <- L2reading_N2 %>% #descriptive statistics
  group_by(gender) %>%
  summarize(lpM=round(mean(lp),2),
            lpSD=round(sd(lp),2),
            L2RdM=round(mean(L2reading),2),
            L2RdSD=round(sd(L2reading),2),
            L1RdM=round(mean(L1reading),2),
            L1RdSD=round(sd(L1reading),2),
            n=n())
flextable::flextable(x2)
```

gender	lpM	lpSD	L2RdM	L2RdSD	L1RdM	L1RdSD	n
F	29.45	4.82	13.81	3.63	14.35	3.72	31
M	30.80	4.07	13.43	3.95	15.20	3.29	30

可以看出，女同学（F）比男同学（M）多 1 人，但是男女同学在这三个测试的平均成绩差别并不大，尤其是二语阅读成绩（L2RdM），平均分之差约为 0.4 分。但是，只能通过统计模型进行均值的差异比较才能判断 0.4 分的差距是否显著。在此之前，我们先采用相关分析的方法，来探索第二语言阅读与二语水平以及与母语阅读之间的关系。

3.4　相关分析（Correlational analysis）

在《R 在语言科学研究中的应用》一书的第 7 章中，笔者把考察两个或者更多变量之间关系的研究划分成了 3 个类别，分别是：相关研究（correlational method）、实验研究（experimental method）和非实验研究（non-experimental method）。其中，考察两个变量之间是否存在相关关系的研究称作相关研究。在研究相关关系时，通常的做法是针对同一个个体同时测量两个不同的变量，然后考察这两个变量之间是否存在某种对应的一致的关系。以本研究为例，为了考察中国学习者二语阅读与其二语水平是否存在相关关系，同时测量了同一个被试的二语阅读能力和其二语水平，而为了考察中国学习者二语阅读与其母语阅读阅读能力是否存在相关关系，则同时测量了同一个被试的二语阅读能力和母语读阅读能力。

最常见的相关关系称作为皮尔逊相关（The Pearson correlation），又称作皮尔逊积矩相关（The Pearson product-moment correlation），是用来反映两个随机变量之间线性相关的程度以及方向。一般用字母 r 来表示样本的皮尔逊相关，r 值位于 -1 和 1 之间，从 r 值可以看出两个变量之间的三个重要特征（Gravetter &Wallnau 2017: 487 - 488）：

（1）两个变量之间相关性的方向。用正号（+）或负号（-）来表示，正相关表示两个变量朝相同的方向变化,当变量 X 的值增加时,变量 Y 的值也相应增加,当变量 X 的值减小时,变量 Y 的值也相应减小。负相关表示两个变量朝相反的方向变化,当变量 X 的值增加时,变量 Y 的值减小,当变量 X 的值减小时,变量 Y 的值则增加。

(2) 两个变量关系的形式(form),即两个变量之间是否为线性关系的形式或者其他形式,最常见的是两个变量的数值聚集在一条直线的周围,即线性关系,但是也存在其他关系,需要使用其他相关指标来测量,比如斯皮尔曼(等级)相关(Spearman correlation)、点双序列相关(the point-biserial correlation)或者 phi 系数。

(3) 两个变量关系的强度或者一致性的程度。对线性关系来说,两个变量的数据点可能是一种完美的直线,每当变量 X 变化一个单位的值,变量 Y 也非常一致地或者可预测变化相应的值。但是,大部分时候变量 X 和变量 Y 之间不会存在这种完美一致的关系,尽管在总体趋势上,随着变量 X 的值增加,变量 Y 的值也会增加,但是,改变量的量并不总是一样,有的时候甚至 X 的值增加,变量 Y 的值减少。这个时候,数据点并不是完美地落在一条直线上。当 r 值为 1 或-1 的时候,表示变量 X 和变量 Y 之间是完美的线性关系,而当 r 值为 0 时,表示变量 X 和变量 Y 之间根本不存在一致关系。

本书只介绍皮尔逊相关的计算以及假设检验。可以使用 cor( ) 函数来计算表示两个变量相关程度的 r 值。二语水平与二语阅读的相关性计算如下:

```
cor(L2reading_N2$lp,L2reading_N2$L2reading)
## [1] 0.4489156
```

而母语阅读与二语阅读的相关性计算如下:

```
cor(L2reading_N2$L1reading,L2reading_N2$L2reading)
## [1] 0.4494581
```

从 r 值看,二语阅读与二语水平和母语阅读的相关性似乎非常接近。也

可以先对数据框作简要变动,以直接计算这三个变量之间的相关矩阵(correlation matrix):

```
df2 <- L2reading_N2 %>%
  select(-subj,-gender)

round(cor(df2),2)

##             lp L2reading L1reading
## lp        1.00      0.45      0.41
## L2reading 0.45      1.00      0.45
## L1reading 0.41      0.45      1.00
```

round()函数的作用是设置小数点保留的位数,round(cor(df2),2)表示对计算的 r 值保留两位小数点。

需要注意的是,上面计算的 r 值都是基于样本计算出来的,是样本统计量,问题是:上面计算的 r 值,是否可以从样本推广到总体,证明基于样本数据计算出的 r 值足够大,从而拒绝零假设(基于总体的这两个变量没有关联),而得出结论这两个变量显著相关。要检验两个变量之间是否显著相关,从而基于样本对总体进行推断,可以使用 cor. test()函数。首先,看二语水平与二语阅读的相关性检验:

```
cor.test(L2reading_N2$lp,L2reading_N2$L2reading)

##
##  Pearson's product-moment correlation
##
## data:  L2reading_N2$lp and L2reading_N2$L2reading
## t = 3.8589, df = 59, p-value = 0.0002848
## alternative hypothesis: true correlation is not equal to 0
## 95 percent confidence interval:
##  0.2222155 0.6295663
## sample estimates:
##       cor
## 0.4489156
```

从上面的结果可以看到,中国学习者二语水平与其二语阅读能力显著相关($r=0.45$, $n=61$, $p=.0003$)。这里 $p=.0003$ 表示的含义可以理解为:如果二语水平与二语阅读不相关的话(零假设),获得 $r=0.45$ 的概率是 $p=.0003$,即极不可能,故拒绝零假设,从而得出结论:二者显著相关。再看母语阅读与二语阅读的相关性检验:

```
cor.test(L2reading_N2$L1reading,L2reading_N2$L2reading)

##
##  Pearson's product-moment correlation
##
## data:  L2reading_N2$L1reading and L2reading_N2$L2reading
## t = 3.8647, df = 59, p-value = 0.0002794
## alternative hypothesis: true correlation is not equal to 0
## 95 percent confidence interval:
##  0.2228615 0.6299763
## sample estimates:
##       cor
## 0.4494581
```

从结果可以看到,中国学习者母语阅读与其二语阅读能力显著相关($r = 0.45$, $n = 61$, $p = .0003$)。

3.5 回 归 分 析

3.5.1 数据准备

现在我们可以使用上面获得的这个"最终数据"*L2reading_N2* 构建一个关于二语阅读的回归模型了。但是,在这之前,一般还会对数据进行一个重要操作。在即将构建的这个关于二语阅读的回归模型中,母语阅读和二语水平都是数值型(numeric)的连续变量,为了便于对统计结果进行解释,并且避免模型拟合时出现问题,常常会在构建回归模型前会对数值型的自变量进行转换,方法就是把它们都进行标准化(scale),即转换成 z 分数(平均数为 0,标准差为 1 的数)。我们在《第二语言加工及 R 语言应用》一书中曾专辟章节对这个转换的逻辑和方法进行介绍,推荐读者阅读相关章节。

我们可以非常方便地使用 R 自带的 scale( )函数对这两个变量进行转换,但是这个函数的一个缺点是在转换后会把原本为向量(vector)格式的变量转变成为矩阵(matrix)格式,这可能会给后面的变量操作带来问题。解决的办法是把 scale( )函数跟 as. vector( )函数结合使用,确保经转换后的变量仍然是向量格式:

```
L2reading_N3 <- L2reading_N2 %>%
  mutate(L1reading=as.vector(scale(L1reading)),
         lp=as.vector(scale(lp)))

L2reading_N3

## # A tibble: 61 × 5
##    subj    gender      lp L2reading L1reading
##    <chr>   <chr>    <dbl>     <dbl>     <dbl>
##  1 S1_WBB  F       -2.03         14   -1.07
##  2 S10_XKY F       -0.695        11    0.350
##  3 S11_WY  F        0.644        18    1.20
##  4 S12_ZSQ F        0.197        10   -0.219
##  5 S13_LQT M       -1.14         11    0.919
##  6 S14_CTT F       -0.472        15    0.635
##  7 S15_FH  F        0.197        14    0.919
##  8 S16_QF  F       -3.37         13   -1.36
##  9 S17_LJW F       -0.695        14    0.0653
## 10 S18_BJ  F       -0.0256       13   -1.07
## # … with 51 more rows
## # ℹ Use `print(n = ...)` to see more rows
```

3.5.2　构建初始模型

以上代码成功地把这两个数值型的自变量进行了标准化，即 scale。现在，我们可以非常放心地构建一个关于二语阅读的线性回归模型了。在这个模型中，二语阅读为因变量（dependent variable），母语阅读、二语水平为自变量，也称作预测变量（predictors）。因变量二语阅读为数值型的连续变量，故使用 lm（）函数，构建一个包含这三个变量的线性回归模型：

```
m0 <- lm(L2reading~L1reading+lp,
      data=L2reading_N3)
```

上面的代码把模型赋值给 m0，最为关键的符号是“～”，这个符号的左边是因变量，右边是自变量，这个符号的意思相当于英语的 is dependent on 或者 is predicted by。使用 summary（）函数，查看这个拟合模型的统计摘要：

summary（m0）

```
##
## Call:
## lm(formula = L2reading ~ 1 + L1reading + lp, data = L2reading_N3)
##
## Residuals:
##     Min      1Q  Median      3Q     Max
## -8.0497 -2.2100  0.7004  1.9578  5.8649
```

```
##
## Coefficients:
##             Estimate Std. Error t value Pr(>|t|)
## (Intercept)  13.6230     0.4139  32.910   <2e-16 ***
## L1reading     1.2046     0.4567   2.638   0.0107 *
## lp            1.2011     0.4567   2.630   0.0109 *
## ---
## Signif. codes:  0 '***' 0.001 '**' 0.01 '*' 0.05 '.' 0.1 ' ' 1
##
## Residual standard error: 3.233 on 58 degrees of freedom
## Multiple R-squared:  0.287,  Adjusted R-squared:  0.2625
## F-statistic: 11.68 on 2 and 58 DF,  p-value: 5.479e-05
```

模型统计摘要的解读可参看《第二语言加工及 R 语言应用》一书。这个包含了二语阅读(L2reading)和二语水平(lp)的二语阅读模型显著解释了二语阅读 28.7%的方差($F(2,58)= 11.68$, $p<.001$)。母语阅读与二语水平的解释力相近:母语阅读每增加一个标准单位(如 1 个标准分),二语阅读就显著增加 1.20 个单位(1 分)($\beta=1.20$, SE = 0.46, $t=2.64$, $p=.01$),二语水平每增加一个标准单位,二语阅读也显著增加 1.20 个单位(1 分)($\beta=1.20$, SE = 0.46, $t=2.63$, $p=.01$)。

在模型的统计摘要中,我们最感兴趣的是处在中间位置的回归系数表(Coefficients)。当中涉及本章要重点介绍的关于统计模型的一些核心概念。

3.6 回归模型的概念

3.6.1 截距和斜率:预测变量为数值型变量

首先,何为模型? 用简化的、高度概括的方法来表征一个复杂的系统或者变量之间关系的方法就是统计建模的基本思想(Winter, 2019)。当一个复杂的系统或者大量的数据呈现在面前的时候,我们往往很难从里面看出规律或者某种一致的模式,就像来到一个很大的城市,看着四通八达的马路以及车水马龙、高楼林立,可能很快就会迷路,更无法对这个城市的总体面貌形成印象。

但是,如果有一张地图在手,情况可能就不同了,通过这张地图可以快速地知道整个城市的布局,自己所处的主要方位、各主要建筑物的位置等等。此时,地图就可视作为一个模型,它没有展现这个城市所有的细节,但是却让生活变得简单便利。统计模型也是如此,通过它,我们不能看到数据的所有细节,但是却可以借助它发现数据中存在的规律或某种一致的模式。第 1 章已经介绍过,借助统计模型,一般可以实现三个目的:①推理,可以基于样本的统计量(statistics),对总体的参数(parameters)进行估计;②推广,模型既适用于当前样本,亦适用于其他样本;③预测,基于模型参数对因变量进行预测。理论上看,所有的统计分析都可以概括为下面 3.1 这个简单的等式:

$$\text{outcome}_i = (\text{model}) + \text{error}_i \tag{3.1}$$

这个等式的意思是,所有的观测数据都可以通过基于数据所拟合的模型(model)加上误差来进行预测(见 Field et al., 2012: 41)。在数学上,这个模型则可以通过如 3.2 所示的一个回归线性方程来表达:

$$Y = (b_0 + b_1X_{1i} + b2\ X_{2i} + \cdots + b_nX_{ni}) + \text{error}_i \tag{3.2}$$

等式左边的 Y 是因变量(DV, dependent variable),而等式右边的 X 则是预测变量(predictors),等式右边的 n 的值是多少就有多少个预测变量。以上面的二语阅读研究为例子,$n=2$,即一共有两个自变量,分别是母语阅读能力和二语水平。这里的一个关键概念是 b_0,它就是模型的**截距**,英语为 intercept,在我们上面所构建的关于二语阅读的回归模型里,intercept 为 13.6230,即 $b_0=13.62$,从 3.2 的等式可以看出,**截距**是 X 的值等于 0 的时候的 Y 值,也就是母语阅读和二语水平都为 0 的时候,学习者的二语阅读分数。由于在上面构建模型时,已经对学习者的母语阅读和二语水平都作了标准化处理,故母语阅读和二语水平都为 0 时表示的是学习者母语阅读和二语水平都为它们各自的平均数的时候,这个时候学习者的二语阅读分数是 $b_0=13.6230$。

模型中除截距之外的另外一个关键概念是 b_1, b_2, $\cdots b_n$,这些数值就是模型的**斜率**,英语为 slope,b_1 是第一个变量的斜率,b_2 是第二个变量的斜率,b_n

是第 n 个变量的斜率。从数学意义看,斜率表示的是 Y 值相对于 X 值变化的比率,可理解为自变量每变化一个单位可造成因变量变化的大小。从上面的例子看,就是母语阅读或二语水平每变化一个标准单位(两个变量经过了标准化)可造成学习者二语阅读变化的大小。从上面所构建模型的回归系数表可以看到母语阅读对应的斜率是 $b_1 = 1.2046$,而二语水平对应的斜率是 $b_2 = 1.2011$。

在获得了模型的截距和各个预测变量的斜率之后,就可以写出代表这个模型的等式:

$$\text{二语阅读分数} = 13.6230 + 1.2046 \times \text{母语阅读} + 1.2011 \times \text{二语水平}$$

有了上面这个等式以后,就可以对学习者的二语阅读分数进行预测。以代号为 S1_WBB 的学生分数为例,他母语阅读考了 11 分(总分为 20,标准化后为-2.032 878 9 分),英语水平测试考了 21 分(总分为 40 分,标准化后为-1.073 067 36 分),那么他的英语阅读分数是多少呢?

$$\text{二语阅读分数} = 13.6230 + 1.2046 \times (-2.0328789) + 1.2011 \times (-1.07306736) = 9.885333$$

也就是说根据这个拟合的模型,可以预测这个学生在英语阅读中测试的分数是 9.885 333,这个分数称作为模型的拟合值(fitted value)。如果查看数据表中代号为 S1_WBB 的学生的英语阅读分数会发现,他英语阅读的实际分数为 14 分,而不是 9.885 333 分,这里的实际分数称作观测值,也就是说,拟合值与观测值相差了将近 4 分。拟合值与预测值之差也称作为残差(residuals):

残差(residuals) = 观测值(observations) - 拟合值(fitted values)

残差可以用来描述一个回归模型的拟合优度(Goodness of Fit)——即是否对观测值进行了很好的拟合。残差越小,表明模型对观测值拟合得越好;相反,残差越大,模型拟合得越糟糕。回归建模的目标就是拟合出的一条直线,让残差值尽可能小,这个方法也被称作最小二乘法(The method of least squares)(吴诗玉,2019:118)。

可以使用 plot effects 的方法来对母语阅读和二语水平对二语阅读分数的影响进行可视化。代码如下:

```
library(effects)
plot(allEffects(m0),ask = FALSE,grid=TRUE)
```

从图 3.1 可以看到,随着学习者母语阅读能力和二语水平的提高,二语阅读分数也都获得提高,看起来母语阅读能力的影响要更大,因为其对应的斜线的坡度更为陡峭,这个结果符合上面所获得的这两个变量对应的斜率值。

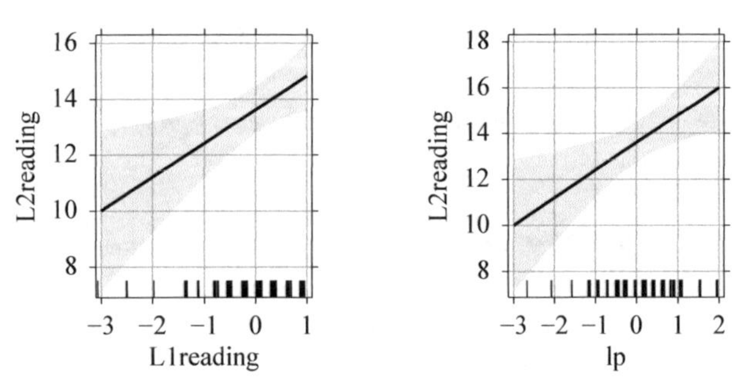

图 3.1　母语阅读能力、二语水平和二语阅读之间的关系

3.6.2　截距和斜率:预测变量为分类变量

上面所拟合的二语阅读模型中的两个预测变量(母语阅读和二语水平)都是数值型变量(numerical variables),但是实际上,构建回归模型时,预测变量也可以是分类变量(categorical variables)。我们在《第二语言加工及 R 语言应用》一书中对此特别进行了说明(吴诗玉,2019:112 - 113),指出传统的 t 检验、方差分析(ANOVA)等本质上都可以视作回归分析或者确切地说都是广义线性模型的特例,因此其预测变量自然也就可以是分类变量。而且对语言研究来说,预测变量可能大部分都是分类变量。就二语阅读来说,我们可以提出这样一个问题:第二语言阅读是否显著受到性别的影响?就这个问题来说,第二语言阅读仍然是因变量,但是预测变量是性别,它是一个分类变量:男生(M) vs. 女性(F)。用以下代码,查看数据中性别(gender)这个变量:

```
L2reading_N3 %>%
  count(gender)

## # A tibble: 2 × 2
##   gender     n
##   <chr>  <int>
## 1 F         31
## 2 M         30
```

从以上结果可以看到,性别一共有两个类别(F vs. M),女性(F)有 31 人,而男性(M)有 30 人。在传统的方差分析中,分类变量也称作**因子**(factor),而构成因子的不同类别或称不同组则称作**水平**,也就是说在这个研究里性别这个变量有两个水平(levels)。仍然使用 lm( ) 函数,构建以性别作为预测变量的二语阅读模型,并使用 summary( ) 函数,查看统计摘要:

```
summary(m1 <- lm(L2reading ~ gender,data=L2reading_N3))

##
## Call:
## lm(formula = L2reading ~ gender, data = L2reading_N3)
##
## Residuals:
##      Min       1Q   Median       3Q      Max
## -11.4333  -1.8065   0.5667   2.5667   5.5667
##
## Coefficients:
##             Estimate Std. Error t value Pr(>|t|)
## (Intercept)  13.8065     0.6810  20.274   <2e-16 ***
## genderM      -0.3731     0.9711  -0.384    0.702
## ---
## Signif. codes:  0 '***' 0.001 '**' 0.01 '*' 0.05 '.' 0.1 ' ' 1
##
## Residual standard error: 3.792 on 59 degrees of freedom
## Multiple R-squared:  0.002496,   Adjusted R-squared:  -0.01441
## F-statistic: 0.1476 on 1 and 59 DF,  p-value: 0.7022
```

模型的解读跟上面构建的包含母语阅读和二语水平作为预测变量的二语阅读模型相似。从最后三行的 F 值以及对应 R^2 的值可以看到,这个只包含了性别作为预测变量的模型并没有解释二语阅读显著的方差($F(1,59)=0.15$, $p=.7022$, $R^2=.002$),用传统的方差分析的术语来表达就是性别没有主效应(main effect)。所谓**主效应就是指一个因子不同水平之间平均数的差别**。根据这个定义,性别没有主效应也就是指性别的两个水平之间(F vs. M)的阅读的平均数没有差别。

最重要最有趣的解读仍然来自回归系数表(Coefficients)的解读。首先是截距,此处截距 intercept = 13.806 5,前面说过,截距表示自变量(预测变量)X 等于 0 时的 Y 值,也就是说 13.806 5 是性别等于 0 时学习者的二语阅读分数。但是,性别是分类变量,不存在等于 0 的问题。那么,此处的截距是表示什么意思呢? 上面说过,分类变量有不同的水平,在进行统计建模时,R 会自动把数值 0 分配给分类变量的参照水平,英语称作为 reference level。换句话说就是当预测变量是分类变量时,截距表示的意思是参照水平的平均数。那么到底哪一个水平是参照水平呢? 一般来说,R 会根据分类变量名称的字母顺序来安排分类变量的水平,性别这个变量的两个水平分别为 F 和 M,因此性别的参照水平为 F(女性)。那么,截距 intercept = 13.806 5 表示的是性别为女性时二语阅读的平均数,可以使用以下代码来验证:

```
aggregate(L2reading ~ gender,
          FUN = function(x) c (mean = mean(x),sd = sd(x) ),
          data = L2reading_N3)

##   gender L2reading.mean L2reading.sd
## 1      F      13.806452     3.627849
## 2      M      13.433333     3.953901
```

可以看到性别为女性时二语阅读的平均数确实为 13.806 5。再看回归系数表的第二行。跟前面所构建的包含母语阅读和二语水平作为预测变量的二语阅读模型不同,在前面的模型中,回归系数表显示的是每一个变量的名称,但是在这个以性别作为预测变量的模型当中,显示的并不是变量即性别(gender)的名称,显示的是 gender M,它表示什么意思呢? 上面说过,在构建模型时 R 自动把参照水平分给了 gender F,因此,gender M 表示的是相对于 gender F 的差别。因此,gender M 对应的斜率(slope)Estimate = −0.373 1 表示的是:男性二语阅读的平均数相对于女性二语阅读的平均数之差。上面使用 aggregate( )函数计算出的两组平均数的结果也证实了这一点。

概括起来,当模型的预测变量是数值型变量与当模型的预测变量是分类变量时,截距与斜率表达的具体含义存在区别。当模型的预测变量是数值型变量时,**截距表示的是所有的预测变量(X)的值为 0 时的 Y 值,斜率表示的是自变量(X)每变化一个单位所带来的因变量(Y)的变化。但是,当模型的预测变量是分**

类变量时，截距表示的是预测变量（X）的参照水平对应的（因变量的）平均数，斜率表示的是分类变量的各个水平对应的平均数与其参照水平对应的平均数之差。

从上面的回归系数表可以看到，性别这个变量中的男性组二语阅读的平均数与女性组二语阅读的平均数之差为-0.3731，对应的 t 值为 $t=-0.384$，对应的 p 值为 $p=.702$，可见男性组与女性组的二语阅读分数之差并不显著，即两者之差不显著不等于 0，这么说很拗口，简单说来就是它们相差-0.3731 跟相差为 0 没有区别。实际上，也可以直接使用 t 检验，来检验男女二语阅读之差是否显著：

```
t.test(L2reading ~ gender,data=L2reading_N3)
##
##  Welch Two Sample t-test
##
## data:  L2reading by gender
## t = 0.38369, df = 58.175, p-value = 0.7026
## alternative hypothesis: true difference in means between group F and
 group M is not equal to 0
## 95 percent confidence interval:
##  -1.573337  2.319574
## sample estimates:
## mean in group F mean in group M
##        13.80645        13.43333
```

所获得的 t 值与 p 值与模型所获得的 t 值与 p 值完全一样。这进一步说明，传统的 t 检验或方差分析可以使用回归模型来解决。如果使用传统的方差分析来检验男女不同性别之间的二语阅读分数是否存在显著区别的话则可以采用以下方法（详见第 4 章）：

```
afex::aov_4(L2reading ~ gender+(1|subj),data=L2reading_N3)
## Converting to factor: gender
## Contrasts set to contr.sum for the following variables: gender
## Anova Table (Type 3 tests)
##
## Response: L2reading
##   Effect    df   MSE    F  ges p.value
## 1 gender 1, 59 14.38 0.15 .002    .702
## ---
## Signif. codes:  0 '***' 0.001 '**' 0.01 '*' 0.05 '+' 0.1 ' ' 1
```

仔细查看这个方差分析所获得的 F 值以及对应的 p 值和 R^2 值（实际上它表示效应量，ges），跟上面使用模型所获得的 F 值以及对应的 p 值和 R^2 值完全一样。

3.7　拟合最佳模型

3.7.1　变量如何进入模型

上面分别展现了使用两个数值型变量作为预测变量的二语阅读模型和使用一个分类变量为预测变量的二语阅读模型。现在的问题是:哪一个模型才是关于二语阅读的最佳模型(model of the best fit),可用于我们下结论或进行推广? 这个问题的本质就是在拟合模型的时候,变量应该如何进入模型,哪些变量应该进入模型,哪些变量应该保留在模型,哪些变量必须从模型中剔除。我们在《第二语言加工及R语言应用》一书中(吴诗玉,2019:194-229)对这个问题进行了比较细致的讨论。使用多元回归模型进行语言研究多变量分析就是要拟合一个因变量跟多个自变量之间的关系的模型。如果有多个自变量,就涉及哪些变量进入模型。多元回归并不是意味着可以罗列一大堆自变量,然后"一股脑"地都进入回归模型。笔者认为,自变量是否进入回归模型有两个不同的路径考虑,一个是作为研究者的考虑,一个是作为数据科学家的考虑。

首先,作为研究者的考虑。每个研究者在开展一项研究时其灵感都可能源于其学科知识、文献积淀和理论根基。在研究中提出什么样的研究问题很大程度上就已经决定在数据分析时他打算把哪些变量进入分析模型,从而为自己的研究问题找到答案。就上面介绍的二语阅读研究来说,如果研究者只想研究母语阅读能力和二语水平是否为二语阅读的显著预测变量,它只要构建一个包含了这两个预测变量的模型即可。如果他只想考察性别是否为二语阅读的显著预测变量时,只要构建一个包含性别作为预测变量的模型即可。这两个模型上面都已经展示过。但是,如果研究者想考察母语阅读能力、二语水平和性别是否都为二语阅读的显著预测变量,那么他构建的模型就必须同时包括这三个变量,如下:

```
summary(m2 <- lm(L2reading ~ L1reading+lp+gender,
           data=L2reading_N3))
```

另外,研究者可能更感兴趣的是,母语阅读能力和二语水平对二语阅读的影响是否还要取决于性别?即不同性别的学习者,这两个因素的影响不一样,比如很可能母语阅读能力对二语阅读的影响对男性读者要比对女性读者更大,而二语水平的影响正好相反,它对二语阅读的影响对女性读者要比男性读者更大。这就是交互效应(an interaction),我们在第一个章节强调过,对多变量分析来说,交互效应具有极度的重要性,在很多时候,我们之所以要开展多变量分析就是要考察这些变量之间是否存在交互效应,我们在后面会对这个问题做进一步分析。此时,研究者构建的模型应该如下:

```
summary(m3 <- lm(L2reading ~ (L1reading+lp)*gender,
                 data=L2reading_N3))
```

第 1 章详细介绍过如何将组间平方和进一步分解,分解为各个因素的主效应和交互效应,但是并没有明确定义何为主效应、何为交互效应。这里再解释一下主效应(main effect)和交互效应(interaction)以及它们在模型中的表达方法。上文已经介绍过,所谓**主效应就是指一个因子不同水平之间平均数的差别**。因此,在统计分析中,当发现某个变量存在主效应时,就是指这个变量的不同水平之间的平均数存在显著差别。而所谓**交互效应就是指当一个变量的影响还有取决于(或者说依赖于)另外一个变量的不同水平时,我们就认为这两个变量存在交互效应**。比如说,性别在二语阅读中存在主效应就是指性别的两个水平(男 vs. 女)的(二语阅读)平均数存在显著区别。而性别和母语阅读能力在二语阅读中存在交互效应就是指母语阅读对二语阅读的影响还要取决于性别是男性还是女性,即极有可能只有对男性(或女性)来说,母语阅读才对二语阅读有显著影响。也可以反过来说,性别和母语阅读能力在二语阅读中存在交互效应就是指性别对二语阅读的影响还要取决于母语阅读的不同水平,比如,很可能是当母语阅读能力很高(或很低)时,性别才对二语阅读有显著影响。在模型中,如果只考察变量之间的主效应,只要用加号(+)把各个变量连接起来,比如上面的 m2 模型:

```
summary(m2 <- lm(L2reading ~ L1reading+lp+gender,
                 data=L2reading_N3))
```

由于这个模型只考察母语阅读、二语水平和性别的主效应,故只把它们用加号连接起来。用加号连接也可以理解为“控制某个(些)变量的影响后,考察另外某个(些)变量的影响”。比如,上面m2这个模型可以理解为在控制了二语水平和性别的影响之后,考察母语阅读对二语阅读的影响。在实验研究中,我们经常会在控制某个变量的影响后,考察另外一个变量的影响。比如,在二语加工研究中,我们想在控制单词频率的影响后,考察单词词性对词汇加工的影响。在统计建模中,它实际表示的就是把单词词频加入模型当中。

在模型中,如果要考察变量之间的交互效应,一般有两种方法,一种是使用冒号(:)和加号(+)连接,另一种是使用乘号(*)连接。比如,要考察母语阅读能力与性别是否有交互效应可以表达为:

```
L2reading ~ L1reading+gender+L1reading:gender+lp,
                 data=L2reading_N3
```

也可以表达为:

```
L2reading ~ L1reading*gender+lp,
                 data=L2reading_N3
```

有了这些知识以后,上面的模型m3表达的含义也就不难理解了。

其次,在拟合模型时,一个数据科学家的考虑可能并不是这个模型要回答什么样的研究问题,他的主要考虑可能是如何在遵循一系列模型拟合的原则基础上获得一个最佳模型。这个时候,哪些变量应该进入模型,哪些变量应该保留在模型里就变成一个需要探索的问题了,他可能会在遵循模型拟合的相关原则基础上不断地尝试,从而获得最终模型。模型拟合最常被提及的一个原则是一个称作为奥卡姆剃刀的原则(Ocam's razor)(吴诗玉,2019:198),即在模型的解释力相同的情况下,越简单的模型越好。这个时候哪些变量进入模型,最后在模型中保留哪些变量就有一些常规的方法。

如果要用建模的方法来决定哪些变量进入模型,在选择变量时,目前用到的主要有两种方法,一种是逐步回归法(stepwise methods);还有一种是全子集法(all-subsets methods)。《第二语言加工及R语言应用》(吴诗玉,2019:194-198)中对此进行了详细的解释,请读者参考。以选择MASS包的stepAIC()函

数进行逐步回归为例进行介绍。首先,拟合一个包括了母语阅读能力、二语水平、性别以及它们的交互项的模型(m3):

```
library(MASS)
m3 <- lm(L2reading ~ (L1reading+lp)*gender,
                data=L2reading_N3)
```

然后,使用stepAIC()函数,进行向后逐步回归:

```
stepAIC(m3, direction = "backward")

## Start:  AIC=149.29
## L2reading ~ (L1reading + lp) * gender
##
##                    Df Sum of Sq    RSS    AIC
## - L1reading:gender  1    1.9643 581.08 147.50
## - lp:gender         1    4.8313 583.95 147.79
## <none>                          579.12 149.29
##
## Step:  AIC=147.49
## L2reading ~ L1reading + lp + gender + lp:gender
##
##             Df Sum of Sq    RSS   AIC
## - lp:gender  1     8.724 589.81 146.4
## <none>                   581.08 147.5
## - L1reading  1    79.272 660.35 153.3
##
## Step:  AIC=146.4
## L2reading ~ L1reading + lp + gender
##
##             Df Sum of Sq    RSS    AIC
## - gender     1    16.437 606.24 146.08
## <none>                   589.81 146.40
## - L1reading  1    77.039 666.84 151.89
## - lp         1    79.329 669.13 152.10
##
## Step:  AIC=146.08
## L2reading ~ L1reading + lp
##
##             Df Sum of Sq    RSS    AIC
## <none>                   606.24 146.08
## - lp         1    72.309 678.55 150.95
## - L1reading  1    72.723 678.97 150.99
##
## Call:
## lm(formula = L2reading ~ L1reading + lp, data = L2reading_N3)
##
## Coefficients:
## (Intercept)    L1reading           lp
##      13.623        1.205        1.201
```

从上面的结果可以看到，最开始的模型的 AIC 值为 AIC = 149.29，当去除交互项 L1reading：gender 后，模型的 AIC 值变为 AIC = 147.49，接着再去除交互项 lp：gender，模型的 AIC 值变为 AIC = 146.4，最后再去除 gender，模型的 AIC 值进一步减小，变为 AIC = 146.08。此时，模型只剩下 L1reading 和 lp 这两项了，如果再去除，模型的 AIC 值会会变大，故停止去除。最终模型及其回归系数为：

```
## lm(formula = L2reading ~ L1reading + lp, data = L2reading_N3)
##
## Coefficients:
## (Intercept)    L1reading           lp
##      13.623        1.205        1.201
```

也可以使用 anova（）、AIC（）和 drop 1（）三个函数来对基于同一组数据拟合的两个嵌套模型进行比较，从而确定哪个模型更好。在拟合混合效应模型时，这三个函数的使用尤为普遍，详细内容也请读者自行参考《第二语言加工及 R 语言应用》一书（吴诗玉，2019：198 - 200）。

3.7.2　模型诊断和解读

模型拟合好之后的下一步就是解读模型（model interpretation）。但是，在此之前需要先对它进行诊断（model diagnostics）。首先，查看模型的残差值，检查它是否符合正态分布（Gries, 2021）：

```
m.final <- lm(L2reading ~ L1reading+lp,
            data=L2reading_N3)

qqnorm(resid(m.final))

qqline(resid(m.final))
```

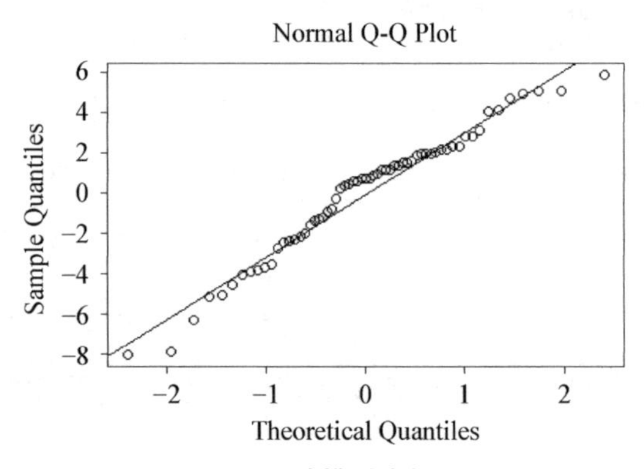

图 3.2　二语阅读模型诊断 Q - Q 图

一般认为,如果模型残差值符合正态分布,那么图3.2中的点应该基本都落在呈45度的那根斜线上。上图的情况确实如此,可见这个模型的模型残差值符合正态分布的要求。

另外,因为这个模型有两个数值型自变量,因此,有必要检验这两个自变量是否违背了多重共线性的假设前提(multicollinearity)。所谓多重共线性就是指多变量线性回归中,变量之间存在高度相关关系而使得回归估计不准确,简单地说就是"两个或多个自变量讲述的是同样的故事"(参见吴诗玉,2019:187)。使用car包的vif()函数进行检验:

```
car::vif(m.final)

## L1reading        lp
##  1.197157  1.197157
```

一般来说,严格的多重共线的判断标准是vif的返回值不要大于5,更宽松的标准是vif值不要大于10。从上面的结果看,模型并没有违背多重共线的标准。现在我们可以对这个"最终模型"进行解读,查看前面的回归系数表:

```
summary(m.final)

##
## Call:
## lm(formula = L2reading ~ L1reading + lp, data = L2reading_N3)
##
## Residuals:
##     Min      1Q  Median      3Q     Max
## -8.0497 -2.2100  0.7004  1.9578  5.8649
##
## Coefficients:
##             Estimate Std. Error t value Pr(>|t|)
## (Intercept)  13.6230     0.4139  32.910   <2e-16 ***
## L1reading     1.2046     0.4567   2.638   0.0107 *
## lp            1.2011     0.4567   2.630   0.0109 *
## ---
## Signif. codes:  0 '***' 0.001 '**' 0.01 '*' 0.05 '.' 0.1 ' ' 1
##
## Residual standard error: 3.233 on 58 degrees of freedom
## Multiple R-squared:  0.287,  Adjusted R-squared:  0.2625
## F-statistic: 11.68 on 2 and 58 DF,  p-value: 5.479e-05
```

可以获得以下结果:这个模型显著解释了二语阅读28.70%的方差(R^2 = 0.287),包含这两个自变量的模型显著好于一个自变量也没有的空模型(F

(2,58)= 11.68, p<.0001)。母语阅读(L1reading)是二语阅读的显著预测变量:在控制了二语水平的影响后,母语阅读每增加一个(标准)单位,二语阅读就可以显著增加 1.20 个单位(β=1.20, SE=0.46, t=2.64, p=.01)。二语水平(lp)也是二语阅读的显著预测变量(β=1.20, SE=0.46, t=2.63, p=.01)。

在解读模型的时候,我们常常会辅助于图形,以更清楚地看出各个变量的影响。可以使用 effects 包,结合 plot( )函数来对模型进行可视化:

```
library(effects)

## Loading required package: carData
## lattice theme set by effectsTheme()
## See ?effectsTheme for details.

plot(allEffects(m.final))
```

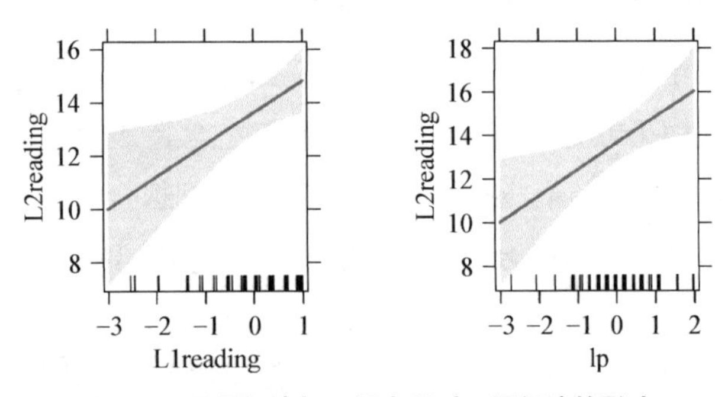

图 3.3　母语阅读与二语水平对二语阅读的影响

模型可视化的结果清晰地展示了母语阅读和二语水平对二语阅读的影响:母语阅读对二语阅读的影响跟二语水平的影响相仿,但前者的影响稍大,因为其对应的斜线坡度要更陡峭。读者也可以尝试使用 sjPlot 中的 plot_model( )函数来对模型拟合的结果进行可视化,当模型存在交互效应的时候,这个函数的可视化结果对解读交互效应非常有帮助。我们将在后续章节做进一步介绍。

概括起来,统计建模一般包括三个步骤:构建模型、模型诊断和模型解读。在后续章节,我们会对此进行详细介绍。

3.7.3　残差、效应量和 F 值

本书在之前章节中已经介绍过残差这个概念，为了强化读者对这个概念的理解，此处再结合其他几个概念做更多介绍。

在获得最终的模型以后，就可以对被试的词汇成绩进行预测。但实际情况是预测成绩跟学生的真实考试成绩并不完全一致，总是会存在一定的偏差，这个偏差称作残差（residuals）。正因为这个原因，George Box（1979：2）曾经说过一句很有名的话，“所有的模型都是错的”，但这并不是说模型都没有用，“错的”和“有没有用”是两个不同层次的问题。使用模型进行预测所获得的值称作为拟合值（fitted values），而在真实测试中获得的成绩则称作为观测值（observations），可见：

残差（residuals）= 观测值（observations） - 拟合值（fitted values）

在第 1 章介绍平方和的分解的时也曾介绍过残差这个概念，残差经平方后求和就获得组内平方和（残差平方和）（SS_R），它实际表示了模型（不同于总平均数）所不能解释的变异。由此可见，残差在模型拟合过程具有重要意义，因为它可以用来评估模型拟合的好坏，残差越大说明模型越糟糕。但是，正如前面所说，组内平方和（残差平方和）是把多个分数加起来的结果，因此它受到分数个数的影响，为了避免这个问题，人们使用比值来量化模型的模型拟合度，这个比值表示为 R^2：

$$R^2 = \frac{SS_T - SS_R}{SS_T} = \frac{SS_M}{SS_T}$$

这个 R^2 也就是我们在前面在模型的统计摘要里所看到的 R^2。仔细观察 R^2 的计算公式就会发现，R^2 表示的是相对于总平方和的比例，但不是残差平方和相对于总平方和的比例，而是总平方和减去残差平方和以后的值相对于总平方和的比例。从第 1 章的介绍可以知道，总平方和减去残差平方和等于组间平方和，实际表示的是新的模型可以解释的总差异（总平方和）的数量。熟悉方差分析的读者应该很清楚，R^2 表示的比例其实就是方差分析中的效应量，但在方差分析的时候使用了另外一个术语来称呼，即 eta squared，用希腊字母

表示为 η^2。

在模型拟合后，我们经常通过查看 R^2 的值来判断模型拟合得好还是坏。正如上面说的，这个值可以告诉我们这个包含相关自变量的模型可以解释总差异中的多少差异。但是，如何判断这个 R^2 的值是否足够大呢？第1章已经介绍过，通过 F 值。如何计算 F 呢？第一章也已经做过详细的介绍：

$$F = \frac{MS_M}{MS_R}$$

从这个公式可以看出，模型所能解释的方差越大，即模型平方和(即组间平方和)的平均数越大，残差平方和的平均数越小，模型的解释力就越强，即 F 值越大。

思考题

(1) 使用本章节的数据，请构建一个线性模型，分析学习者外语学习时长对他们二语水平的预测作用。

(2) 构建一个固定效应模型，分析学习者外语学习时长对他们的二语阅读能力的预测作用。

(3) 衡量模型是否显著的 R^2 是如何计算出来的？为什么说它实际上表示的是方差分析的效应量？

(4) 什么是残差？什么是拟合值？

第 4 章　统计建模的概念问题:二语阅读的多维变量关系(二)

第 3 章以独立测量被试间设计的思路来整理被试二语阅读的数据,并详细展示了针对这一类数据的模型拟合、诊断和解读的过程。本章尝试以重复测量被试内设计的思路来整理被试的二语阅读数据,并详细展示针对这一类数据的模型拟合、诊断和解读的过程,着重介绍混合效应模型(Mixed-effects models)的一些核心概念和模型拟合思路。

4.1　线性模型要满足的统计假设的前提

第 3 章详细展示了如何使用 lm( ) 函数,构建一个包含母语阅读和二语水平为预测变量(自变量)的二语阅读模型,但在那个章节笔者有意忽略了一个非常重要的内容,那就是尽管我们进行了模型诊断,但是并没有对线性模型需要满足的统计假设的前提(assumptions)进行检查。一个模型只有满足了必要的假设前提才可能是一个准确可靠的模型,也才能基于它进行推理和推广。所以,在模型拟合之前,我们需要检查它是否满足统计假设的前提。笔者在《第二语言加工及 R 语言应用》一书中一共列举了 6 条一个线性模型需要满足的前提。此处只重点介绍其中的 4 条,其他内容请读者参考该书相关内容:

(1) 因变量必须是数值型变量,而自变量则既可以是数值型,也可以是分类变量。这个假设前提最清楚、最直接,也比较容易理解。但对语言研究者来说,实际上很多时候,因变量并不是数值型变量,而可能是分类变量或者离散变量,此时就不能再使用 lm( ) 函数来拟合线性回归模型了,我们在后续章节会陆续介绍。

(2) 独立性(independence)。它是指因变量的各数据点之间必须彼此独立,不能存在很强的关联。比如,就前面的二语阅读研究来说,我们在用 lm( )函数拟合模型的时候,必须确保学生 A 的英语阅读分数与学生 B 的英语阅读分数之间没有关联,彼此独立。笔者认为数据点之间的独立性是拟合这类模型极度重要的一条前提,如果数据点之间不独立,那么就不能使用 lm( )函数来拟合线性模型。

然而,在语言学研究中数据点之间不独立,彼此关联和依赖非常常见。先前的研究者列举了 4 种可能的情况如下(Winter, 2020; Speelman, *et al.* 2018: 3; Gries, 2013; 吴诗玉, 2019):

第一,通过实验获得的重复测量的数据。在这种实验里,经常出现的情况是每个被式在多个实验条件下参加了测试,同时,每个实验材料也应用于对多个被试进行测试。这种"多被试、多测试项"重复测量的情况在心理语言学研究中尤为常见,碰到这种情况就不能再使用 lm( )函数来构建线性回归模型了。这是我们在这个章节以及后续相关章节要重点展示的内容。

第二,语料库数据中,有些语料选自同一个作者、同一个语篇或者同一份报纸。口语语料则大量录制于相同的说话者,等等。

第三,在社会语言学研究中,大量证据采自于相同的社区、相同的语言群体甚至相同的个人。

第四,在类型学研究中,大量的数据选自于相同的语系。

上面这些情况都会使得数据点之间的独立性变得不可能,这也就使得我们不能再用 lm( )函数来拟合线性模型。

(3) 线性关系。就是指因变量与自变量之间为线性相关。这个假设前提一般是在自变量为数值型变量的时候需要考虑。如果不是线性关系,就必须对因变量或者自变量进行校正或调整。以前一章节所拟合的二语阅读与母语阅读和二语水平之间关系的模型为例,为了方便,我们在那个章节只展示了如何拟合二语阅读与母语阅读以及二语阅读与二语水平之间的线性关系,但实际的情况很可能是这些变量之间是曲线关系,我们很有必要对曲线关系的模型进行尝试拟合或检验,这种情况我们在后续章节也会碰到,此处暂不深入探讨。

(4) 多重共线(multicollinearity)。多重共线是针对多元回归模型来说的,多重共线性是多元回归(多变量)分析的敌人,它是指自变量之间存在高度相关,“许多自变量在模型中讲述的是同样的故事”。自变量之间毫不相关的可能很小,但是如果它们之间高度相关就会把事情搞糟。如果多个变量都讲述的是相同的故事,我们只要让一个变量来讲故事就行了。因此,当碰到这种情况的时候,经常会用主成分分析或聚类分析,挑出典型代表的因子进入模型。这也是为什么我们在前面一个章节在拟合好二语阅读与母语阅读和二语水平之间关系的模型之后,会使用 car 包的 vif( ) 函数对模型进行共线检验,就是检验母语阅读与二语言水平之间是否存在多重共线性。

上述四条线性模型必须满足的假设前提非常重要,如果违背了这些假设前提,那么所拟合的模型就可能不准确,所获得的显著性统计结果也就可能毫无意义。本章就从这 4 个假设前提出发,探讨当这些前提不满足,尤其是数据点之间的独立性成疑的时候,该如何拟合模型。

4.2 “多被试、多测试项”的重复测量数据

我们在前面一章介绍过,先前的研究在量化二语阅读能力时基本都按独立测量被试间设计来处理:在每个被试完成一套标准化的二语阅读测试后,教师或研究者按照评分标准阅卷,之后计算出每名被试的考试总分,用来代表他的二语阅读成绩,这也就意味着每名被试只有一个二语阅读成绩,这也使得上面提到的线性模型需要满足的假设检验的第二个前提——数据点之间要彼此独立得到满足。但是,我们认为还有另外一种方法,那就是每名被试都完成了很多测试题,每道测试题都有一个分数,那就让被试完成多少道阅读理解题就有多少个二语阅读分数。这么做的好处是能充分抓住二语阅读如何随着阅读材料和理解测试题这两个随机变量的变化而发生变化(variations),而计算总分则容易“洗刷掉”随机变量所造成的影响(变异)。也正是因为这个原因,我们才考虑重新设计实验来界定二语阅读与母语阅读以及二语水平之间的关系。

现在，就采用这种新的计算被试英语阅读分数的方法，来重新获得每名被试的英语阅读分数，即不再计算每名被试的总分，而是被试完成多少道英语阅读题就有多少个英语阅读的分数。在这个研究中，每名被试要完成 20 道英语阅读理解题，因此，每名被试一共有 20 个英语阅读分数。除此以外，每道阅读理解题也用来对很多被试进行测试，也就意味着每道题也有多个分数。这种计算方法也就使得这些数据内部之间存在很强的关联。上面已经说过，按这样处理数据之后，上面第二条关于线性模型需要满足的“数据点之间必须彼此独立”这一前提要求就不再满足了，这自然也就意味着我们不能再使用 lm( ) 函数来拟合线性回归模型了。下文，将详细介绍如何对这类数据进行模型拟合。

首先，把数据整理成符合为上述要求的数据框。此时，需要从第 3 章数据整理过程中还没有对被试的英语阅读成绩求和（sum）时的数据框开始，这个数据是 L2reading_N1。我们已经把这个数据写出并独立保存，命名为“L2reading. xlsx”。先把这个数据读入 RStudio：

```
reading_df1 <- read_excel("L2reading.xlsx")

glimpse(reading_df1)

## Rows: 2,440
## Columns: 15
```

读入的数据一共有 2440 行，15 列，即 15 个变量。但是，需要注意的是，读入的数据保留的是被试每道阅读理解题的分数，尽管对英语（二语）阅读分数需要的就是这样一道道题的分数，但是对被试的母语阅读能力，我们仍然要使用一个总分来作为代表。因此，先基于这个数据，求得每名被试的母语阅读分数，方法和过程跟第 3 章介绍过的完全一样：把每名被试所完成的每道汉语阅读题的分数相加：

```
L1reading <- reading_df1 %>%
  filter(language=="Chi") %>%
  group_by(subj) %>%
  summarize(L1reading=sum(scores))
```

接着，把求得的分数与从原数据 reading_df1 中提取出来的英语阅读数据合并，这就给原数据创建了一个新的变量 L1reading，代表被试的母语阅读分数，获得的总数据命名为 reading_df2：

```
reading_df2 <- reading_df1 %>%
  filter(language=="Eng") %>%
  left_join(L1reading,by="subj") %>%
  ungroup

glimpse(reading_df2)
```

使用 glimpse( ) 函数查看，会发现这个数据框已经非常完整，包含了这个实验获得的几乎所有的数据信息。现在，可在 RStudio 验证这个数据是否符合我们前面介绍的“多被试、多测试项”重复测量这一特征。由于测试项(items)是一道一道阅读理解题，非常长，不利于展示，故重新生成了一个变量，来代表测试项：

```
items <- reading_df2 %>%
  filter(language=="Eng") %>%
  distinct(items) %>%
  mutate(Q_com=paste0("S", str_sub(items,1,6)))

reading_df3 <- reading_df2 %>%
  left_join(items,by="items") %>%
  select(subj,items,scores,lp,CR,Q_com,gender)
```

上面的代码用新生成的变量 Q_com 来代替测试项(items)，按以下方法检验数据框是否为“多被试、多测试项”：

```
reading_df3 %>%
  count(subj)

## # A tibble: 61 × 2
##    subj        n
##    <chr>   <int>
##  1 S1_WBB     20
##  2 S10_XKY    20
##  3 S11_WY     20
##  4 S12_ZSQ    20
##  5 S13_LQT    20
##  6 S14_CTT    20
##  7 S15_FH     20
##  8 S16_QF     20
##  9 S17_LJW    20
## 10 S18_BJ     20
## # … with 51 more rows

reading_df3 %>%
  count(Q_com)
```

```
## # A tibble: 40 × 2
##    Q_com       n
##    <chr>     <int>
##  1 "S1、The "    29
##  2 "S10、Ald"    29
##  3 "S11、Wha"    29
##  4 "S12、How"    29
##  5 "S13、Acc"    29
##  6 "S14、Whi"    29
##  7 "S15、Wha"    29
##  8 "S16、Whi"    29
##  9 "S17、The"    29
## 10 "S18、Wha"    29
## # … with 30 more rows
```

可以看到,每名被试有 20 个数据,每个测试项有 29 个数据。符合“多被试、多测试项”重复测量的特征。也就是说,有大量的数据都来自同一名被试或同一道题。因此,这些数据点之间肯定也是相互关联的,违背了线性模型需要满足的统计假设的前提,因此,我们不再使用 lm( )函数来拟合变量之关的关系。

传统上,解决数据点之间存在强关联的问题一般是采用重复测量的方差分析,进行球形假设(The Assumption of Sphericity)检验来解决,但这一方法也并不完美,许多学者都对重复测量的方差分析存在的问题进行过讨论(Baayen, 2008; Winter, 2019; Brown, 2021)。Brown(2021:1 - 2)一共总结了三个主要问题。首先,重复测量的方差分析一般是通过分别计算 F_1 和 F_2 的值来分别拟合被试和测试材料两个层面上的变异性,但这意味着无法在同一个统计模型里同时考察这两个层面的变异性,只能分别按被试和测试材料这两个随机变量来计算平均数。这么做的最大问题就是导致被试和测试材料两个变异来源的重要信息的损失,进而导致统计功效的减损(Barr, 2008),本来可能存在的效果并没有被发现。其次,方差分析在处理缺失值时也存在明显缺陷,只要某个被试(或某个测试项)一个有缺失值,就必须把这个被试(或者这个测试项)的整个数据删除。这种处理缺失值的方式极容易导致数据损失,并导致统计的一类或二类错误。另外,方差分析假定因变量是连续变量,而自变量是分类变量,这也限制了这个方法的用处。第三,方差分析可以显示某个变量的影响是否显著,但是,却无法看到这种影响的方向性以及大小,无法像回归模型一样,通过获得的回归系数来获得这些信息。

从 2008 年开始,解决数据点之间不独立、存在强关联的问题有了新的方法,标志性的成果是 Baayen 等(2008)在国际著名的语言及认知期刊 *Journal of Memory and Language* (JML)上发表的题为"Mixed-effects Modelling with Crossed and Random Effects for Subjects and Items"的文章,以及同年 Baayen 在剑桥大学出版的专著,提出使用混合模型来解决前面提到的一系列问题,那篇文章以及学术专著专门介绍和论及了混合效应模型的内在工作机制以及具体的应用场景(马拯等, 2022)。自此,混合效应模型就开始在语言学,包括应用语言学、心理语言学、社会语言学以及语料库语言学等领域广泛应用起来(见 Bates *et al.*, 2015;吴诗玉,2019)。

4.3 混合效应模型的概念内涵及操作

4.3.1 固定效应因素和随机效应因素

我们在《混合效应模型框架下反应时数据的分析:原理和实践》这篇论文里(马拯等,2022)以及《第二语言加工及 R 语言应用》一书中对混合效应模型的概念内涵都进行了比较详细的论述,请读者参看这两篇文献。这里只对这些内容作提纲挈领式的介绍。第 3 章介绍过,理论上,所有的统计分析都可以概括为下面这个简单的等式:

$$\text{outcome}_i = (\text{model}) + \text{error}_i$$

这个等式的意思是,所有的观测数据都可以通过基于数据所拟合的模型(model)加上误差来进行预测(见 Field *et al.*, 2012: 41)。在数学上,这个模型则可以通过一个回归线性方程式来表达:

$$Y = (b_0 + b_1X_{1i} + b2\ X_{2i} + \cdots + b_nX_{ni}) + \text{error}_i$$

正是基于这个理念,我们在第 3 章构建了以母语阅读和二语水平为预测变量的二语阅读模型,如下:

L2reading ~ 1 + L1reading + lp, data = L2reading_N3

"~"这个符号我们之前也解释过,相当于英语的 is predicted by 或者 is dependent on。那么这个模型表示的意思就是:Based on the data *L2reading_N3*, L2 reading is predicted by L1 reading and L2 proficiency。我们使用的是 lm( )函数来拟合数据。这个拟合方式只有当数据按第 3 章介绍的方法来整理的时候才可行,也就是说使用 lm( )函数来拟合模型的时候,必须满足数据点之间是独立的这个假设前提。我们在第 3 章所拟合的这个模型的模型摘要(summary)如下(详见第 3 章):

```
##
## Residuals:
##     Min      1Q  Median      3Q     Max
## -8.0497 -2.2100  0.7004  1.9578  5.8649
##
## Coefficients:
##             Estimate Std. Error t value Pr(>|t|)
## (Intercept)  13.6230     0.4139  32.910   <2e-16 ***
## L1reading     1.2046     0.4567   2.638   0.0107 *
## lp            1.2011     0.4567   2.630   0.0109 *
## ---
## Signif. codes:  0 '***' 0.001 '**' 0.01 '*' 0.05 '.' 0.1 ' ' 1
##
## Residual standard error: 3.233 on 58 degrees of freedom
## Multiple R-squared:  0.287,  Adjusted R-squared:  0.2625
## F-statistic: 11.68 on 2 and 58 DF,  p-value: 5.479e-05
```

根据模型回归系数(Coefficients)表提供的截距(intercept)以及每个自变量对应的斜率(Estimate),我们可以构建一个关于二语阅读的模型:

$$\text{二语阅读} = 13.6230 + 1.2046 \times \text{母语阅读} + 1.2011 \times \text{二语水平}$$

使用这个模型,我们可以根据每名被试的母语阅读分数和二语水平分数而对其二语阅读分数进行预测。这个模型最大的特点就是它的截距以及每个自变量对应的斜率是固定的。第 3 章介绍过,从一项具体的研究看,截距表示的就是基准(baseline),而斜率表示的则是每个自变量影响的大小。模型的截距以及每个自变量对应的斜率是固定的,表示的含义就是所有的被试的(二语阅读的)基准是相同的,自变量对每个被试的影响也是一样的。如果数据点之间是彼此独立的,即每名被试只有一个分数,这是可以理解的,此时模型无须(也不可能）模拟每名被试的变异性。但是，如果在这组数据里，每名被试都有很多数据的时候情形就不一样了，这就意味着每名被试可以构建他们独立的模型，即他们可以有自己的截距（基准）和斜率（自变量的影响），当一个模型拟合了每名被试自己的截距（基准）和（或）斜率（自变量的影响）的时候就相当于这个模型模拟了每名被试的变异性，而这正是模型解决数据点之间不独立，即相互关联的办法。

（二语阅读的）测试项的情形也是一样的。每个测试项对应许多来自不同被试的分数，这就意味着每个测试项可以构建它们独立的模型，即它可以有自己的截距（基准）和斜率（自变量的影响），当一个模型拟合了每个测试项自己的截距（基准）和（或）斜率（自变量的影响）的时候，就相当于这个模型模拟了每个测试项的变异性，而这也正是模型解决数据点之间不独立，即相互关联的办法。

问题是，如何拟合每名被试以及每个测试项的变异性呢？方法是在上面所构建的二语阅读模型的基础上增加新的项（terms），用一个项代表被试这个随机效应因素，用另一个项代表测试项这个随机效应因素，如下：

```
L2reading ~ L1reading + lp +
    随机因素 1(代表被试) + 随机因素 2(代表测试项), data = reading_df5
```

首先，上面这个模型使用了新生成的数据（reading_df5），在这个新的数据里每名被试有多个数据，同时每个测试项也有多个数据；另外，模型也在原来基础上增加了两个项，一个代表被试，一个代表阅读测试项。这样，这个模型的右侧一共有两个主要部分组成：①原来的模型就已经包含的部分（L1reading 和 lp），它们是这个模型的两个预测变量；②新的模型里增加的代表两个随机变量的部分。我们把第一部分称作模型的**固定效应因素**（fixed-effect factors），而把第二个部分称作模型的**随机效应因素**（random-effect factors）。这个新的模型也就因此称作混合效应模型，也称作线性混合模型（Linear Mixed-effects Models, LMEM），简称为混合模型（Mixed Models）。

可以看出，所谓混合模型就是指在一个模型里同时包含了固定效应因素和随机效应因素的模型。以此相对应，我们也可以把在第 3 章拟合的二语阅读模型称作固定效应模型。在很多时候,拟合混合模型时应该把什么因素作为固定因素,把什么因素作为随机因素是一个技术难点。从定义上看,固定效应因素就是指在一个实验中这个因素的水平①是固定的,并且可以在别的实验重复、复制的因素;而随机效应因素则是指通过总体抽样出来的,别的实验一般不能重复和复制的因素。一般比较常见的固定效应因素就是实验的操控变量(即实验干预),而随机因素一般指实验的被试或者测试材料(Winter, 2020)。

4.3.2　随机截距和随机斜率

我们用下面这个公式展示新的关于二语阅读的混合模型,就是指在一个模型里同时包含了固定效应因素和随机效应因素的模型:

```
L2reading ~ L1reading + lp +
    随机因素 1(代表被试) + 随机因素 2(代表测试项), data = reading_df3
```

在这个模型里,固定效应结构如何在表达式中体现一目了然,现在的问题是:如何在这个模型中表达随机效应结构呢?上面介绍过,拟合每名被试以及每个测试项的变异性就是在模型中拟合不同被试和测试项自己的截距(基准)和/或斜率(自变量的影响)。由于被试和测试项都是这个研究里的随机变量,因此它们的截距和斜率也就称作为**随机截距**(random intercept)和**随机斜率**(random slope)。在新的数据表 reading_df3 里,被试表示为 subj,测试项表示为 items,为了方便,假设使用 X 来代表 L1reading 和 lp 这两个固定效应因素,那么代表被试(subj)和测试项(items)这两个随机变量自己的截距和/斜率的表达方式可见表 4.1(参见吴诗玉,2019:245):

表 4.1　随机截距和随机斜率的句法表示

常用表示方法	备选表示方法	含　义
X+(1|subj)+(1|items)	1+X+(1|subj)+(1|items)	包含了表示被试和测试项的随机截距

① 参见第1章对一个因子的水平(levels)的定义,它指构成因子的不同类别或称不同组。

（续表）

常用表示方法	备选表示方法	含 义
X+(X|subj)+(X|items)	1+X+(1+X|subj)+(1+X|items)	既包含了被试和测试项的随机截距，也包含了固定因素(X)相对于被试和测试项的随机斜率
X+(X||subj)+(X||items)	1+X+(1|subj)+(0+X|subj)+(1|items)+(0+X|items)	既包含了被试和测试项的随机截距，也包含了固定因素(X)相对于被试和测试项的随机斜率。但是，去除对斜率和截距的相关性估计。(竖线左边一般认为必须是数值型变量)

表 4.1 详细展示了随机截距和随机斜率的表达方法。从表中可以看到截距(intercept)用数字 1 表示，在回归方程的表达式里经常会看到数字 1，需要注意的是它只是占据着位置，表示截距，并没有实际意义，也因此可以省略。在混合模型刚出来时，研究者在拟合混合模型时几乎都只拟合被试和测试项的随机截距，即如表 4.1 第一行所示，而不拟合固定效应相对于被试和测试项的随机斜率。但是 Barr(2013)等发现，如果不拟合随机斜率极其容易增加统计的一类错误(Type I error)，但若同时拟合随机截距和随机斜率则可以避免这个问题，所以 Barr(2013)等提出“保持最大化”原则。但是，在具体的研究中，该如何拟合模型的随机效应结构则是一个比较复杂的问题，要根据具体情况随机应变。

上面解释了如何在等式中增加随机截距和随机斜率来解决数据点之间不独立的问题，但是，既然已经不能再使用 lm( )这个函数来获得新的等式的模型参数，那么应该使用什么函数来实现这个目的呢？有不同的函数可选。一般来说根据因变量的类型，可以选择 lmer( )或者 glmer( )这两个函数，如果因变量是连续型变量选择前者，如果是分类变量或者离散型变量则选择后者。下文将详细介绍这个新的二语阅读模型的拟合。

4.4　二语阅读的混合效应模型

4.4.1　数据准备

在拟合模型前,跟第 3 章拟合固定效应模型一样,也需要完成一个重要操作,即:为了便于对统计结果进行解释,并且避免模型拟合时出现问题,对被试母语阅读(L1reading)和二语水平(lp)这两个数值型(numeric)的连续型变量进行转换,就是作标准化(scale)处理:

```
reading_df4<- reading_df3 %>%
  mutate(CR=as.vector(scale(CR)),
         lp=as.vector(scale(lp)))
```

有经验的读者可能都经历过在拟合混合模型时碰到模型“不能聚敛”(failed to converge),这是一个令研究者感到非常头疼的问题。解决这个问题的方法比较复杂,方法之一就是在拟合模型前的准备工作要尽可能到位,一般来说首先要做的就是查看模型的自变量当中是否有数值型的自变量,如果有,实践证明对它作标准化处理(scale),是一个非常有效的办法,关于这一数据转换的思路,我们在后续章节还会继续介绍。

查看要拟合的模型的因变量—被试的二语阅读分数:

```
reading_df4 %>%
  count(scores)

## # A tibble: 2 × 2
##   scores     n
##    <dbl> <int>
## 1      0   389
## 2      1   831
```

以返回值可以看到,因变量,即被试的二语阅读分数不再是我们在第 3 章已经介绍过的大家已经很熟悉的连续型的数值变量(numeric),而是分类的二元变量(binary),即 0 和 1:0 表示作答错误,而 1 表示作答正确。我们在《R 在语言科学研究中的应用》一书中曾介绍过,这种类型的变量服从二项分布

(binomial)的概率分布。从模型拟合的角度看,必须使用 lmc4 包中的 glmer()函数,来拟合混合效应模型。在拟合模型前,先对这个因变量进行转换,把它转换成因子,同时,把 0 转换成 no,把 1 转换成 yes:

```
reading_df5 <- reading_df4  %>%
  mutate(scores=ifelse(scores==1,"yes","no"),
         scores=factor(scores))
```

reading_df5 就是我们用于统计建模的最终数据,现在的问题是该如何确定模型的结构呢?

4.4.2 模型的结构

在拟合混合模型前,需要解决两个问题:①模型的固定效应因素(fixed-effects factors)是什么?②模型的随机效应因素是什么(random-effects factors)?上面介绍过,一般来说,模型的固定效应因素就是这项研究的自变量,即母语阅读、二语水平,而随机效应因素就是这个研究的随机变量,即被试(subj)和英语阅读测试题(items)。

那么,应该如何设定模型的随机效应结构呢?特别需要考虑的是在模型里是否要同时包含固定效应因素的随机截距(random intercept)和随机斜率(random slope)呢?上文介绍过,在混合效应模型刚开始应用于语言学研究时,人们在拟合模型时只考虑随机截距,几乎不考虑随机斜率(参见 Winter, 2020)。但是,后来 Barr 等(2013)发现,如果不考虑随机斜率,所拟合的模型可能导致统计的一类错误(Type I error),他们于是提出了"保持最大化"原则(Keep it maximal)。简单说来,就是在拟合混合模型时要同时拟合模型的随机截距,还要拟合固定因素相对于随机变量的随机斜率,从而评估每个实验条件(自变量)给随机因素带来的影响。

这个研究并没有对自变量进行操控,因此不需要考虑每个自变量对被试(subj)造成的影响。唯独可能对被试造成影响的是实验材料(items)即每道阅读题的特点,但这个研究并没有哪个变量体现了阅读题特点的信息,故也不涉及这个问题。因此,对被试这个随机变量,只涉及随机截距,不涉及随机斜率。但是,对实验材料即每道阅读题来说,尽管也没有来自对自变量的操控而带来的不同影响，但是这个研究中跟被试相关的信息，如性别、母语阅读能力及二语水平都可能给被试在完成英语阅读题时带来影响（想象一下不同性别以及母语阅读能力及二语水平的被试去完成相同阅读材料的情况），因此，除了要考虑实验材料（items）的随机截距以外，还要考虑实验材料中跟被试相关联的上述变量的随机斜率。

就类似的问题，Baayen（2008）曾提出总结性的建议，认为通常来说跟被试相关联的变量，如年龄、性别、教育水平等，需要考虑它们对测试材料（items）的随机斜率；同样，跟测试材料相关联的变量，如频率、长度、邻近词的数量等，则需要考虑它们对被试（subjects）的随机斜率。

在解决了模型的固定效应结构和随机效应结构之后，接下来的一个重要问题就是如何开始拟合第一个模型。就这个问题，读者在相关文献可能发现存在有两个截然不同的方向。一个方向是从一个空模型（a null model）即不包含任何固定效应因素（自变量）的模型开始，然后，一步一步地增加变量，每增加一个变量时根据模型比较的标准判断模型的预测能力是否相对于原来的更简单的模型显著提高，从而决定是否要往模型里添加这个变量。另外一个方向正好相反，先构建一个包含所有变量的最大模型，然后，分别检验模型的随机效应结构和固定效应结构，判断哪些因素可以保留、哪些因素应该剔除出模型。到底应该选择哪个方向目前仍然是一个有争议的问题，笔者习惯采取第二个方向。故先拟合一个“最大模型”：

```
library(lme4)

summary(mix.m0 <- glmer(scores~1+CR*lp*gender+
                          (1|subj)+
                          (1+CR*lp*gender|Q_com),
                        data=reading_df5,
                        family="binomial"),cor=F)
```

拟合的第一个模型赋值给 mix. m0，并直接放置在 summary（）函数中，以快速获得这个模型的参数估计。由于因变量是二元变量，故在模型里设定 family =“binomial”，同时，为了让返回值更为简洁，还设置了参数 cor = F，使得 summary 结果不显示模型中各个固定效应因素之间关联度的计算结果。这些内容在后续章节还会介绍，此处不做详细解释。

4.4.3 模型的削减

读者可以看到,拟合的这个初始模型的固定效应结构同时包含了三个自变量的交互项(L1reading * lp * gender),同时,这个模型的随机效应结构中的测试材料项还包含了这三个交互项对测试材料(items)的随机斜率。这是一个非常大、非常复杂的随机结构,电脑花了很长时间才获得模型拟合的结果。模型统计摘要的随机效应拟合的结果也非常复杂(Random effects),包含了大量的对随机截距和随机斜率相关度的计算结果,这一部分内容到后续章节再逐步介绍和解释。随机效应接下来的是固定效应的回归系数表(Fixed effects),从中可以看到各个固定效应的拟合结果。模型摘要的最后几行提示了模型出现了拟合问题,如 Model failed to converge 等信息。这些报错信息提示模型存在问题,所拟合的结果可能并不可靠。

模型“不能聚敛”(failed to converge)的原因比较复杂,有很多因素都可能导致这一结果,比如拟合的模型过于复杂,复杂到数据并不支持,现实情况是并不存在某个效应,尤其是关于某一变量的随机斜率,但是模型却包含了对这个效应的评估。因此,我们有必要对包含了这个事实上不存在的效应进行简化。在简化的时候,笔者一般遵循两个步骤(Zuur *et al.*, 2009; Gries, 2020):①首先,在保持固定效应结构恒定的基础上,对随机效应结构进行拟合,从而找出模型的最佳随机效应结构;②然后,在保持随机效应结构恒定的基础上,对固定效应结构进行拟合,从而找出模型的最佳固定效应结构。先从模型的随机效应结构开始,对其进行简化,最先去除的是随机效应结构里的交互项:

```
summary(mix.m1 <- update(mix.m0,.~.
                         -(1+CR*lp*gender|Q_com)
                         +(1+CR+lp+gender|Q_com)),
        cor=F)

## Warning in checkConv(attr(opt, "derivs"), opt$par, ctrl = control$ch
eckConv, :
## Model failed to converge with max|grad| = 0.0106211 (tol = 0.002, co
mponent 1)

## Generalized linear mixed model fit by maximum likelihood (Laplace
```

```
##   Approximation) [glmerMod]
##  Family: binomial  ( logit )
## Formula: scores ~ CR + lp + gender + (1 | subj) + (1 + CR + lp + gen
der |  Q_com) + CR:lp + CR:gender + lp:gender + CR:lp:gender
##
##    Data: reading_df5
##
##      AIC      BIC   logLik deviance df.resid
##   1402.8   1499.8   -682.4   1364.8     1201
##
## Scaled residuals:
##     Min      1Q  Median      3Q     Max
## -3.4428 -0.7779  0.4008  0.6125  2.4870
##
## Random effects:
##  Groups Name        Variance Std.Dev. Corr
##  subj   (Intercept) 0.32491  0.5700
##  Q_com  (Intercept) 0.93136  0.9651
##         CR          0.03852  0.1963    1.00
##         lp          0.01092  0.1045   -1.00 -1.00
##         genderM     0.03435  0.1853   -1.00 -1.00  1.00
## Number of obs: 1220, groups:  subj, 61; Q_com, 40
##
## Fixed effects:
##              Estimate Std. Error z value Pr(>|z|)
## (Intercept)   1.22598    0.22624   5.419    6e-08 ***
## CR            0.45413    0.18217   2.493   0.0127 *
## lp            0.15333    0.18909   0.811   0.4174
## genderM      -0.34617    0.22473  -1.540   0.1235
## CR:lp        -0.12617    0.16398  -0.769   0.4416
## CR:genderM    0.05033    0.23718   0.212   0.8320
## lp:genderM    0.23624    0.26573   0.889   0.3740
## CR:lp:genderM -0.05531    0.23590  -0.234   0.8146
## ---
## Signif. codes:  0 '***' 0.001 '**' 0.01 '*' 0.05 '.' 0.1 ' ' 1
## optimizer (Nelder_Mead) convergence code: 0 (OK)
## Model failed to converge with max|grad| = 0.0106211 (tol = 0.002, co
mponent 1)
```

上面使用了 update( )函数,这个函数中最重要的符号是. ~. ,相当于英语中的 keep the same(保持相同),这个符号之前是前面已经拟合的模型,之后则是要增加或者减少的统计项。比如,如果后面使用的是加号(+),意思就是在保持跟原来模型相同的情况下,增加某个项;如果后面使用的是减号(-),意思就是在保持跟原来模型相同的情况下,减少某个项。因此,上一段代码表示的是在原来的模型上减去(1+L1reading * lp * gender | questions)这个项,但同时增加(1+L1reading+lp+gender | questions)这个项。

统计摘要里出现在第一个模型的很多报错信息已经消失了,但最后两行还是给了一条警示信息:convergence: 0。上文说过这条警示可能提醒模型的固定或者随机效应结构仍然过于复杂。仔细察看模型随机效应结构的返回信息(Random effects),会发现母语阅读(L1reading),二语言水平(lp)和性别(gender)的随机截距和随机斜率高度相关,达到1,这种情况往往提示模型存在 singular fit("奇异拟合")的问题,需要进一步简化。关于随机截距和随机斜率的相关性以及模型的 singular fit 等问题,后续章节会做进一步介绍。使用 anova()函数,对这个简化模型和原模型进行比较:

```
anova(mix.m1,mix.m0,test="Chisq")

## Data: reading_df5
## Models:
## mix.m1: scores ~ CR + lp + gender + (1 | subj) + (1 + CR + lp + gend
er | Q_com) + CR:lp + CR:gender + lp:gender + CR:lp:gender
## mix.m0: scores ~ 1 + CR * lp * gender + (1 | subj) + (1 + CR * lp *
gender | Q_com)
##        npar    AIC    BIC  logLik deviance  Chisq Df Pr(>Chisq)
## mix.m1   19 1402.8 1499.8 -682.39   1364.8
## mix.m0   45 1444.8 1674.6 -677.38   1354.8 10.006 26      0.998
```

从 p 值(p=.998)可看出,简化的模型的解释力并没有受到影响。鉴于上面出现的模型拟合的问题,对模型做进一步简化。一般来说,所有随机效应结构中相关度达到1的项都可以一次性全部去除,但作为教学演示,这里按一步一步地方式进行去除。首先去除 lp 的随机截距,因为它的方差值最小(0.01):

```
summary(mix.m2 <- update(mix.m1,.~.
                         -(1+CR+lp+gender|Q_com)
                         +(1+CR+gender|Q_com)),
        cor=F)
```

模型拟合警示信息仍然存在:Model failed to converge with max|grad| = 0.0103371(tol=0.002, component 1)。因此,继续削减,只要模型的解释力没有受到影响,则继续直到拟合成功为止。最终成功拟合的模型如下:

```
summary(mix.m4 <- update(mix.m3,.~.
                         -(1+gender|Q_com)
                         +(1|Q_com)),
        cor=F)
```

```
## Generalized linear mixed model fit by maximum likelihood (Laplace
##   Approximation) [glmerMod]
##  Family: binomial  ( logit )
## Formula: scores ~ CR + lp + gender + (1 | subj) + (1 | Q_com) + CR:l
p +CR:gender + lp:gender + CR:lp:gender
##
##    Data: reading_df5
##
##      AIC      BIC   logLik deviance df.resid
##   1389.7   1440.7   -684.8   1369.7     1210
##
## Scaled residuals:
##     Min      1Q  Median      3Q     Max
## -3.2980 -0.7849  0.4105  0.6113  2.8500
##
## Random effects:
##  Groups Name        Variance Std.Dev.
##  subj   (Intercept) 0.3348   0.5786
##  Q_com  (Intercept) 0.6875   0.8292
## Number of obs: 1220, groups:  subj, 61; Q_com, 40
##
## Fixed effects:
##              Estimate Std. Error z value Pr(>|z|)
## (Intercept)   1.14288    0.20620   5.543 2.98e-08 ***
## CR            0.40515    0.17685   2.291    0.022 *
## lp            0.15707    0.18769   0.837    0.403
## genderM      -0.29809    0.21850  -1.364    0.172
## CR:lp        -0.12903    0.16062  -0.803    0.422
## CR:genderM    0.09734    0.23341   0.417    0.677
## lp:genderM    0.26921    0.26649   1.010    0.312
## CR:lp:genderM -0.06211    0.23811  -0.261    0.794
## ---
## Signif. codes:  0 '***' 0.001 '**' 0.01 '*' 0.05 '.' 0.1 ' ' 1
```

可以看到，这个模型最终只保持了被试(subj)和测试项(Q_com)的随机截距，没有随机斜率。使用 anova()函数，比较这个模型与之前的模型，以检测模型本身是否受到“损害”：

```
anova(mix.m4,mix.m3,test="Chisq")

## Data: reading_df5
## Models:
## mix.m4: scores ~ CR + lp + gender + (1 | subj) + (1 | Q_com) + CR:lp
 + CR:gender + lp:gender + CR:lp:gender
## mix.m3: scores ~ CR + lp + gender + (1 | subj) + (1 + gender | Q_com)
 + CR:lp + CR:gender + lp:gender + CR:lp:gender
##        npar    AIC    BIC  logLik deviance  Chisq Df Pr(>Chisq)
## mix.m4   10 1389.7 1440.7 -684.84   1369.7
## mix.m3   12 1392.5 1453.8 -684.27   1368.5 1.1329  2     0.5675
```

模型既没再出现任何警示信息，而且 anova( ) 函数的比较结果也支持了上面的简化操作(p=.5675)。至此，模型的最佳随机效应结构已经确定。根据上文的介绍，在确定了模型的最佳随机效应结构后，就可以开始模型拟合的第二步：在保持随机效应结构恒定的基础上，对固定效应结构进行拟合，以找出模型的最佳固定效应结构。较常见的方法仍然是模型比较法：在当前模型的基础上，去除某个固定效应因素，再重新拟合模型，然后使用 anova( ) 函数对这两个模型进行模型比较，看两个模型之间是否存在显著区别，如果有区别则说明去除的固定因素具有主效应，必须保留在模型里，不能去除，这个方法就称作为 likelihood ratio test（LRT）。由于我们采用的是“先拟合最大模型作为开始”的策略，故首先去除的固定效应因素应该是母语阅读、二语水平和性别的交互项，即：L1reading：lp：gender。如下：

```
summary(mix.m5 <- update(mix.m4,.~.
                          -L1reading:lp:gender),
        cor=F)

## Generalized linear mixed model fit by maximum likelihood (Laplace
##   Approximation) [glmerMod]
##  Family: binomial  ( logit )
## Formula: scores ~ L1reading + lp + gender + (1 | subj) + (1 | questi
ons) + L1reading:lp + L1reading:gender + lp:gender
##
##    Data: L2reading_T2
##
##      AIC      BIC   logLik deviance df.resid
##   1387.7   1433.7   -684.9   1369.7     1211
##
## Scaled residuals:
##     Min      1Q  Median      3Q     Max
## -3.3712 -0.7876  0.4094  0.6113  2.8061
##
## Random effects:
##  Groups Name        Variance Std.Dev.
##  subj   (Intercept) 0.3351   0.5788
##  questions  (Intercept) 0.6909   0.8312
## Number of obs: 1220, groups:  subj, 61; questions, 40
##
## Fixed effects:
##                  Estimate Std. Error z value Pr(>|z|)
## (Intercept)        1.1537     0.2024   5.700  1.2e-08 ***
## L1reading          0.3985     0.1753   2.274    0.023 *
## lp                 0.1362     0.1696   0.803    0.422
## genderM           -0.3170     0.2063  -1.537    0.124
## L1reading:lp      -0.1574     0.1182  -1.332    0.183
## L1reading:genderM  0.1157     0.2228   0.519    0.604
```

```
## lp:genderM          0.2758     0.2653   1.040    0.299
## ---
## Signif. codes:  0 '***' 0.001 '**' 0.01 '*' 0.05 '.' 0.1 ' ' 1

anova(mix.m5,mix.m4,test="Chisq")

## Data: L2reading_T2
## Models:
## mix.m5: scores ~ L1reading + lp + gender + (1 | subj) + (1 | questio
ns) + L1reading:lp + L1reading:gender + lp:gender
## mix.m4: scores ~ L1reading + lp + gender + (1 | subj) + (1 | questio
ns) + L1reading:lp + L1reading:gender + lp:gender + L1reading:lp:gender
##        npar    AIC    BIC  logLik deviance  Chisq Df Pr(>Chisq)
## mix.m5    9 1387.7 1433.7 -684.87   1369.7
## mix.m4   10 1389.7 1440.7 -684.84   1369.7 0.0671  1     0.7956
```

anova( )函数的模型比较结果支持了去除交互项的做法。类似操作可以进一步进行,以确定哪些固定效应因素可以从模型里去除,哪些需要保留在模型里。也可以直接使用 drop1( )函数,察看模型的最高级项(如交互项)是否显著,从而决定去除哪一个固定因素,比如,就 mix. m5 这个模型来说,运算结果如下:

```
drop1(mix.m5,test="Chisq")

## Single term deletions
##
## Model:
## scores ~ CR + lp + gender + (1 | subj) + (1 | Q_com) + CR:lp +
##     CR:gender + lp:gender
##           npar    AIC     LRT Pr(Chi)
## <none>         1387.7
## CR:lp        1 1387.5 1.72780  0.1887
## CR:gender    1 1386.0 0.26788  0.6048
## lp:gender    1 1386.8 1.07051  0.3008
```

Drop1( )函数的结果显示三个变量之间的两两交互都不显著,故交互项都可以从模型中剔除。最终,拟合出的模型如下:

```
summary(mix.m8 <- glmer(scores~CR+
                          lp+
                          (1|subj)+
                          (1|Q_com),
                        data=reading_df5,
                        family = "binomial"))
```

4.4.4 模型的诊断和解读

第 3 章介绍过，一般来说，模型拟合的过程包括三个主要步骤：①构建模型；②诊断模型；③解读模型。上述操作已经完成了第一个步骤，还剩下第 2 和 3 个步骤。第 2 个步骤模型诊断是一件比较复杂的事情，尤其是针对逻辑回归的混合效应模型的诊断更是如此，目前可用的手段并不多。我们往往会根据所拟合模型的各种细节有针对性地进行模型诊断，后续章节将对这一问题进行更为细致的介绍，此处只作两个方面的诊断：①检查模型是否存在多重共线性问题（multicollinearity）；②检查模型是否存在过度离势（overdispersion）。混合效应模型的共线性问题可以使用以下函数进行检验：

```
vif.mer <- function (model) {
  v <- vcov(model)
  nam <- names(fixef(model))
  ns <- sum(1*(nam=="Intercept" | nam=="(Intercept)"))
  if (ns>0) {
    v <- v[-(1:ns), -(1:ns), drop=FALSE]
    nam <- nam[-(1:ns)]
  }
  d <- diag(v)^0.5; v <- diag(solve(v/(d %o% d))); names(v) <- nam; v
}


m.f <- mix.m8


vif.mer(m.f)

## L1reading        lp
##    1.2637    1.2637
```

一般来说，如果返回值小于 5，或者更不保守地看，小于 10，就认为模型不存在多重共线问题。从函数的返回值看，所拟合的最终模型并不存在多重共线性的问题。接着，使用以下函数检验模型是否“过度离势”（overdispersion）：

```
overdisp_fun <- function(model) {
   rdf <- df.residual(model)
   rp <- residuals(model,type="pearson")
   Pearson.chisq <- sum(rp^2)
   prat <- Pearson.chisq/rdf
   pval <- pchisq(Pearson.chisq, df=rdf, lower.tail=FALSE)
   c(chisq=Pearson.chisq,ratio=prat,rdf=rdf,p=pval)
}
```

```
overdisp_fun(m.f)

##        chisq        ratio          rdf            p
## 1014.0090156    0.8345753 1215.0000000    0.9999919
```

从函数的返回值看，所拟合的最终模型也不存在过度离势的问题（$p=.9999919$）。基于这两个模型诊断的指标，我们可以视这个模型为最终模型，在此基础上进行统计推理、推广或者预测。再次察看模型的 summary 结果：

```
summary(m.f,cor=F)

## Generalized linear mixed model fit by maximum likelihood (Laplace
##   Approximation) [glmerMod]
##  Family: binomial  ( logit )
## Formula: scores ~ L1reading + lp + (1 | subj) + (1 | questions)
##    Data: L2reading_T2
##
##      AIC      BIC   logLik deviance df.resid
##   1384.2   1409.7   -687.1   1374.2     1215
##
## Scaled residuals:
##     Min      1Q  Median      3Q     Max
## -3.6673 -0.7965  0.4100  0.6162  2.4210
##
## Random effects:
##  Groups Name        Variance Std.Dev.
##  subj   (Intercept) 0.3756   0.6128
##  questions  (Intercept) 0.7024   0.8381
## Number of obs: 1220, groups:  subj, 61; questions, 40
##
## Fixed effects:
##             Estimate Std. Error z value Pr(>|z|)
## (Intercept)   0.9683     0.1710   5.663 1.49e-08 ***
## L1reading     0.4960     0.1379   3.597 0.000322 ***
## lp            0.2677     0.1189   2.252 0.024300 *
## ---
## Signif. codes:  0 '***' 0.001 '**' 0.01 '*' 0.05 '.' 0.1 ' ' 1
```

由于模型中的变量不存在交互效应，因此，summary 中各个变量对应的截距和斜率就是它们作为预测变量的主效应。以上结果显示：母语阅读和二语水平都是二语阅读显著的预测变量，看起来，母语阅读的影响要稍大于二语水平的影响，母语阅读每提高一个单位（1 个标准分），二语阅读就可以提高 0.50 个单位（$\beta=0.50$, SE=0.14, $z=3.60$, $p<.001$），而二语水平每提高一个单位，二语阅读则可以提高 0.27 个单位（$\beta=0.27$, SE=0.12, $z=2.52$, $p=.02$）。但是，性别并不是二语阅读显著的预测变量（$\chi^2(1)=0.27$, $p=.60$）。这里需要

特别说明的是这个混合模型的回归系数(β值)表示的意思跟前第3章所拟合的固定效应模型对应的回归系数表示的含义并不相同,此处的回归系数表示的是对数优势比,更具体地说是yes相对于no的对数优势比(参见吴诗玉,2019),此处不再详述。也可以使用effects包作图,如图4.1所示,以对模型的结果进行可视化:

```
library(effects)

plot(allEffects(m.f))
```

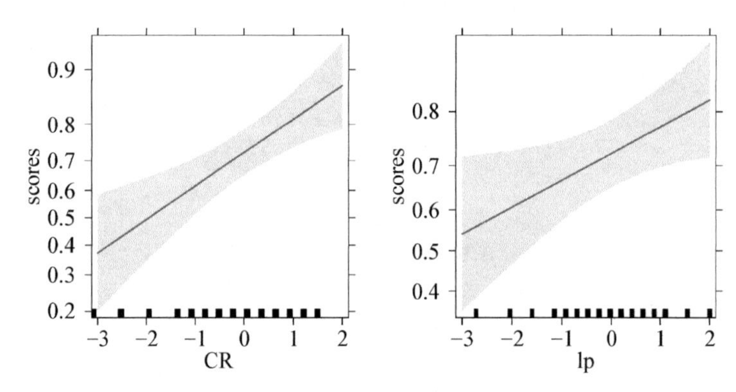

图4.1 母语阅读能力、二语水平与二语阅读关系的可视化结果

可视化的结果进一步证实了母语阅读对二语阅读的影响要稍大于二语水平的影响,表现在它的斜线坡度要比后者陡峭。

思考题

(1) 使用本章节的数据,请构建一个线性模型,分析学习者外语学习时长对他们的二语水平的预测作用。

(2) 构建一个固定效应模型,分析学习者外语学习时长对他们的二语阅读能力的预测作用。同时,构建一个混合效应模型,分析学习者外语学习时长对他们二语阅读能力的预测作用。

第5章　反应时行为数据的拟合(Ⅰ)：数据的转换

我们发表在国内权威 CSSCI 期刊《外语教学理论与实践》的《混合效应模型框架下反应时数据的分析:原理和实践》一文对反应时这种数据的来源、特点以及统计处理的方法进行了详细论述。国内期刊似乎不太愿意发表方法类或偏重实践类的文章,这与国际一些重要的期刊的做法形成比较鲜明的对比。国际一些著名期刊,典型的像 *Journal of Memory and Language*(JML)等,非常注重传播和发表新方法和新实践类的文章。比如,Baayen 等(2008)那篇开创性地探讨混合效应模型原理及应用的文章就是发表在 JML,并由此连续催生了多篇非常有影响力的探讨这一方法的文章。这些文章在发表后也都受到了极大关注,并获得大量引用,对整个学科的发展产生了革命性的推动作用。

在这个章节,我们首先将《混合效应模型框架下反应时数据的分析:原理和实践》一文关于反应时数据的概念内涵和来源以及反应时数据的特征等部分内容摘录在此,供读者阅读,也强烈推荐读者阅读该论文原文。在介绍完这些内容之后,笔者将以课题组 2017 年发表在《心理学报》上的文章《第二语言阅读"熔断"假说的认知心理证据:在线篇章处理的范式》的部分数据作为实例,展示如何使用混合效应模型对反应时这种数据进行分析处理。

5.1　反应时数据的概念内涵和来源

反应时(Reaction Time, RT),亦称作为响应时间(response time)或反应潜伏期(response latency),是以时间来计量(通常为毫秒)的一种简单或许也是应用最为广泛的对行为反应的测量，它一般指实验任务开始呈现到它完成的这段时间。最早在 1868 年，Donders 做了一个具有开创意义的心理学实验，第一次使用反应时来测量人的行为反应，并提出一共存在三种长短不一的反应时，概括起来分别是（见 Baayen & Milin, 2010: 13）：

（1）简单反应时。指经由被试对光、声音等刺激实验任务作出反应而获得的反应时间。

（2）辨识反应时。在收集这种反应时的时候，被试要同时面对两种实验刺激任务的挑战，一种是需要尽快作出反应的刺激任务，另一种则是需要忽略以免受其干扰的刺激任务。

（3）选择反应时。在收集这种反应时的时候，被试必须要从实验任务中所呈现的一系列可能的选项中做出一种选择，比如按键选择屏幕中出现的字母或单词。另外，也有的反应时是由这三种不同实验任务组合而成，亦可称作为第四种反应时，比较典型的如区别反应时（discrimination reaction times），在这种实验任务里，被试必须对同时呈现的两个实验刺激进行比较，然后按键作出选择，融合了（2）和（3）两种反应时的特点。

上述收集反应时的各种实验任务都基于一个共同的假设前提，即认知过程是需要时间的，通过观察和计算被试对不同的实验刺激任务做出反应或者在不同的条件下执行一项任务所需要的时间，可以认识大脑的工作原理等重要问题，并且对语言加工的认知过程或者机制进行推理（Jiang, 2012）。自 Donders 的开创性实验，尤其是 20 世纪 50 年代以来，反应时越来越广泛地被实验心理学研究者所采用，并逐渐成为心理学和其他相关学科获取基于数据的人类认知制约模型的重要手段（Evans *et al.*, 2019）。

在第二语言研究领域（包括二语或外语，以下简称二语），无论是国际还是国内，研究者也都开始大量地使用反应时数据来研究第二语言的习得、理解和加工的心理认知过程，并取得了丰硕的成果。大量以反应时数据作为主要测量手段的研究论文发表于二语研究的各类期刊（见 Jiang, 2012；吴诗玉等，2016）。这里值得简单介绍的是这一领域内研究者们在获取反应时数据时所使用的各种实验范式，因为它们集中体现了这一领域的最新发展概况以及这个领域学者们的创造性。最常见的有以下几种：

(1) 词汇判断任务(Lexical Decision Task, LDT)。在这种任务里,被试看到屏幕上呈现一串字符串(既可以是英语的字母也可是汉语的汉字等组成),需要既快又准确地判断它是否是一个单词,电脑自动记录判断的时间,这种反应时主要综合了上述第一和第三种反应时的特点。

(2) 单词或者图片命名任务(A Word or Picture Naming Task)。在这种任务里,被试必须大声朗读所看到的一个单词并尽可能快地为其命名,它综合了上述第一和第二种反应时的特点。

(3) 自定步速阅读任务(Self-paced Reading Task)。在这种任务里,被试需要在电脑屏幕上阅读由实验者划分成的按一小节一小节(segment)方式呈现的文字(既可能是一个一个的词或者短语,也可能是一个一个的从句),电脑自动记录每一小节的阅读时间。这种简单反应时却反映了被试阅读时的复杂的理解和加工过程。

(4) 句子-图片匹配任务(Sentence-picture Naming Task)。在这种任务里,一般要求被试既快又准确地判断句子是否准确地描述了图片的内容。其他一些常见的任务还包括翻译判断任务(Translation Recognition Task)(见吴诗玉等,2017),以及跨通道启动实验(Cross-model Priming Experiments)(见吴诗玉等,2014),等等。

反应时数据比较显著地受到实验任务特点的影响。比如,反应时的长度与实验任务的刺激强度成反比,即实验刺激强度越强,反应时越短,刺激越弱,则反应时越长(Luce, 1986)。除此以外,反应时还显著地受到被试特征的影响,比如,被试的年龄、性别以及用手习惯。一般来说,更年轻的比更年长的被试反应更快。最后,实验的进程也会影响反应时,比如在实验刚开始的时候,被试的反应可能逐渐加快,但是随着实验持续时间的增长,被试变得更疲劳,反应也慢了下来。

从统计分析看,反应时数据在分布形状、趋中度以及离散程度方面都反映出区别于其他类型数据的鲜明特点。因此,反应时数据的统计分析往往也有别于其他数据类型的技术要求和门槛。本节将在梳理和总结已有文献的基础上,对反应时数据的特点进行分析总结,并在混合效应模型的框架下探讨反应时数据处理方法的原理和实践,包括数据转换、异常值处理等等。

5.2 反应时数据的特征

数据的特征很大程度上决定着对它们进行统计分析时具体应该采用什么方法,本节从三个方面对反应时数据的主要特征进行介绍,包括:①分布;②各数据点之间的关系;③数据的异常值。

5.2.1 反应时的分布

一般来说,我们在对一组数据进行描述的时候,会同时考察它们的形状、趋中度和离散度(Gravetter & Wallnau, 2017)。尽管在分布上,通过上述介绍的各种不同的实验任务和实验范式所获得的反应时会存在一些差别,但是在大部分情况下,反应时数据的分布特点就如图 5.1 所示。

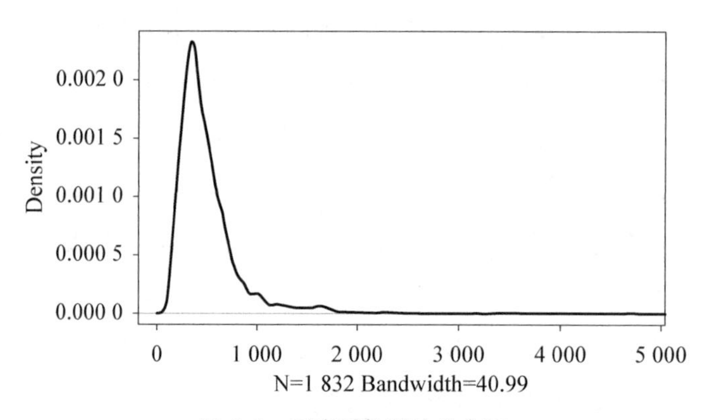

图 5.1 反应时数据的分布图

图 5.1 是我们通过自定步速阅读任务(见下文)收集到的 40 名中国大学生在阅读句子时所获取的句子内某一个片段所用时间的频数密度(density)分布图。从图 5.1 可以看出,在分布上反应时明显地呈正偏斜(positively skewed),即向右拖着一条长长的尾巴,不符合正态分布。除所有被试的整体反应时的分布呈正偏斜以外,每一名被试个体的阅读时间也具有相似的分布特点,图 5.2 呈现的是每一名被试阅读时间的分布(被试号分别为 3、4、6、10、12、33、36、56、62):

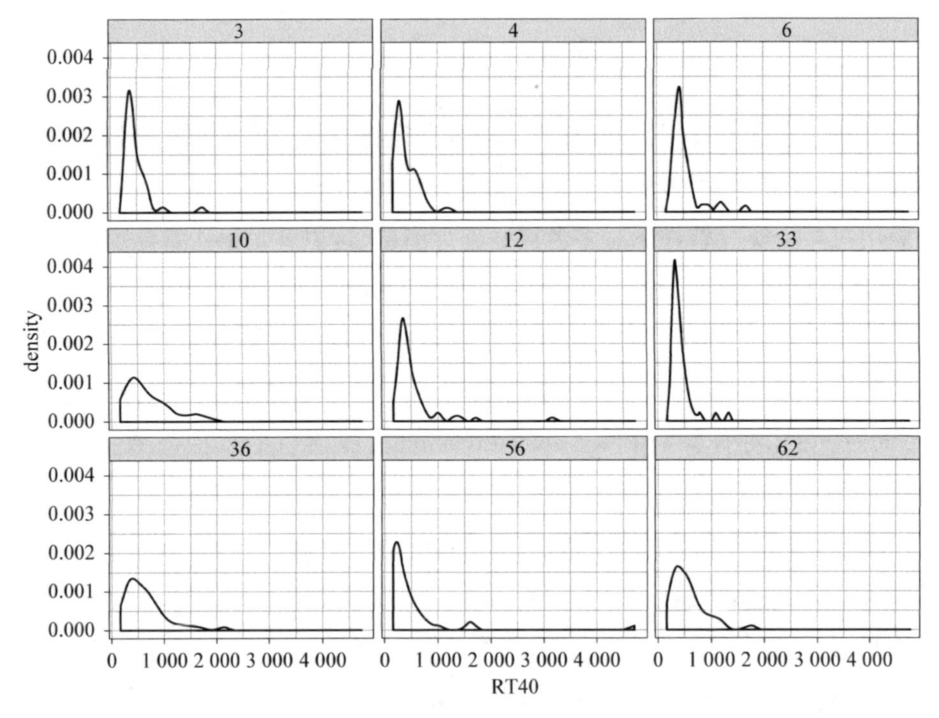

图 5.2　每名被试反应时分布图

从图 5.2 可以看出,每一名被试个体的阅读反应时间也体现出较为共同的特征,即呈正偏斜形态。我们在从样本的统计量对总体的参数进行推断时都是基于某种概率分布(如 z 分布、t 分布或 F 分布等),因此我们在拟合反应时数据的统计模型时常常会对它进行某种转换,从而让数据更符合某种概率分布的特点,对正偏斜的数据比较常用的转换方式是作对数据转换(见 Field *et al.*, 2012; Winter, 2019; 吴诗玉, 2019)。比如,图 5.3 是对图 5.1 所示数据作对数转换后的分布形态,可以看出此时的反应时数据明显更接近于正态分布(如寺庙里悬挂着的一面大钟):

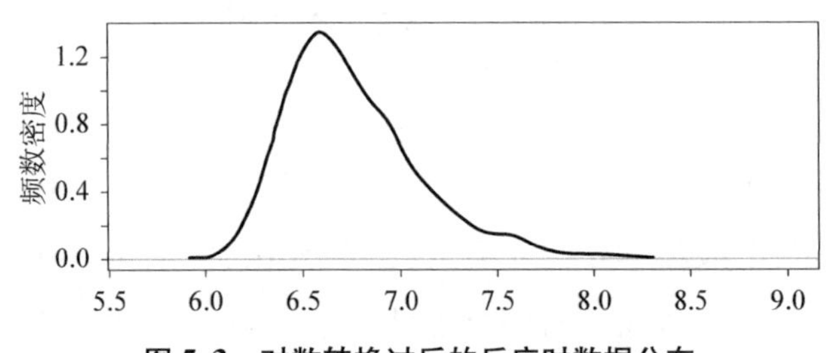

图 5.3　对数转换过后的反应时数据分布

5.2.2 反应时各数据点之间的关系

从实验设计上看,几乎所有的反应时实验任务都是重复测量被试内设计,即同一名被试参与了多个实验条件下多个测试项的测试;同样,同一个测试项也应用在多个实验条件下对多名被试进行测试,这也就是第 4 章介绍的“多被试、多测试项”实验,这种实验广泛应用于心理语言学研究。先前的研究发现(de Vaan *et al.*, 2007),通过这种方法所获得的反应时数据具有一个非常明显的特征,那就是逐个反应时之间存在高度关联的关系(trial-by-trial dependencies),亦称作自相关(autocorrelation),即前后的反应时数据点相互关联。

反应时的这个特点跟我们大家所熟悉的一般数据比如学生的考试成绩等有很大区别。一般的数据中各个数据点之间彼此独立或关联不大。比如,学生 A 的考试成绩跟学生 B 的成绩并不会存在很强的关联。数据点之间彼此独立,是使用普通线性模型(Generalized Linear Model)进行数据分析的基本前提(见 Field *et al.*, 2012; Gries, 2013; Winter, 2019)。但是,通过重量测量被试内设计所收集的数据,比如同一名学生连续多次考试的成绩之间或者同一个测试项用于对许多被试进行测试,所获得的数据往往就会存在比较强的关联关系。

反应时数据是典型的“多被试,多测试项”的数据类型,就像我们在第 4 章介绍的,对这种数据,可以使用混合效应模型来拟合,从而解决数据点之间相互关联的问题,这也就是本章以及下一章节的重点,我们将通过具体的案例,详细展示反应时数据的模型拟合。

5.3 研 究 案 例

2017 年,笔者在《心理学报》发表了一篇题为《第二语言阅读“熔断”假说的认知心理证据:在线篇章处理的范式》的研究论文,汇报了我们所开展的一项语篇在线加工实验,研究二语阅读的认知心理过程。这项研究的因变量就是反应时,但是文章发表的时候使用的是传统的方差分析(ANOVA),即同时考察 *F*1 和 *F*2 来检验实验操控是否存在显著效果。本章节将通过这个研究案例来介绍如何使用混合模型拟合反应时数据。

5.4　研 究 背 景

为方便理解本研究数据分析的内在逻辑,有必要对这项研究的背景作一简单介绍,但更详细介绍,请参见《心理学报》原文。本书在第 3 和第 4 章都介绍过兴起于 20 世纪 80 年代关于第二语言阅读是“语言问题,还是阅读问题的 Alderson 之问”(Alderson, 1984)。这场辩论的一个重要理论依据是 Cummins (1979)提出的“语言相互依赖假说”(Linguistic Interdependence Hypothesis),即学习者在母语里习得的认知技能能够成为共享的能力,会自然地迁移到二语阅读,因此,母语阅读能力强者其二语阅读能力亦然。然而,“熔断”假说则否定自然迁移的说法,而是直指认知能力共享的先决条件,那就是二语学习者如果要能受益于其母语所习得的认知技能就必须达到一定程度的二语水平(即越过“门槛”)(threshold),否则其有限的二语知识将造成二语阅读体系的“熔断”(short-circuit)(Clarke, 1980; Bernhardt & Kamil, 1995),表现在尽管读者具备了一些第二语言的语言知识,并且也可能使用这些知识来理解二语文本,但是二语语言能力与二语阅读体系之间并不存在任何的系统的关系,“成功的可能只是一个运气问题”(Yamashita, 2001: 192)。

围绕上述假说,学术界出现了一批实证研究,探讨了二语阅读与其两大关键预测变量即二语水平和母语阅读能力之间的关系(如 Carrell, 1991; Bernhardt & Kamil, 1995; Taillefer, 1996; Lee & Shallert, 1997)。这些研究大都支持了“熔断”假说,把二语水平以及母语阅读能力对二语阅读的影响视作为一个动态的过程,并把由二语知识的缺乏造成的二语阅读体系的“熔断”称作为“门槛”效应或“阈值”效应(见吴诗玉、王同顺,2006)。但是那场辩论到了 90 年代末似乎就画上了休止符,此后的二语阅读研究显得“琐碎、零星,缺乏重点”。但是“熔断”假说及其涉及的二语阅读中的许多关键问题却仍未有答案。比如,“熔断”假说里所提出的“语言问题”或者“阅读问题”仍缺少清晰的定义和界限。从阅读经验可知,在二语阅读时,即使通晓句子中所有词汇、语法等被先前研究者明确定义为语言问题的关键成分(见 Yamashita, 2001),仍不足以确保读者能形成对句子的正确理解,或者即使读者理解每一句话,也仍未必能形成对整个篇章的正确理解(Walter, 2007),但是,若把相同的句子或者篇章译成母语,却又都能快速而轻松地理解了。这些问题可能很难简单地定义为“语言问题”或“阅读问题”。另外,也是非常重要的是,先前对“熔断”假说的讨论和验证都是通过诉诸语言测试手段,从阅读测试结果的角度来进行分析。这一方法的缺陷是脱离了二语阅读本质上是一个复杂的认知心理过程(Koda, 2005)这一实际,仅仅通过语言测试的手段,而忽略从认知心理过程去解释二语阅读体系的“熔断”,对从本质上去认识母语阅读与二语阅读之间的关系是有局限的。基于以上认识,本研究尝试从二语阅读的认知心理过程的角度来进一步探讨二语阅读的“熔断”假说及“门槛”效应。

该研究的理论依据是 Gernsbacher(1990)提出的结构建造框架(Structure Building Framework)。根据结构建造框架,读者采用三个认知过程来帮助建立对所阅读内容的连贯心理表征,即奠基、映射和转移。其中,奠基(lay a foundation)为理解过程奠定一个基础的心理结构,发生在阅读的最开端,常常由语言的第一个成分所触发,比如句中的第一个单词或者故事里的第一句话、第一个人物等。映射(mapping),则把后续相关联的信息映射到正在发展的心理结构上,使其不断地发展;然而,如果后续信息与正在发展的心理结构关联较弱或不相关联,就会发生第三个认知过程,即转移(shifting),后续信息不再被映射到正在发展的心理结构上,而是转而建立一个新的子结构。根据 Gernsbacher(1990),上述三个认知过程由两大重要的认知机制所驱动,即强化和抑制。这两大机制通过调节概念的激活来管理心理表征的建造过程:强化机制能够增强相关联的概念的激活,而抑制则减少不相关概念的激活。其中抑制机制是结构建造的关键(Gernsbacher & Faust, 1991),熟练的读者会形成“网络化的、有层次的、只有一些主要子结构”的心理结构,而糟糕的读者,则由于无法抑制不关联信息和概念的干扰,引发了许多新的子结构,从而形成“大块头的、缺少连贯”的心理结构(Gernsbacher, 1990: 213)。这两种不同的心理结构的直接后果是关键信息在记忆里可提取的轻松度以及理解能力表现的差异。

本节以这一理论框架为基础,采用以故事为题材的在线篇章处理的方法来对比母语与二语阅读的认知心理的过程,从而认识两者的关系。先前的研究表明(见 Clahsen & Felser, 2006),二语在线处理的方式能够很好地比较母语与二语加工在机制与过程等方面的异同。而之所以选用故事作为篇章处理的材料,是因为母语语境下的故事理解已经获得广泛的研究,而故事也是典型的二语阅读形式,便于比较(见 Ma, 2015: 43)。许多研究者都提出(Black & Bower, 1980; Horiba, 1993; Magliano, Taylor, & Kim, 2005),故事理解的关键在于厘清故事内"因果链"(causal chain),因为当人们阅读故事时,会把故事中描述的各个事件视为一个整体,利用物理的和心理的世界知识,进行因果推理,把故事中之前和之后的事件联系起来(Myers, 1990; Xiang & Kuperberg, 2015)。而厘清故事"因果链"的关键则是要能够对故事中的人物角色保持持续跟踪,最重要的是理清楚"谁正对谁做了什么"(knowing who is doing what to whom)(Magliano & Radvansky, 2001)。但问题是故事的人物角色常有多个,并不断变换,此时读者如何才能从头到尾对故事的角色保持跟踪呢?Gernsbacher 的结构建造框架可以为读者如何处理这种情形提供一个很好的假设。即读者通过开篇对故事人物角色的引入而奠定一个基础心理结构,然后通过映射和转移两个认知过程来保持对故事角色的跟踪。当人物角色不断更换时,抑制机制发挥作用,让不相关角色失去激活,而让当前相关角色保持在注意的中心。在母语理解中,上述假设已经获得实证证据的支持(见 Gernsbacher *et al.*, 2004; Linderholm *et al.*, 2004),我们感兴趣的是,上述假设是否适用于中国学习者英语(二语)故事的理解加工。具体研究以下两个问题:

(1) 从阅读测试结果的角度看,中国学习者的外语故事理解,是否表现出如"熔断"假说里提出的"门槛"效应?

(2) 从母语与外语故事理解加工的认知心理过程看,二语阅读体系"熔断"的认知心理学证据是什么?

5.5 实验设计

《心理学报》原文所汇报的研究一共有高低语言水平两组被试参加了实验,此处仅为介绍反应时数据的分析处理过程,故只挑选部分被试的数据进行分析。他们是某重点大学在职工程硕士一年级学生。这些被试的基本信息与《心理学报》原文介绍的低水平组的被试基本信息接近,建议读者参考原文。

理解这项研究的关键是理解实验材料的设计。实验材料由 30 篇汉英两个版本的故事组成,英语材料全部选自 Gernsbacher 等(2004)的实验,汉语故事都是由对应的英语故事翻译而来。每个故事都有三段,每段共 4 句话。第一段为介绍,在第一句话引入故事的人物角色,并在第三句话再次提及这个角色,而第二、第四句话则只展开故事情节。第二段进行人物角色控制,总共有三种情形:①重复提及,在该段的第一、三句话重复提及了第一段的角色;②引进新角色,在该段的第一句话引入了一个新的故事角色,第三句话重复该新角色;③中性情形,在该段既没有重复原来的角色,也没有引进新的角色。故事的第三段是结尾段,三种情形的第三段完全相同。

故事内容涉及旅行、科学、侦探等各种题材,但不存在中国读者不了解的文化难题,故事实例请参见《心理学报》所发表论文原文。同时,故事角色都是英语中很典型的中国英语学习者很熟悉的名字(如 Mary, Philip 等),性别容易判定,词长不超过两个音节。同时,为确保所有被试在阅读时,不会存在词汇、语法和句子等层次的问题,在正式实验前让类似的 35 名工程硕士参加由这些英语故事组成的书面阅读测试,题目类型见下文,并标出阅读过程中碰到的不理解的单词、语法和难句。然后,我们为难词提供中文翻译,并在实验前的一次课里,对学生标出的难句和语法向学生举例讲解。预测试后,这些学生总共标出了 45 个不熟悉或不认识的词(1.5 个/篇),但是没有标出有需要解释的语法或句法。

故事由 E-Prime 2.0 一段一段地呈现,每一段呈现完后被试按"空格键"后即从屏幕上消失,此时屏幕上立即出现一个探测词,要求被试既快又准确地判断这个词是否在前面阅读过的段落里出现过,通过按 J 或 F 键来做出反应

(J=是;F=否)。虽然在故事的第一、二和三段之后都会呈现探测词,但是只有第二段(角色控制段)之后的探测词才是实验考察点,其他两处都是填充词,为平衡"是"和"否"的总数量。第二段后的探测词都是第一段里出现过的人物角色的名字。每读完一整篇故事,被试还需要完成三道阅读理解题,以让被试在篇章处理时"为理解而读",而非简单记忆。三道理解题中,两道为正误题,第三道为选择题。这两种题型都被证明是测量阅读理解的有效工具(Brantmeier, 2004)。

根据语言(汉、英)先把故事分成两列,然后再采用拉丁方块、交叉平衡的方法,把每种语言下的实验故事共分成3套(三个实验条件),再把英汉两列故事搭配起来总共构建了18套材料(3x3x2)。在这18套材料当中,每个故事出现的语言(汉、英)以及出现的实验条件(重复提及、引进新角色、中性)的次数相等。被试随机分配到这18套材料中的一套进行实验,每名被试只能读到故事在每个实验条件下的每种语言中的一个版本。

实验前,被试会被告知,将读到一系列英、汉语小故事,都有三段,且一段一段呈现。每读完一段,会按"空格键"继续,屏幕上将立即呈现一个探测词,需要尽快准确地判断它是否在前面阅读过的段落里出现过,通过键盘按键来做出反应(J=是;F=否)。另外,每篇故事读完后,还要完成三道理解题,完成理解题的时间不限。除了口头告知外,被试还能在实验开始前的说明里读到上述说明。

在安静的教室进行实验,材料按伪随机的方式呈现。呈现方式是两篇汉语接着两篇英语,阅读前有提示性语言说明接下来的故事是英语还是汉语。我们鼓励被试按照自己的习惯进行阅读。同时,为了进一步确保被试阅读时没有词汇等难题,在实验过程中,告诉被试如果碰到了类似难题可以举手提问。正式实验前,完成两篇故事的培训。

5.6　在 RStudio 中操控数据

数据命名为"ME_total.xlsx",先把它读入 RStudio,并使用 glimpse( )函数

查看数据的结构：

```
library(tidyverse);library(readxl)
ME <- read_excel("ME_narrative.xlsx")
glimpse(ME)

## Rows: 1,202
## Columns: 35
```

导入的是使用 E-prime 自带的 E-merge 工具把每个被试的数据合并后再导出的数据。从 glimpse( ) 函数的返回结果可以看到，这个数据 1 202 行（观测），35 列（变量）。先对跟本研究相关的变量进行简单介绍：

$subj：是被试识别号，代表了不同的被试。

$language：表示阅读材料的语言，被试既阅读中文故事材料，也阅读英文故事材料，故 language 有两个水平。

$trial：反应时数据一般都存在一个 trial 变量，代表在实验时，刺激材料呈现的顺序，有的时候这个变量具有重要作用（Baayen, 2008）。

$P2：P 为 paragraph 的缩写，因此，P2 表示的是故事的第 2 段。

$P2. RT：根据 P2 的含义可以推测这个变量表示的是被试阅读第二段所用时间。

$probe2：在心理语言学研究中，probe 常用来表示探测词，因此，probe2 表示的是第二个探测词。这个变量在本研究中具有重要意义，它代表被试在读完第二段后需要作出反应的探测词。从上文可知，本研究中的探测词就是故事角色的名字，我们通过测试被试跟踪故事角色（名字）的方法来了解他们阅读的心理表征建构过程。本书试图证实的是在三种实验条件下（角色重复提及、引进新角色、中性条件），被试对角色名字的反应时间是否存在显著不同。

$probe2. ACC：了解了 probe2 的含义之后，这个变量的含义就比较容易理解了，它表示的是被试对 probe2（探测词）的反应是否正确。

$probe2. RT：了解上面两个变量的含义后，这个变量代表的含义也容易理解，表示的是被试对探测词反应的时间，是本研究的因变量。

$T1. ACC：这个变量表示的是被试对每篇故事中的第一个理解题所作答案正确与否，正确表示为 1，错误表示为 0。

$T1.RT:这个变量表示的是被试对每篇故事中的第一个理解题作答所耗时间。

$T2.ACC:这个变量表示的是被试对每篇故事中的第二个理解题所作答案正确与否,正确表示为1,错误表示为0。

$T2.RT:这个变量表示的是被试对每篇故事中的第二个理解题作答所耗时间。

$T3.ACC:这个变量表示的是被试对每篇故事中的第三个理解题所作答案正确与否,正确表示为1,错误表示为0。

$T3.CRESP:这个变量表示的每篇故事中的第三个理解题的标准答案。

$T3.RESP:这个变量表示被试对每篇故事中的第三个理解题所选择的答案。查看上面的T3.ACC这个变量会发现它只有一个值,为0,也就是说被试没有一个答案是正确的。其实真实情况并不是这样的,这是E-prime程序设计所导致的结果。T3.ACC这个变量的值要通过比较T3.CRESP和T3.RESP这两个变量的值是否一致来确定,如果这两个变量的值一致则T3.ACC=1,否则等于0。

$T3.RT:这个变量表示的是被试对每篇故事中的第三个理解题作答所耗时间。

其他变量因与后面的数据分析关联不大,故不做介绍。通过以下操作,把其他变量从数据表中去除:

```
variables <- c("subj","language","trial", "P2","P2.RT","probe2","probe2.
ACC","probe2.RT","T1.ACC","T1.RT","T2.ACC","T2.RT","T3.ACC",
               "T3.CRESP","T3.RESP","T3.RT")
ME_df1 <- ME %>%
  select(any_of(variables))

glimpse(ME_df1)

## Rows: 1,202
## Columns: 16
```

从glimpse()函数的结果可以看到,现在数据框里只剩下上面介绍过的16个变量了。首先,利用P2这个变量生成本研究最重要的自变量cond,表示被试是在哪个条件(重复角色 vs. 新角色 vs. 中性条件)对第二段的探测词

probe2 所作的反应：

```
cond <- c("old","new","neutral")
cond_match=str_c(cond,collapse = "|")
cond_match

## [1] "old|new|neutral"

ME_df2 <- ME_df1 %>%
  mutate(cond=str_extract(P2,cond_match)) %>%
  mutate(story=str_sub(probe2,-length(probe2),-5)) %>%
  mutate(language=str_sub(language,1,-5))
glimpse(ME_df2)

## Rows: 1,202
## Columns: 18
```

从 glimpse( )函数的返回值可以看出，上面的代码新生成了两个重要变量，一个是 cond 表示实验的条件，另一个是 story，表示被试阅读的是哪个故事，查看 cond 这个变量：

```
ME_df2 %>%
  count(cond)

## # A tibble: 3 × 2
##   cond        n
##   <chr>   <int>
## 1 neutral   402
## 2 new       400
## 3 old       400
```

可以看到，cond 确实有三个水平：neutral 表示中性条件，即在第二段既没有引进新的角色，也没有重复原来的角色；new 表示在第二段引进了新的角色；old 表示在第二段重复了原来的角色。再看 story 这个变量：

```
view(ME_df2 %>%
  count(story))
```

可以看到一共有 60 个故事，这是因为中英文故事各 30 个，如果结合 language 这个变量来查看 story 这个变量，则更加一目了然：

```
view(ME_df2 %>%
      count(language,story))
```

5.7　母语与外语故事理解的关系

接下来计算出每名被试完成每篇故事阅读之后所获得的阅读理解分数：

```
ME_df3 <- ME_df2 %>%
  mutate(T3.RESP=str_sub(T3.RESP,1,1)) %>%
  mutate(T3.ACC=ifelse(T3.RESP==T3.CRESP,"1","0"),
         T3.ACC=as.numeric(T3.ACC)) %>%
  mutate(compreh=T1.ACC+T2.ACC+T3.ACC)
glimpse(ME_df3)

## Rows: 1 202
## Columns: 19
```

从 glimpse( ) 函数的返回值可以看到，上面的代码生成了一个新变量 compreh，用来代表每名被试在每篇故事所获得的阅读理解分数。基于这个数值，可以获得每名被试在每种语言所获得的故事阅读理解的总分：

```
df_com <- ME_df3 %>%
  group_by(subj,language) %>%
  summarize(compr=sum(compreh)) %>%
  pivot_wider(names_from = language,
              values_from = compr) %>%
  ungroup
```

有了被试汉语和英语故事理解的分数之后，就可以使用第 3 和第 4 章所介绍的知识，检验他们的母语阅读能力是否成功迁移到二语阅读，先计算英汉语两个阅读理解分数是否显著相关：

```
cor.test(df_com$Chinese,df_com$English)

##
##  Pearson's product-moment correlation
##
## data:  df_com$Chinese and df_com$English
## t = 0.9084, df = 38, p-value = 0.3694
## alternative hypothesis: true correlation is not equal to 0
## 95 percent confidence interval:
##  -0.1736057  0.4374315
## sample estimates:
##       cor
## 0.1457878
```

从上面的相关(correlation)检验结果可以看到,被试的母语故事理解分数与其英语故事理解分数相关性并不显著($r=0.15$, $p=0.37$)。再以英语故事理解分数为因变量,汉语(母语)故事理解分数为预测变量(predictor)进行回归分析,结果如下:

```
summary(m0 <- lm(English~Chinese,data=df_com))

##
## Call:
## lm(formula = English ~ Chinese, data = df_com)
##
## Residuals:
##     Min      1Q  Median      3Q     Max
## -9.7939 -2.3281 -0.4924  2.3432  7.3843
##
## Coefficients:
##             Estimate Std. Error t value Pr(>|t|)
## (Intercept) 31.41076    3.18609   9.859 5.06e-12 ***
## Chinese      0.08218    0.09046   0.908    0.369
## ---
## Signif. codes:  0 '***' 0.001 '**' 0.01 '*' 0.05 '.' 0.1 ' ' 1
##
## Residual standard error: 3.91 on 38 degrees of freedom
## Multiple R-squared:  0.02125,    Adjusted R-squared:  -0.004502
## F-statistic: 0.8252 on 1 and 38 DF,  p-value: 0.3694
```

从上面建模的结果可以看到,被试母语故事理解分数并不是他们英语故事理解分数的显著预测变量。综合相关分析与回归分析的结果我们可以得出结论:被试的母语故事理解能力并没有成功迁移到他们的二语故事理解,"也就是他们的阅读体系出现了'熔断'"。根据我们在《心理学报》发表的那篇文章的思路,现在需要证明的是:被试的母语故事理解能力并没有成功迁移到他们的二语故事理解是否与他们在母语故事理解中的有效抑制能力并没有成功迁移到他们英语故事理解中有关。接下来的分析也是本章所介绍的整个数据分析中最重要的部分,是本章重点。

5.8 抑制机制与故事的理解加工

上文已经介绍过,这个研究中最重要的自变量是 cond,它有三个水平:

old, new 和 neutral,分别表示重复提及原来的故事角色、引进新角色和中性条件,即既没有引进新的角色也没有重复提及原来的角色。中性条件是三个水平中的基准(baseline),如果被试的反应比中性条件快,说明角色信息获得强化(enhancement),而如果被试的反应比中性条件慢则说明角色信息被抑制(suppression)。因为要在统计过程中比较被试在母语和英语阅读的不同表现,故 language(语言)也是本研究中的自变量。

在对反应时进行分析前,有两个非常重要的问题需要思考:①反应时数据的转换(data transformation);②数据筛选(data screening)。关于第一个问题,前面已经介绍过,在分布上反应时明显地呈正偏斜(positively skewed),即向右拖着一条长长的尾巴,并不符合正态分布的特点。正是因为这个原因,有很多研究者在对反应时数据进行分析时会进行转换,但存在的争议是,有研究者指出混合效应模型本身就可以克服非正态分布的问题,因此进行转换并无多大必要。而第二个问题,即数据筛选问题,则非常复杂。反应时的数据筛选一般包括两个步骤,第一个步骤一般没有争议,那就是去除反应错误的数据。我认为这个步骤就像语言测试过程中通过各种手段确保测试的信度和效度一样,反应错误的数据并不可靠。第二个步骤是异常值(outliers)处理,这个步骤有些争议,而且在细节操作上非常复杂。

本章重点讨论第一个问题,即反应时是否要进行转换的问题,对第二个问题先采取最常规的做法,到下一章再着重介绍反应时异常值处理的一些思路。另外,为了与传统的方差分析进行比较,这个章节也同时展示传统方差分析的做法,即同时计算 $F1$ 和 $F2$ 的做法。首先,对数据进行筛选(data screening)。

5.9　数据筛选

上面介绍过,反应时数据的筛选的第一步是去除反应错误的数据,这一步操作非常简单。因为要考察的是被试对变量 probe2 的反应时,因此,去除反应错误的数据的做法是确保 probe2. ACC 的值为 1:

```
ME_df4 <- ME_df3 %>%
  filter(probe2.ACC==1)
```

在完成这个步骤以后，往往需要汇报这个操作共去除多少数据，常规做法是使用 nrow( ) 函数：

```
(nrow(ME_df3)-nrow(ME_df4))/nrow(ME_df3)

## [1] 0.1589018
```

接下来，我们按常规的做法来处理反应时的异常值，那就是去除高于（或低于）平均数 2.5 个标准差的数据。我认为这么做的理据应该是在一个符合正态分布的一组分数里，高于或小于平均数 2.5 个标准差的数据是“非常不可能的”（$p<.012$）。但即使如此，这里仍然面临一个比较棘手的问题，那就是“高于或小于平均数 2.5 个标准差的数据”是相对什么条件来说的？比如，是针对所有的反应时数据来说，还是针对每一名被试的反应时数据来说的？或者是针对每个实验条件来说，还是针对每一名被试的每个实验条件来说？这些不同的做法都可能导致不同的结果。比如，如果是针对所有的反应时数据来说，在本研究里，它的 R 语言表达式应该是：

```
ME_df5 <- ME_df4 %>%
  filter(abs(scale(probe2.RT))<=2.5)
```

但是，如果是针对每一名被试来说，就应该使用 group_by 函数，先按被试分组，它的 R 语言表达式应该是：

```
ME_df5 <- ME_df4 %>%
  group_by(subj) %>%
  filter(abs(scale(probe2.RT))<=2.5)
```

如果是针对每个实验条件来说，就应该先使用 group_by 函数，先按实验条件分组，它的 R 语言表达式应该是：

```
ME_df5 <- ME_df4 %>%
  group_by(cond) %>%
  filter(abs(scale(probe2.RT))<=2.5)
```

如果是针对每一名被试每个实验条件来说,则要先使用 group_by 函数,按被试和实验条件分组,它的 R 语言表达式应该是:

```
ME_df5 <- ME_df4 %>%
  group_by(subj,cond) %>%
  filter(abs(scale(probe2.RT))<=2.5)
```

最后那种处理方法最为“严苛”,如果数据量非常大,这种方法值得考虑。每一种处理方法在语言上都应该表达明确,在一篇研究论文里,看起来只是一句话,但是体现在具体操作上却很不同。在这里,我们先选择按每一名被试来分组,读者可以尝试其他几种做法,看看最终结果是否一样:

```
ME_df5 <- ME_df4 %>%
  group_by(subj) %>%
  filter(probe2.RT>150&abs(scale(probe2.RT))<=2.5)
```

上面代码中的 filter( ) 函数,在去除每名被试高于平均数 2.5 个标准差的数据之前先去除了变量 probe2.RT 中低于 150 毫秒(MS)的数据,这是因为一般来说即使被试不受实验操控的影响,他作出反应至少也需要差不多 200 毫秒以上,因此低于 150 毫米的数值被认为是没有意义的数据。

经过这些操作以后,统计建模的前期工作基本完成,可以先尝试计算描述统计的结果:

```
ME_df5 %>%
  group_by(language,cond) %>%
  summarize(mRT=mean(probe2.RT),
          SD=sd(probe2.RT))

## `summarise()` has grouped output by 'language'. You can override usi
ng the
## `.groups` argument.
## # A tibble: 6 × 4
## # Groups:   language [2]
##   language cond      mRT    SD
##   <chr>    <chr>   <dbl> <dbl>
## 1 Chinese  neutral 1239.  797.
## 2 Chinese  new     1376.  689.
## 3 Chinese  old     1182.  727.
## 4 English  neutral 1507.  966.
## 5 English  new     1597. 1126.
## 6 English  old     1332.  683.
```

使用箱体图(geom_boxplot)来对结果进行可视化,如下:

```
ggplot(ME_df5,aes(cond,probe2.RT,fill=language))+
  geom_boxplot(notch = TRUE)+
  facet_wrap(~language)
```

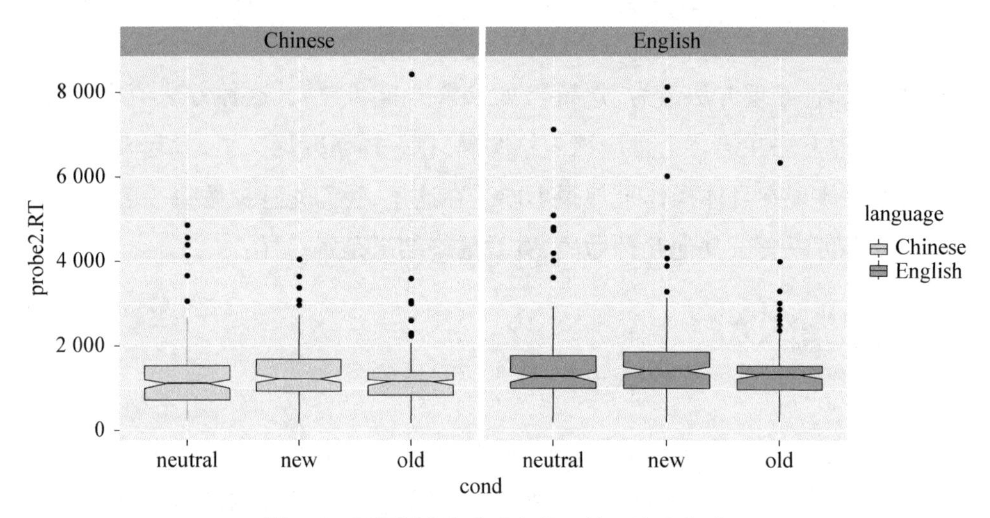

图 5.4 不同语言和实验条件下的平均反应时

从上面箱体图展现的数据分布来看,以高于平均数 2.5 标准差的标准去除异常值的操作看起来似乎不是特别成功。因为一般来说,一个箱体两端的虚线不会超过四分位距的 1.5 倍(见第 2 章),超过的就用点表示,并可被认为是异常值(outliers)(Levshina 2015: 58),但上面箱体图中的每一个箱体之外都还可以看到很多孤立的点。

数据准备好之后,就可以进行统计分析了。作为教学的目的,这里先展示使用传统的方差分析的数据分析过程,即同时计算 *F*1 和 *F*2,这么做也有利于比较传统的方差分析与混合模型的异同,认识各种方法的优势和缺点。

5.10 传统的方差分析

前面已经多次介绍过,使用传统的方差分析就是分别计算以被试作为随机因素的结果,称作为 *F*1,和以测试项作为随机因素的结果,称作为 *F*2。首先,计算 $F1$。方差分析和混合模型存在的另外一个重要区别就是方差分析需要计算平均值来表示被试在每个实验条件下的反应时。如下:

```
df1_ANOVA <- ME_df5 %>%
  mutate(subj=factor(subj),
         language=factor(language),
         cond=factor(cond)) %>%
  group_by(subj,language,cond) %>%
  summarize(mRT=mean(probe2.RT)) %>%
  ungroup

## `summarise()` has grouped output by 'subj', 'language'. You can over
ride using
## the `.groups` argument.
```

df1_ANOVA 就是用于方差分析计算 $F1$ 的数据。查看在这个“最终”数据里,每名被试在每种语言中每个实验条件下的数据量:

```
df1_ANOVA %>%
  count(subj,language,cond)

## # A tibble: 220 × 4
##    subj  language cond        n
##    <fct> <fct>    <fct>   <int>
##  1 1     Chinese  neutral     1
##  2 1     Chinese  new         1
##  3 1     Chinese  old         1
##  4 1     English  neutral     1
##  5 1     English  new         1
##  6 1     English  old         1
##  7 2     Chinese  neutral     1
##  8 2     Chinese  new         1
##  9 2     Chinese  old         1
## 10 2     English  neutral     1
## # … with 210 more rows
```

从返回结果可以看到,在这个数据里,每名被试在每种语言中每个实验条件下只有一个数据。这就是方差分析的最大特点:使用平均数来代表每种语言中每个实验条件下的数据。在最原始的数据里,每名被试在每种语言中每个实验条件下一共有 5 个数据:

```
ME_df2 %>%
  count(subj,language,cond)

## # A tibble: 240 × 4
##     subj language cond        n
##    <dbl> <chr>    <chr>   <int>
```

```
## 1      1 Chinese  neutral      5
## 2      1 Chinese  new          5
## 3      1 Chinese  old          5
## 4      1 English  neutral      5
## 5      1 English  new          5
## 6      1 English  old          5
## 7      2 Chinese  neutral      5
## 8      2 Chinese  new          5
## 9      2 Chinese  old          5
## 10     2 English  neutral      5
## # … with 230 more rows
```

可以使用第 2 章介绍的 afex 包中的 aov_4( )函数进行方差分析,因变量是 mRT,自变量是 language 和 cond,被试(subj)为随机变量:

```
aov.m0 <- afex::aov_4(mRT~language*cond+
              (language*cond|subj),
            data=df1_ANOVA)

## Warning: Missing values for following ID(s):
## 6, 27, 129, 998, 2500, 2555, 8888
## Removing those cases from the analysis.

aov.m0

## Anova Table (Type 3 tests)
##
## Response: mRT
##          Effect          df       MSE         F  ges p.value
## 1      language       1, 32  68313.40 30.68 *** .031   <.001
## 2          cond 1.75, 55.93  97912.92 12.31 *** .031   <.001
## 3 language:cond 1.95, 62.26 110752.98    2.58 + .008    .085
## ---
## Signif. codes:  0 '***' 0.001 '**' 0.01 '*' 0.05 '+' 0.1 ' ' 1
##
## Sphericity correction method: GG
```

方差分析的结果里首先出现了警示信息(Warning),提醒数据中有缺失值(missing values),一共有 7 名被试存在缺失值,他们的 ID 为:6,27,129,998,2 500,2 555,8 888。如果对最初导入的数据(ME)进行探索就会发现这 7 名被试的数据是非常完整的,为何到了这一步会出现缺失值呢?很显然,这是前面的一系列操作所导致的结果,包括去除反应错误的数据,去除异常值等等。从结果中可以看到,语言(language)和实验条件(cond)都有主效应(语言:$F(1, 32) = 30.68$, $p<.001$, $\eta^2 = .031$;实验条件:$F(1.75, 55.93) = 12.31$, $p<.001$, $\eta^2 = .031$),但是语言和实验条件的交互效应不显著($F(1.95, 62.26) = 2.58$,

p=.085, η^2=.008)。

现在,计算 $F2$,即以故事为随机变量。同样,第一步也是计算每个故事在不同语言和实验条件之下的平均值,如下:

```
df2_ANOVA <- ME_df5 %>%
  mutate(subj=factor(subj),
         language=factor(language),
         cond=factor(cond)) %>%
  group_by(story,language,cond) %>%
  summarize(mRT=mean(probe2.RT)) %>%
  ungroup

## `summarise()` has grouped output by 'story', 'language'. You can ove
rride using
## the `.groups` argument.
```

数据准备好以后,就可以使用 afex 包中的 aov_4( )函数进行 $F2$ 的方差分析:

```
aov.m1 <- afex::aov_4(mRT~language*cond+(cond|story),
            data=df2_ANOVA)

## Contrasts set to contr.sum for the following variables: language

aov.m1

## Anova Table (Type 3 tests)
##
## Response: mRT
##          Effect          df       MSE       F  ges p.value
## 1      language       1, 58 131040.09 20.28 *** .110   <.001
## 2          cond 1.73, 100.34 138156.08  9.05 *** .092   <.001
## 3 language:cond 1.73, 100.34 138156.08     0.48 .005    .593
## ---
## Signif. codes:  0 '***' 0.001 '**' 0.01 '*' 0.05 '+' 0.1 ' ' 1
##
## Sphericity correction method: GG
```

所获得的结果与 $F1$ 类似,语言(language)和实验条件(cond)都有主效应(语言:$F(1,58)$= 20.28, p<.001, η^2=0.11;实验条件:$F(1.73,100.34)$= 9.05, p<.001, η^2=.092),但是语言和实验条件的交互效应不显著($F(1.73, 100.34)$=.48, p=.593, η^2=.005)。

可以使用 emmeans 包的 emmeans( )函数对 $F1$ 和 $F2$ 中语言和实验条件的主效应进行事后检验,以分析哪两种语言,尤其是哪种实验条件之间存在显著区别,最需要关注的是 new(引进新的角色)和 neutral(中性条件)之间是否存在显著区别,以确定是否存在信息抑制。两个分析的结果都显示它们之间不存在显著区别。为节省空间此处略去详细分析过程。

概括起来,方差分体的结果显示,不管是在母语故事阅读还是在英语故事阅读,当引进新的角色的时候,被试对原来角色的反应并没有体现出抑制机制的作用,即抑制原来角色的激活,导致对它的反应时间显著比中性条件长。相反,这些结果所显示的是引进新的角色与中性条件之间的反应时不存在显著区别。

5.11 混合效应模型

在上面方差分析计算 *F*1 时,出现了报警信息,提示多名被试存在缺失值,而缺失值的处理方式是直接把这些被试从分析中删除。我们在第 4 章中介绍过,这种处理缺失值的方式极容易导致数据损失,并导致统计的一类或二类错误。混合效应模型的优势之一就是对缺失值的处理更为科学,并不需要把存在缺失值的被试全都删除。另外,第 4 章也介绍过,混合模型并不用计算平均值,而是让被试有多少个分数就保留多少个值。本节将详细展示这一分析过程。

前面介绍过,本章的重点是讨论拟合反应时数据是否要对反应时进行转换这一问题。为了方便讨论,我们分别展示没有转换和转换后的分析过程和结果。

5.11.1 反应时数据不转换

首先分析模型的结构。模型的固定效应因素(fixed-effects factors)是这个研究的自变量,即语言和实验条件,而随机效应因素(random-effects factors)是这项研究的被试和阅读材料。我们按第 4 章介绍的方法,一开始拟合一个最大模型,即直接拟合语言和实验条件交互项(language * cond),但应该如何确定模型的随机效应结构呢? 在拟合模型时,遵循“保持最大化”原则(Barr *et* *al.* , 2013),确保模型的随机效应结构既包括被试也包括测试材料相对于固定因素的随机斜率和随机截距(吴诗玉, 2019)。为了确定模型的随机效应结构,先使用 table( )函数对随机效应因素和固定效应因素之间进行交叉制表分析(cross tabulate):

```
table(ME_df5$subj,ME_df5$cond)

##
##          neutral new old
##   1            9   8  10
##   2            9   8  10
##   6            1   0  10
##   9            9   9  10
##   11           8  10   9
##   13           7   8  10
…

table(ME_df5$subj,ME_df5$language)

##
##          Chinese English
##   1           14      13
##   2           14      13
##   6            6       5
##   9           14      14
##   11          13      14
##   13          14      11
…

table(ME_df5$story,ME_df5$cond)

##
##         neutral new old
##   cS1         5   5   3
##   cS10        4   3   6
##   cS11        3   5   6
##   cS12        2   6   6
##   cS13        1   5   6
##   cS14        2   5   6
…

table(ME_df5$story,ME_df5$language)

##
##         Chinese English
##   cS1        13       0
##   cS10       13       0
##   cS11       14       0
##   cS12       14       0
##   cS13       12       0
##   cS14       13       0
…
```

依据交叉制表分析的结果，我们构建了以下最大模型。对这个最大模型进行拟合，如果模型出现不能拟合的问题，则在保证模型的解释力不变的前提下，简化随机效应结构：

```
library(lme4)

summary(mix.m0 <- lmer(probe2.RT~language*cond+
                         (1+language*cond|subj)+
                         (1+cond|story),
                       data = ME_df5),cor=F)

## boundary (singular) fit: see help('isSingular')

## Linear mixed model fit by REML ['lmerMod']
## Formula: probe2.RT ~ language * cond + (1 + language * cond | subj)
+
##     (1 + cond | story)
##    Data: ME_df5
##
## REML criterion at convergence: 15501.8
##
## Scaled residuals:
##     Min      1Q  Median      3Q     Max
## -3.8621 -0.4329 -0.1461  0.2658  9.6479
##
## Random effects:
##  Groups   Name                   Variance Std.Dev. Corr
##  story    (Intercept)             43809   209.3
##           condnew                 11869   108.9    -1.00
##           condold                 36484   191.0    -1.00  1.00
##  subj (Intercept)           198058   445.0
##      languageEnglish         42334   205.8     0.84
##      condnew                 13559   116.4     0.15  0.66
##      condold                 11359   106.6    -0.32  0.24  0.88
##      languageEnglish:condnew  49830   223.2     0.04 -0.50 -0.97 -0.93
##      languageEnglish:condold  72063   268.4    -0.73 -0.98 -0.79 -0.42 0.65
##  Residual                   423239   650.6
## Number of obs: 977, groups:  story, 60; subj, 40
##
## Fixed effects:
##                         Estimate Std. Error t value
## (Intercept)              1255.46      97.45  12.883
## languageEnglish           316.19     100.62   3.143
## condnew                   148.89      81.09   1.836
## condold                   -70.68      82.03  -0.862
## languageEnglish:condnew   -77.08     119.32  -0.646
## languageEnglish:condold  -178.23     121.37  -1.468
## optimizer (nloptwrap) convergence code: 0 (OK)
## boundary (singular) fit: see help('isSingular')
```

在这个最大模型的随机效应结构里，对被试拟合了语言（language）和实

验条件(cond)交互项的随机截距和斜率:(1+language * cond | subj),但是,对另外一个随机项——故事(story),只拟合了相对于实验条件的随机截距和随机斜率,这是因为依据交叉制表分析的结果,故事并没有出现在不同的语言中,即语言不会带来变异(variations)。但是,上述模型出现了两个问题:①convergence code:0,也就是说出现了所有混合模型使用者可能碰到的共同问题,那就是模型不能"聚敛"的问题;②singular fit(奇异拟合),仔细察看模型随机效应结构的返回信息(Random effects),会发现故事相对于实验条件(cond)的随机截距和随机斜率高度相关,达到 1,这种情况往往提示模型存在 singular fit 的问题。

这些报错信息以及模型"不能聚敛"的问题的出现可能主要是因为拟合的模型过于复杂,复杂到数据并不支持。比如,现实情况是并不存在某个效应,尤其是关于某一变量的随机斜率,但是模型却包含了对这个效应的评估。因此,我们有必要对包含了这个事实上不存在的效应进行简化。在简化的时候,我们按第 4 章介绍的两个步骤(Zuur *et al.*, 2009; Gries, 2020)来操作:①首先,在保持固定效应结构恒定的基础上,对随机效应结构进行拟合,从而找出模型的最佳随机效应结构;②然后,在保持随机效应结构恒定的基础上,对固定效应结构进行拟合,从而找出模型的最佳固定效应结构。先从模型的随机效应结构开始,对其进行简化。由于故事相对于实验条件(cond)的随机截距和随机斜率高度相关,达到 1,故先对这个部分的结构进行简化,下面是简化后的第一个模型:

```
summary(mix.m1 <- lmer(probe2.RT~language*cond+
                         (1+language*cond|subj)+
                         (1|story),
                       data = ME_df5),cor=F)

## boundary (singular) fit: see help('isSingular')

## Linear mixed model fit by REML ['lmerMod']
## Formula: probe2.RT ~ language * cond + (1 + language * cond | subj)
+
##     (1 | story)
##    Data: ME_df5
##
```

```
## REML criterion at convergence: 15508.8

## Scaled residuals:
##     Min      1Q  Median      3Q     Max
## -3.8742 -0.4475 -0.1423  0.2798  9.4392
##
## Random effects:
##  Groups   Name                      Variance Std.Dev. Corr
##  story    (Intercept)                 4983    70.59
##  subj     (Intercept)               212010   460.45
##           languageEnglish            44642   211.29    0.71
##           condnew                    20173   142.03   -0.05  0.67
##           condold                    30789   175.47   -0.39  0.36  0.91
##       languageEnglish:condnew   42334   205.75    0.11 -0.52 -0.87 -0.71
##       languageEnglish:condold   83154   288.36   -0.53 -0.98 -0.82 -0.55 0.66
##  Residual                       433115   658.11
## Number of obs: 977, groups:  story, 60; subj, 40
##
## Fixed effects:
##                         Estimate Std. Error t value
## (Intercept)              1253.79      92.57  13.544
## languageEnglish           318.96      86.67   3.680
## condnew                   151.07      79.94   1.890
## condold                   -69.21      77.99  -0.887
## languageEnglish:condnew   -82.56     115.05  -0.718
## languageEnglish:condold  -182.41     112.40  -1.623
## optimizer (nloptwrap) convergence code: 0 (OK)
## boundary (singular) fit: see help('isSingular')
```

模型仍然存在相同的问题,使用 anova( ) 函数,比较这个简化的模型和前面那个“最大模型”,以确定这两个模型之间是否存在显著区别:

```
anova(mix.m1,mix.m0,refit=FALSE)

## Data: ME_df5
## Models:
## mix.m1: probe2.RT ~ language * cond + (1 + language * cond | subj) +
 (1 | story)
## mix.m0: probe2.RT ~ language * cond + (1 + language * cond | subj) +
 (1 + cond | story)
##         npar   AIC   BIC  logLik deviance  Chisq Df Pr(>Chisq)
## mix.m1    29 15567 15708 -7754.4    15509
## mix.m0    34 15570 15736 -7750.9    15502 6.9908  5     0.2213
```

在使用 anova( ) 函数进模型比较时,需要设置 refit = FALSE 这个参数,其中逻辑和原因,我们在《第二语言加工及 R 语言应用》一书有过论述,读者可参考,此处省略。从模型比较的结果可以看出,这两个模型之间不存在显著区别,故选择这个更加简单的模型。但是由于这个更加简单的模型仍然出现问题,故仍然需要对随机结构进一步简化。限于篇幅,此处不对简化过程详细介绍,感兴趣的读者可参考随书代码。经过一系列对随机结构进行简化的操作步骤之后,所获得的模型如下:

```
summary(mix.m3 <- lmer(probe2.RT~language*cond+
                         (1|subj)+
                         (1|story),
                       data = ME_df5),cor=F)

## Linear mixed model fit by REML ['lmerMod']
## Formula: probe2.RT ~ language * cond + (1 | subj) + (1 | story)
##    Data: ME_df5
##
## REML criterion at convergence: 15528.4
##
## Scaled residuals:
##     Min      1Q  Median      3Q     Max
## -3.2116 -0.4554 -0.1529  0.2659  9.0973
##
## Random effects:
##  Groups   Name        Variance Std.Dev.
##  story    (Intercept)   4686    68.46
##  subj     (Intercept) 236607   486.42
##  Residual             446739   668.39
## Number of obs: 977, groups:  story, 60; subj, 40
##
## Fixed effects:
##                         Estimate Std. Error t value
## (Intercept)              1248.24      95.85  13.023
## languageEnglish           305.72      80.39   3.803
## condnew                   156.16      77.26   2.021
## condold                   -63.57      73.45  -0.865
## languageEnglish:condnew   -82.56     111.00  -0.744
## languageEnglish:condold  -171.08     103.85  -1.647
```

到这一步为止,模型的随机效应结构已经确定,根据上面交代的步骤,接下来应该对固定效应结构进行拟合。但是,为了方便,我们可以直接使用 afex 包括的 mixed( )函数,对模型固定效应结构进行评估:

```
afex::mixed(probe2.RT~language*cond+
        (1|subj)+
        (1|story),
      method="LRT",
      REML=FALSE,
      data = ME_df5)
```

```
## Contrasts set to contr.sum for the following variables: language, co
nd, story
## Mixed Model Anova Table (Type 3 tests, LRT-method)
##
## Model: probe2.RT ~ language * cond + (1 | subj) + (1 | story)
## Data: ME_df5
## Df full model: 9
##            Effect df     Chisq p.value
## 1        language  1 19.03 ***    <.001
## 2            cond  2 24.52 ***    <.001
## 3 language:cond  2      2.73     .256
## ---
## Signif. codes:  0 '***' 0.001 '**' 0.01 '*' 0.05 '+' 0.1 ' ' 1
```

仔细查看 mixed( )函数里面的模型结构,会发现它跟上面的拟合模型完全一样,但在 mixed( ) 函数里增加了两个参数设置:①method = "LRT";②REML=FALSE。关于 method="LRT"代表的含义,下文将详细介绍。而 REML=FALSE 的设置笔者在《第二语言加工及 R 语言应用》一书也曾做了详细介绍。当对主效应进行拟合时,我们需要把 REML 的参数设置为 FALSE。从 mixed( )函数的返回值可以看到,跟方差分析的结果类似:language 和 cond 都有主效应,但是它们没有交互效应。

这个结果是否可以作为最终结果进行报告呢?这个问题非常重要。因为如果报告这个结果的话,那么我们获得的结论跟上面方差分析是一样的,那就是不管是在母语故事阅读还是在英语故事阅读,当引进新的故事角色的时候,被试对原来角色的反应并没有体现出抑制机制的作用,即抑制原来角色的激活,导致对它的反应时间显著比中性条件长。相反,这些结果所显示的是引进新的角色与中性条件之间的反应时不存在显著区别。这个结果也与我们 2017 年所发表的结果并不一致。

前面几个章节中介绍过,模型拟合的过程一般包括三个步骤:①构建模型;②对模型进行诊断;③解读模型。我们可以先使用简单的方法对上面的模型进行诊断,那就是检测模型的残差是否符合正态分布,使用 QQ 图:

```
summary(mix.m4 <- lmer(probe2.RT~language*cond+
                        (1|subj)+
                        (1|story),REML=FALSE,
                      data = ME_df5),cor=F)

## Linear mixed model fit by maximum likelihood  ['lmerMod']
```

```
## Formula: probe2.RT ~ language * cond + (1 | subj) + (1 | story)
##    Data: ME_df5
##
##      AIC      BIC   logLik deviance df.resid
##  15607.9  15651.8  -7794.9  15589.9      968
##
## Scaled residuals:
##     Min      1Q  Median      3Q     Max
## -3.2250 -0.4589 -0.1528  0.2651  9.1257
##
## Random effects:
##  Groups   Name        Variance Std.Dev.
##  story    (Intercept)   4118    64.17
##  subj     (Intercept) 230273   479.87
##  Residual             444822   666.95
## Number of obs: 977, groups:  story, 60; subj, 40
##
## Fixed effects:
##                         Estimate Std. Error t value
## (Intercept)              1248.12      94.84  13.161
## languageEnglish           305.65      79.97   3.822
## condnew                   156.29      77.07   2.028
## condold                   -63.59      73.26  -0.868
## languageEnglish:condnew   -82.62     110.73  -0.746
## languageEnglish:condold  -170.63     103.59  -1.647

qqnorm(residuals(mix.m4))
qqline(residuals(mix.m4))
```

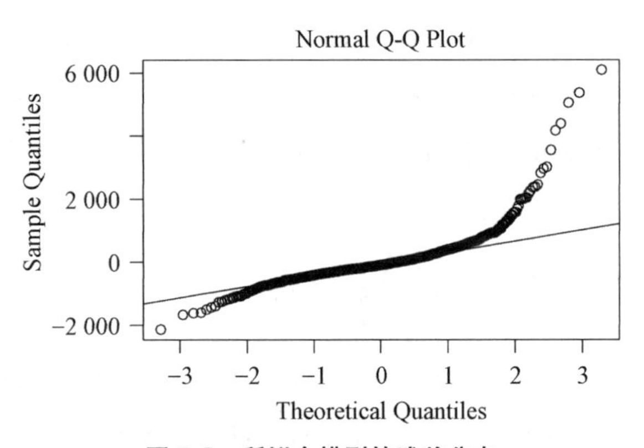

图 5.5　所拟合模型的残差分布

一般认为,如果模型残差值符合正态分布,那么图 5.5(QQ 图)中的点应该基本都落在呈 45 度的那根斜线上。很明显,有大量的点落在那根线的上方,翘尾非常严重,也有一些点落在下方。可见这个模型并不能作为最终模型进行报告。也可以使用直方图函数 hist( )来检查模型残差的分布:

```
hist(residuals(mix.m4))
```

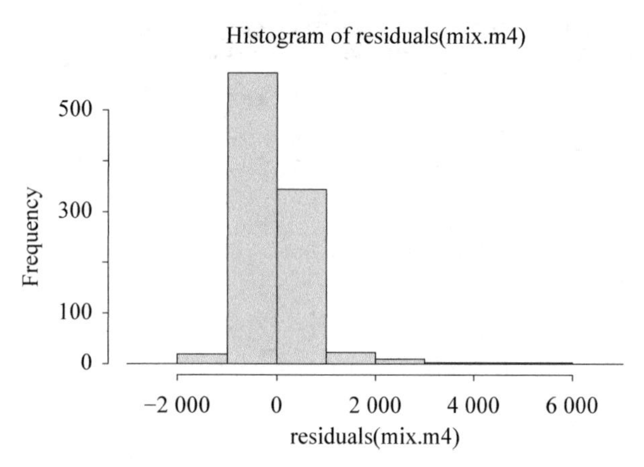

图 5.6 所拟合模型残差的直方图

可见,不管是使用 QQ 图,还是直方图,看起来模型的残差分布都有问题。需要思考的问题是:上面的模型在拟合反应时数据时,并没有对反应时数据进行转换,是不是因为这个问题导致模型拟合不够准确呢?对反应时数据进行转换是反应时分析的一个常规操作,但争议就在于混合效应模型的优势之一就在于可以克服因变量不符合正态分布这个假设前提,这看起来似乎转换又并无必要。但不管如何,从模型诊断的结果看使用上面的模型作为最终模型进行统计推断是无法接受的。既然如此,不妨再试试转换后的模型拟合。

5.11.2 反应时数据作对数转换

我们在《混合效应模型框架下反应时数据的分析:原理和实践》一文中介绍过,对像反应时这种典型的呈正偏斜的数据进行对数转换是克服这种偏斜的非常好的办法。使用 hist( ) 函数对比查看没转换和转换后的反应时数据分布直方图,如图 5.7:

```
par(mfrow=c(2,2))
hist(ME_df5$probe2.RT)
hist(log2(ME_df5$probe2.RT))
par(mfrow=c(1,1))
```

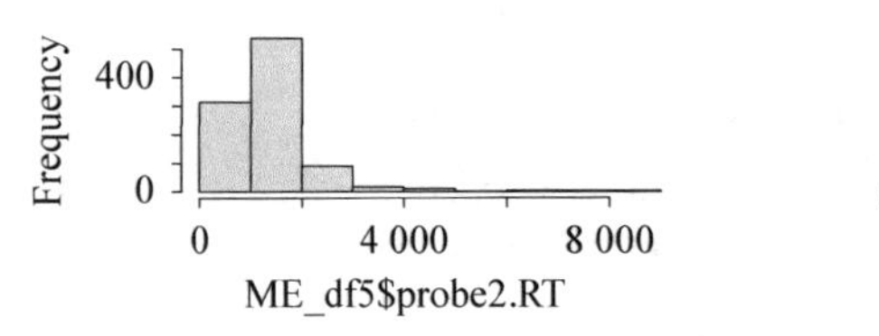

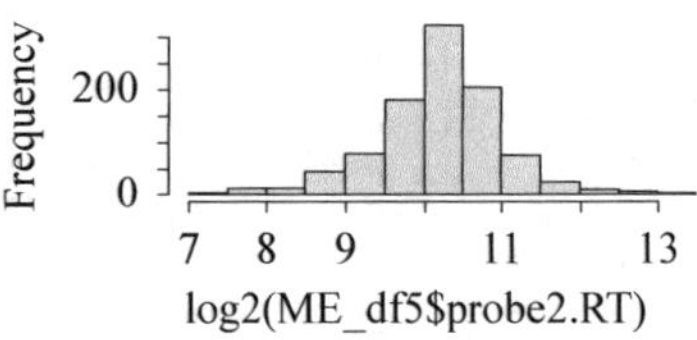

图 5.7　转换和未转换反应时分布直方图

结果一目了然,经对数转换后的数据确实呈比较明显的正态分布,这个结果为对反应时数据进行对数转换提供了非常充分的依据。基于这个想法,我们在数据框 ME_df5 的基础上,重新拟合模型。模型的随机效应结构和固定效应结构跟上面的模型完全一样,唯独需要改变的就是对因变量作对数转换:

```
summary(mix_m0 <- lmer(log(probe2.RT)~language*cond+
                         (1+language*cond|subj)+
                         (1+cond|story),
                       data = ME_df5),cor=F)

## boundary (singular) fit: see help('isSingular')
## Linear mixed model fit by REML ['lmerMod']
## Formula: log(probe2.RT) ~ language * cond + (1 + language * cond | s
ubj) + (1 + cond | story)
##    Data: ME_df5
##
## REML criterion at convergence: 899.8
##
## Scaled residuals:
##     Min      1Q  Median      3Q     Max
## -4.1887 -0.6080 -0.1100  0.5691  4.7687
##
## Random effects:
##  Groups   Name                        Variance Std.Dev. Corr
##  story    (Intercept)                 0.017465 0.1322
##           condnew                     0.006384 0.0799   -1.00
##           condold                     0.014184 0.1191   -1.00  1.00
##  subj     (Intercept)                 0.192037 0.4382
##           languageEnglish             0.030622 0.1750   -0.20
##           condnew                     0.032197 0.1794   -0.24  0.97
## 5         condold                     0.029774 0.1726   -0.46  0.86  0.9
## 9 -0.91   languageEnglish:condnew     0.032919 0.1814    0.18 -0.99 -0.9
## 3 -0.79   languageEnglish:condold     0.047019 0.2168    0.15 -0.99 -0.9 0.96
##  Residual                             0.116447 0.3412
## Number of obs: 977, groups:  story, 60; subj, 40
##
## Fixed effects:
```

```
##                           Estimate Std. Error t value
## (Intercept)                6.96317    0.07989  87.155
## languageEnglish            0.24915    0.06156   4.047
## condnew                    0.16793    0.05282   3.179
## condold                   -0.01003    0.05298  -0.189
## languageEnglish:condnew   -0.13765    0.06881  -2.000
## languageEnglish:condold   -0.13027    0.07198  -1.810
## optimizer (nloptwrap) convergence code: 0 (OK)
## boundary (singular) fit: see help('isSingular')
```

这个最大模型也出现了前面没有转换的最大模型一样的问题，但是有一种非常积极的变化就是我们看到了模型摘要中交互效项(language English: condnew)对应的 t 值等于 2。一般认为 t 值大于等于 2，结果就是显著的，也就是说经对数转换后，先前没有出现的交互效应开始显现出来。按照上面介绍的相同的原则对模型进行简化，直到获得最佳的随机效应结构。限于篇幅，此处不做详细介绍，只展示所拟合的最佳随机效应结构的混合模型：

```
summary(mix_m3 <- lmer(log(probe2.RT)~language*cond+
                         (1|subj)+
                         (1|story),
                       data = ME_df5),cor=F)

## Linear mixed model fit by REML ['lmerMod']
## Formula: log(probe2.RT) ~ language * cond + (1 | subj) + (1 | story)
##    Data: ME_df5
##
## REML criterion at convergence: 922
##
## Scaled residuals:
##     Min      1Q  Median      3Q     Max
## -4.2421 -0.6151 -0.1108  0.5584  4.5782
##
## Random effects:
##  Groups   Name        Variance Std.Dev.
##  story    (Intercept) 0.0028   0.05291
##  subj     (Intercept) 0.1690   0.41111
##  Residual             0.1253   0.35395
## Number of obs: 977, groups:  story, 60; subj, 40
##
## Fixed effects:
##                           Estimate Std. Error t value
## (Intercept)               6.952529   0.072127  96.393
## languageEnglish           0.254169   0.043839   5.798
## condnew                   0.176920   0.041024   4.313
## condold                   0.001814   0.039075   0.046
## languageEnglish:condnew  -0.144745   0.058934  -2.456
## languageEnglish:condold  -0.138740   0.055166  -2.515
```

跟前面介绍的一样,直接使用 afex 包的 mixed( )函数,对模型固定效应结构进行评估:

```
afex::mixed(log(probe2.RT)~language*cond+
                         (1|subj)+
                         (1|story),
            REML=FALSE,
            method = "LRT",
            data = ME df5)
## Contrasts set to contr.sum for the following variables: language, co
nd, story
## Mixed Model Anova Table (Type 3 tests, LRT-method)
##
## Model: log(probe2.RT) ~ language * cond + (1 | subj) + (1 | story)
## Data: ME_df5
## Df full model: 9
##            Effect df     Chisq p.value
## 1        language  1 28.01 ***   <.001
## 2            cond  2 36.13 ***   <.001
## 3 language:cond  2    8.06 *     .018
## ---
## Signif. codes:  0 '***' 0.001 '**' 0.01 '*' 0.05 '+' 0.1 ' ' 1
```

上面的结果显示:语言和实验条件都有显著的主效应,更重要的是这两个变量还有显著的交互效应($\chi^2(2)=8.06$, $p=.018$)。有了交互效应之后,这个结果就开始变得复杂也因此变得有趣。但问题是,上面这个模型是否可以作为最终模型,并用它来进行推理呢?也不妨使用直方图,来查看模型的残差分布:

```
summary(mix_m4 <- lmer(log(probe2.RT)~language*cond+
                         (1|subj)+
                         (1|story),REML=FALSE,
                       data = ME_df5),cor=F)
## Linear mixed model fit by maximum likelihood  ['lmerMod']
## Formula: log(probe2.RT) ~ language * cond + (1 | subj) + (1 | story)
##    Data: ME_df5
##
##      AIC      BIC   logLik deviance df.resid
##    912.1    956.0   -447.0    894.1      968
##
## Scaled residuals:
##     Min      1Q  Median      3Q     Max
## -4.2538 -0.6172 -0.1121  0.5568  4.5898
##
## Random effects:
##  Groups   Name        Variance Std.Dev.
##  story    (Intercept) 0.002619 0.05118
##  subj     (Intercept) 0.164672 0.40580
```

```
##  Residual              0.124735 0.35318
## Number of obs: 977, groups:  story, 60; subj, 40
##
## Fixed effects:
##                         Estimate Std. Error t value
## (Intercept)             6.952467   0.071298  97.513
## languageEnglish         0.254158   0.043604   5.829
## condnew                 0.176976   0.040924   4.325
## condold                 0.001782   0.038977   0.046
## languageEnglish:condnew -0.144890   0.058791  -2.464
## languageEnglish:condold -0.138519   0.055029  -2.517

hist(residuals(mix_m4))
```

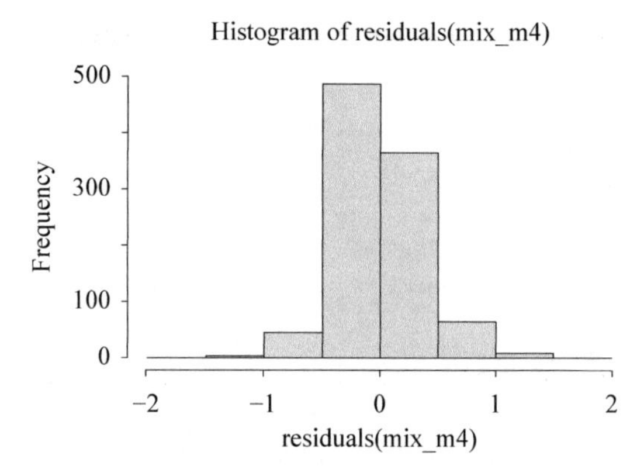

图 5.8　所拟合模型的残差分布直方图

从残差分布的直方图看,这个模型确实比上面的模型改进了很多! 再看残差的 QQ 图:

```
qqnorm(residuals(mix_m4))
qqline(residuals(mix_m4))
```

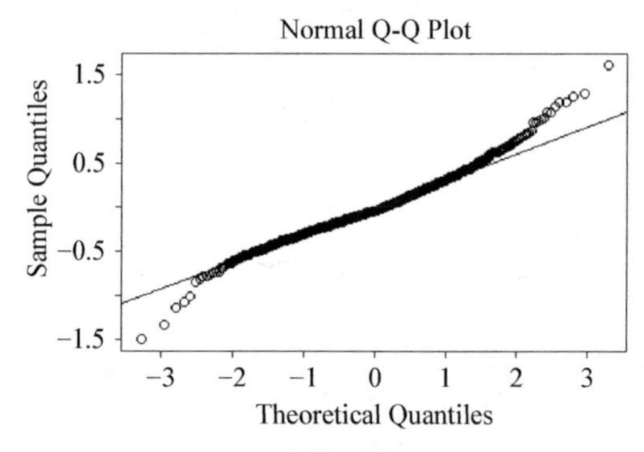

图 5.9　所拟合模型的残差 QQ 图

可以看出,残差的 QQ 图也比上面的未经转换的反应时模型改进了很多!但是,不管是从模型残差的直方图看,还是从残差的 QQ 图看,这个模型也仍然不是特别理想,仍然存在“翘尾”问题。使用 MuMIn 包的 r. squaredGLMM( )函数,查看模型的解释力:

```
MuMIn::r.squaredGLMM(mix_m4)

## Warning: 'r.squaredGLMM' now calculates a revised statistic. See the
 help page.
##             R2m       R2c
## [1,] 0.03993928 0.5899221
```

一共可以看到两个用来衡量模型的解释力的值:R2m 和 R2c。前者主要表示的是模型的固定效应因素所能解释的方差,而后者是整个模型所能解释的方差。一般来说,这两个值越大越好,而且前者跟后者两个值不要相差太大。但从上面的两个值看,第一个值比较小,而且与第二个值相差很大。这似乎告诉我们,这个模型固定效应因素的解释力并不强。这个原因有很多,模型固定效应因素的解释力不强或许是因为从实验设计看,被试和测试材料的量不够,这个问题需要进行功效分析(power analysis)才能判定。在后续章节若空间允许,我们会对这一问题进行专门介绍,本章不做详细说明。另外,也可能是因为还有重要变量没有进入模型或者没有在实验中进行测试。就本章研究来说,我们可以把 trial 这个变量放进模型,以考察模型拟合的效果:

```
summary(mix_m5<- lmer(log(probe2.RT)~language*cond+
                         scale(trial)+
                         (1|subj)+
                         (1|story),REML = FALSE,
                       data = ME_df5),cor=F)

## Linear mixed model fit by maximum likelihood  ['lmerMod']
## Formula: log(probe2.RT) ~ language * cond + scale(trial) + (1 | subj)
 +
##     (1 | story)
##    Data: ME_df5
##
##      AIC      BIC   logLik deviance df.resid
##    738.2    787.0   -359.1    718.2      967
##
## Scaled residuals:
##     Min      1Q  Median      3Q     Max
## -4.0045 -0.5910 -0.1127  0.5185  4.8009
##
```

```
## Random effects:
##  Groups   Name        Variance Std.Dev.
##  story    (Intercept) 0.001826 0.04273
##  subj     (Intercept) 0.169361 0.41153
##  Residual             0.103557 0.32180
## Number of obs: 977, groups:  story, 60; subj, 40
##
## Fixed effects:
##                          Estimate Std. Error t value
## (Intercept)              6.946534   0.070883  98.000
## languageEnglish          0.271567   0.039430   6.887
## condnew                  0.185763   0.037269   4.984
## condold                 -0.008852   0.035501  -0.249
## scale(trial)            -0.145737   0.010471 -13.918
## languageEnglish:condnew -0.162151   0.053548  -3.028
## languageEnglish:condold -0.125275   0.050112  -2.500
```

当把 trial 这个变量放进模型之后,我们观察到模型的统计摘要的回归系数出现了重要变化,而且交互效应的 t 值也增大了很多,这是一个让人感觉非常鼓舞的结果。上面介绍过,trial 是数值型变量,表示的是在每个实验中,每名被试所阅读的实验刺激材料呈现的顺序。值得注意的是 mix_m5 只拟合了 trial 与反应时的线性关系,另有一种可能是 trial 和反应时不是简单的线性关系,而是曲线关系:

```
summary(mix_m6<- lmer(log(probe2.RT)~language*cond+
                         poly(scale(trial),2)+
                         (1|subj)+
                         (1|story),REML = FALSE,
                       data = ME_df5),cor=F)
## Linear mixed model fit by maximum likelihood  ['lmerMod']
## Formula: log(probe2.RT) ~ language * cond + poly(scale(trial), 2) +
(1 |
##     subj) + (1 | story)
##    Data: ME_df5
##
##      AIC      BIC   logLik deviance df.resid
##    729.9    783.7   -354.0    707.9      966
##
## Scaled residuals:
##     Min      1Q  Median      3Q     Max
## -4.2233 -0.5849 -0.0912  0.5549  4.8833
##
## Random effects:
##  Groups   Name        Variance Std.Dev.
##  story    (Intercept) 0.001641 0.04051
##  subj     (Intercept) 0.168997 0.41109
##  Residual             0.102571 0.32027
```

```
## Number of obs: 977, groups:  story, 60; subj, 40
##
## Fixed effects:
##                            Estimate Std. Error t value
## (Intercept)                6.943150   0.070730  98.164
## languageEnglish            0.274920   0.039099   7.031
## condnew                    0.186914   0.037081   5.041
## condold                   -0.002555   0.035372  -0.072
## poly(scale(trial), 2)1    -4.552706   0.325425 -13.990
## poly(scale(trial), 2)2     1.042982   0.324640   3.213
## languageEnglish:condnew   -0.160194   0.053278  -3.007
## languageEnglish:condold   -0.132853   0.049910  -2.662
```

快速查看模型的统计摘要会发现曲线关系果然成立,对应的 t 值都大于 2,也可以使用 anova( ) 函数进行模型比较来检验:

```
anova(mix_m5,mix_m6)

## Data: ME_df5
## Models:
## mix_m5: log(probe2.RT) ~ language * cond + scale(trial) + (1 | subj)
 + (1 | story)
## mix_m6: log(probe2.RT) ~ language * cond + poly(scale(trial), 2) +
(1 | subj) + (1 | story)
##        npar    AIC    BIC  logLik deviance  Chisq Df Pr(>Chisq)
## mix_m5   10 738.19 787.03 -359.09   718.19
## mix_m6   11 729.93 783.66 -353.97   707.93 10.253  1   0.001364 **
## ---
## Signif. codes:  0 '***' 0.001 '**' 0.01 '*' 0.05 '.' 0.1 ' ' 1
```

从比较的结果可以看出,这两个模型存在显著区别,可见曲线关系成立。再次使用 MuMIn 包的 r. squaredGLMM( ) 函数,查看模型的解释力:

```
MuMIn::r.squaredGLMM(mix_m6)

##            R2m       R2c
## [1,] 0.112371 0.666757
```

从结果看,模型的解释力比不包含 trial 的模型的解释力增加了很多! 使用 hist( ) 函数检查模型的残差值的分布:

```
hist(residuals(mix_m6))
```

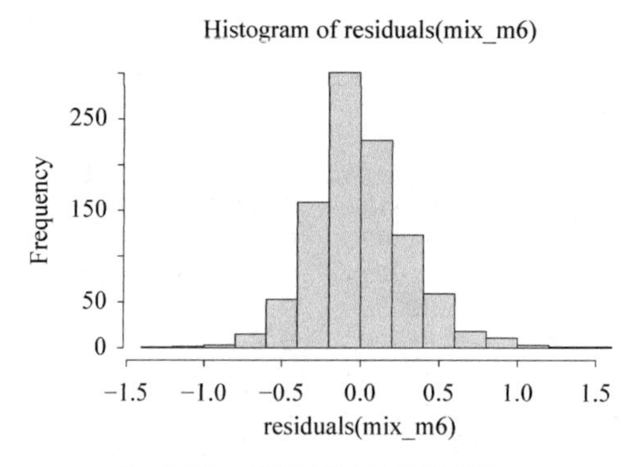

图 5.10 模型残差分布直方图

让人鼓舞的是,模型的残差分布看起来非常接近于正态分布。因此,我们使用这个模型作为终极模型,用来解释和推理:

```
finalModel <- mix_m6

summary(finalModel,cor=F)

## Linear mixed model fit by maximum likelihood  ['lmerMod']
## Formula: log(probe2.RT) ~ language * cond + poly(scale(trial), 2) +
(1 |
##     subj) + (1 | story)
##    Data: ME_df5
##
##      AIC      BIC   logLik deviance df.resid
##    729.9    783.7   -354.0    707.9      966
##
## Scaled residuals:
##     Min      1Q  Median      3Q     Max
## -4.2233 -0.5849 -0.0912  0.5549  4.8833
##
## Random effects:
##  Groups   Name        Variance Std.Dev.
##  story    (Intercept) 0.001641 0.04051
##  subj     (Intercept) 0.168997 0.41109
##  Residual             0.102571 0.32027
## Number of obs: 977, groups:  story, 60; subj, 40
##
## Fixed effects:
##                          Estimate Std. Error t value
## (Intercept)              6.943150   0.070730  98.164
## languageEnglish          0.274920   0.039099   7.031
## condnew                  0.186914   0.037081   5.041
## condold                 -0.002555   0.035372  -0.072
## poly(scale(trial), 2)1  -4.552706   0.325425 -13.990
## poly(scale(trial), 2)2   1.042982   0.324640   3.213
## languageEnglish:condnew -0.160194   0.053278  -3.007
## languageEnglish:condold -0.132853   0.049910  -2.662
```

模型中各个分类变量使用的是 treatment coding,即虚拟编码(参见吴诗玉 2019),根据这一点,可以从模型摘要中的回归系数表直接看到:在控制了实验材料的阅读顺序(trial)的影响后,在母语的故事阅读中当引进了新的角色后,被试对探测词的反应显著长于中性条件(β=0.19, SE=0.04, t=5.04)。因为 t 值远大于 2,此处可以不报告 p 值,而直接得出显著的结果。可见,在母语的故事理解加工过程中,抑制机制发挥了非常重要的作用:在新的角色引进后,它抑制了先前角色的激活。从这个回归系数表里,无法看到在英语阅读中抑制机制是否也发挥了作用。有一个办法是使用 relevel( ) 函数,修改语言这个变量的参照水平(参见吴诗玉,2021):

```
ME_df6 <- ME_df5 %>%
  mutate(language=factor(language))

ME_df6$language <- relevel(ME_df6$language,ref="English")

summary(mix_m7<- lmer(log(probe2.RT)~language*cond+
                         poly(scale(trial),2)+
                         (1|subj)+
                         (1|story),REML = FALSE,
                       data = ME_df6),cor=F)

## Linear mixed model fit by maximum likelihood  ['lmerMod']
## Formula: log(probe2.RT) ~ language * cond + poly(scale(trial), 2) +
(1 |
##     subj) + (1 | story)
##    Data: ME_df6
##
##      AIC      BIC   logLik deviance df.resid
##    729.9    783.7   -354.0    707.9      966
##
## Scaled residuals:
##     Min      1Q  Median      3Q     Max
## -4.2233 -0.5849 -0.0912  0.5549  4.8833
##
## Random effects:
##  Groups   Name        Variance Std.Dev.
##  story    (Intercept) 0.001641 0.04051
##  subj     (Intercept) 0.168997 0.41109
##  Residual             0.102571 0.32027
## Number of obs: 977, groups:  story, 60; subj, 40
##
## Fixed effects:
##                         Estimate Std. Error t value
```

```
## (Intercept)                7.21807    0.07108 101.549
## languageChinese           -0.27492    0.03910  -7.031
## condnew                    0.02672    0.03833   0.697
## condold                   -0.13541    0.03620  -3.741
## poly(scale(trial), 2)1  -4.55271    0.32543 -13.990
## poly(scale(trial), 2)2   1.04298    0.32464   3.213
## languageChinese:condnew  0.16019    0.05328   3.007
## languageChinese:condold  0.13285    0.04991   2.662
```

从回归系数表里可以看到,在英语故事理解加工过程中,当引进了新的角色后,被试对探测词的反应时与中性条件没有区别($\beta = 0.03$, SE = 0.04, $t = 0.70$)。可见,在母语的故事理解加工过程中,抑制机制发挥了非常重要的作用,但是在英语故事理解中抑制机制并没有发挥作用。综合被试在故事理解测试的表现,我们可以得出结论:被试的母语故事理解能力并没有成功迁移到他们的二语故事理解看起来与他们在母语故事理解中的有效的抑制能力并没有成功迁移到他们英语故事理解中相关联。

5.11.3 转换还是不转换

转换还是不转换是本章介绍反应时数据分析的重点。因此,有必要再作总结。从上面的结果看,对反应时数据进行转换具有充分的理据。一方面,经对数转换后,反应时的分布明显更符合正态分布;另一方面,经转换后所拟合的模型显然好于未经转换后的模型,更重要的是,转换和不转换获得了非常不一样的结果!

但是,我们是否可以把上面未经转换的模型获得的不显著结果归咎于是因为没有对反应时作对数转换呢?未必!我们在上面对未经转换的模型进行诊断的时候发现,这个模型最大的问题是存在明显的“翘尾”问题,即模型受到了很大的异常值的影响。也就是说,不显著的结果极有可能是这些异常值导致的结果。既然如此,我们不妨在模型诊断的基础上,对这个模型的异常值进行筛选,然后重新拟合模型。筛选的方法是使用我们在《混合效应模型框架下反应时数据的分析:原理和实践》一文中所介绍的基于模型(model-based)的异常值处理方法。这个方法是我们下一章介绍的重点,此处不详细介绍,读者可参看下一章,也可以参看我们发表的这篇论文:

```
summary(mix.m5 <- lmer(probe2.RT~language*cond+
                         (1|subj)+
                         (1|story),REML=FALSE,
                       data = ME_df5,
                       subset = abs(scale(resid(mix.m4)))<2.5),
        cor=F)

## boundary (singular) fit: see help('isSingular')

## Linear mixed model fit by maximum likelihood  ['lmerMod']
## Formula: probe2.RT ~ language * cond + (1 | subj) + (1 | story)
##    Data: ME_df5
##  Subset: abs(scale(resid(mix.m4))) < 2.5
##
##      AIC      BIC   logLik deviance df.resid
##  14396.9  14440.7  -7189.5  14378.9      945
##
## Scaled residuals:
##     Min      1Q  Median      3Q     Max
## -2.7318 -0.6248 -0.1910  0.4596  4.7690
##
## Random effects:
##  Groups   Name        Variance Std.Dev.
##  story    (Intercept)      0     0.0
##  subj     (Intercept) 161898   402.4
##  Residual             180963   425.4
## Number of obs: 954, groups:  story, 60; subj, 40
##
## Fixed effects:
##                         Estimate Std. Error t value
## (Intercept)              1175.63      73.07  16.089
## languageEnglish           264.24      50.56   5.227
## condnew                   210.37      49.56   4.245
## condold                   -26.56      47.04  -0.565
## languageEnglish:condnew  -171.29      71.74  -2.388
## languageEnglish:condold  -139.13      66.63  -2.088
## optimizer (nloptwrap) convergence code: 0 (OK)
## boundary (singular) fit: see help('isSingular')
```

快速查看模型的统计摘要会发现与转换后的模型有相似之处,交互项的 t 值大于 2,即显著。但是,这个模型看似有两个前面已经介绍过的问题:①convergence code:0;②singular fit(奇异拟合)。在我们不可能增加数据量的情况下,碰到这两个问题一般可能会考虑两个选择:①使用 rstanarm, brms 等包中的函数,进行贝叶斯数据分析(Bayesian data analysis);②有充足的理由不认为这两个问题是问题,就像 Bolkers(2019)指出,“相反,如果出于哲学原因选择保留这些参数,则不会改变任何答案。”此处不讨论贝叶斯数据分析,而是选择“容忍”上述两个问题。对模型的残差值进行检验:

```
hist(residuals(mix.m5))
```

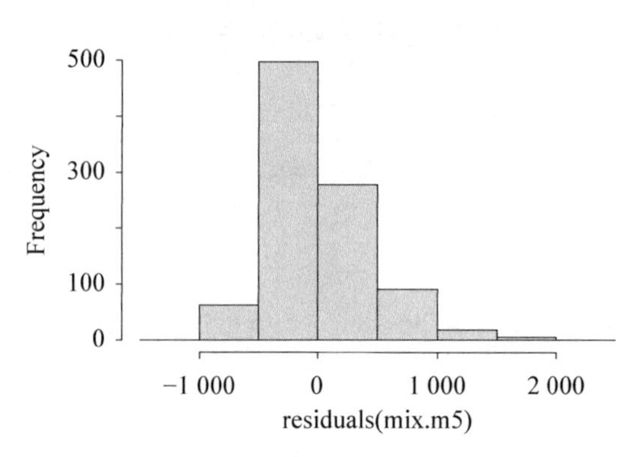

图 5.11 新拟合模型的残差分布直方图

```
qqnorm(residuals(mix.m5))
qqline(residuals(mix.m5))
```

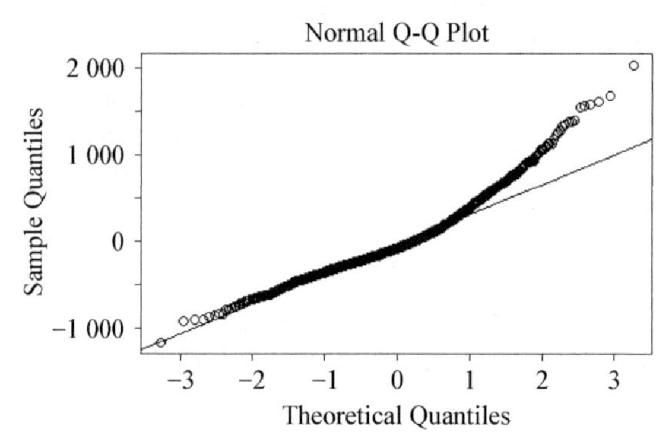

图 5.12 新拟合模型的残差 QQ 图

相比最初没有转换的模型,这个新的模型似乎有了不少改善,但仍然不够满意。读者可以尝试把 trial 变量加进模型重新拟合,看看模型的解释力是否获得提高。

尽管在模型诊断的基础上通过进一步删除异常值,提升了模型拟合的效果,并因此也获得了显著的交互效应,但毕竟相比对数转换,这种做法导致了更多的数据损失,是一件很难容忍的事情。这也是为什么在笔者自己的研究中,在对反应时的分布进行初步分析后往往会对其进行对数转换的原因。

5.12　mixed( )函数的 method 问题

回顾上面拟合的经对数转换后的模型,我们在随机效应结构完成拟合后,是使用 afex 包的 mixed( )函数来获得模型固定效应因素的主效应和交互效应的,如下:

```
afex::mixed(log(probe2.RT)~language*cond+
                          poly(scale(trial),2)+
                          (1|subj)+
                          (1|story),
            REML = FALSE,
            method = "LRT",
                        data = ME_df5)

## Contrasts set to contr.sum for the following variables: language, co
nd, story
## Numerical variables NOT centered on 0: trial
## If in interactions, interpretation of lower order (e.g., main) effec
ts difficult.

## Mixed Model Anova Table (Type 3 tests, LRT-method)
##
## Model: log(probe2.RT) ~ language * cond + poly(scale(trial), 2) + (1
 |
## Model:     subj) + (1 | story)
## Data: ME_df5
## Df full model: 11
##                  Effect df     Chisq p.value
## 1               language  1  39.82 ***   <.001
## 2                   cond  2  45.72 ***   <.001
## 3 poly(scale(trial), 2)  2 186.13 ***   <.001
## 4          language:cond  2  10.56 **     .005
## ---
## Signif. codes:  0 '***' 0.001 '**' 0.01 '*' 0.05 '+' 0.1 ' ' 1
```

函数返回值的结果证实了语言(language)和实验条件(cond)存在显著的交互效应:($\chi^2(2)=10.56$, $p=.005$)。读者可能注意到,在报告这个结果的时候,使用的是χ^2值。对此,有很多读者感到疑惑:为什么是使用χ^2值?不是要使用 F 值吗?亦有读者给我写信,说在论文中报告χ^2值结果受到质疑,为什么连续型变量(反应时),使用的是χ^2 值而不是 F 值?不管是 z 值,t 值,还是 F 或χ^2 值,其实它们不过是一种概率分布,我们基于这种概率分布来获得样本出现的概率。这里之所以是χ^2 值,就是因为我们在 mixed()函数里把 method 这个参数设定为:method = "LRT",LRT 全称为 likelihood ratio test,这种方法我们在《第二语言加工及 R 语言应用》一书中作过论述,是模型比较常用的方法:使用相同数据拟合的包含某个项的模型与不包含该项的模型进行比较,以发现这两个模型是否存在显著区别,从而确定这个项的影响是否显著,比较的结果就是基于χ^2 分布来作出统计推断。如果想使用 F 分布,只要把 method 参数设置为 method = "KR"就行了:

```
afex::mixed(log(probe2.RT)~language*cond+
              poly(scale(trial),2)+
              (1|subj)+
              (1|story),
            method = "KR",
            data = ME_df5)

## Contrasts set to contr.sum for the following variables: language, co
nd, story

## Numerical variables NOT centered on 0: trial
## If in interactions, interpretation of lower order (e.g., main) effec
ts difficult.

## Mixed Model Anova Table (Type 3 tests, KR-method)
##
## Model: log(probe2.RT) ~ language * cond + poly(scale(trial), 2) + (1
 |
## Model:     subj) + (1 | story)
## Data: ME_df5
##                  Effect         df          F p.value
## 1              language   1, 56.56   56.02 ***   <.001
## 2                  cond 2, 923.56   23.27 ***   <.001
## 3 poly(scale(trial), 2) 2, 928.50 102.01 ***   <.001
## 4         language:cond 2, 921.32    5.26 **     .005
## ---
## Signif. codes:  0 '***' 0.001 '**' 0.01 '*' 0.05 '+' 0.1 ' ' 1
```

可以看到,获得的结果跟使用 LRT 的方法类似,KR 是 Kenward-Roger 的简称。除这两种方法外,也可以使用 the "Scatterwaite" approximation,只要把 method 定义为:method = "S"即可:

```
ME_df5 <- ME_df5 %>%
  mutate(trial=as.vector(scale(trial)))

afex::mixed(log(probe2.RT)~language*cond+
              poly(trial,2)+
              (1|subj)+
              (1|story),
            method = "S",
            REML=FALSE,
            data = ME_df5)

## Contrasts set to contr.sum for the following variables: language, co
nd, story
## Mixed Model Anova Table (Type 3 tests, S-method)
##
## Model: log(probe2.RT) ~ language * cond + poly(trial, 2) + (1 | subj)
 +
## Model:     (1 | story)
## Data: ME_df5
##           Effect        df          F p.value
## 1       language  1, 60.59  59.76 ***   <.001
## 2           cond 2, 931.22  23.85 ***   <.001
## 3 poly(trial, 2) 2, 934.03 108.45 ***   <.001
## 4  language:cond 2, 928.62    5.25 **    .005
## ---
## Signif. codes:  0 '***' 0.001 '**' 0.01 '*' 0.05 '+' 0.1 ' ' 1
```

前人的研究表明,这三种方法各有利弊(Luke, 2017),有一种策略就是三种方法都试一遍,如果结果相同则说明结果具有可靠和稳定性。

第6章　反应时行为数据的拟合(Ⅱ)：异常值的处理

本章以笔者新近发表在 SSCI 期刊 *Journal of Psycholinguistic Research* (2023,52(1):283-305)名为 *The Effects of Over- and Under-Specified Linguistic Input on L2 Online Processing of Referring Expressions* 的文章为例,介绍反应时数据的异常值处理方法。实际上,围绕类似主题,我们课题组做了多个实验,既调查了中国的英语(二语)学习者,也调查了汉语本族语者,还调查了我国的维吾尔语使用者。实验的结果陆续发表在《现代外语》《外语教学理论与实践》《外语教学与研究》和 *Journal of Pragmatics*,新近文章则发表在 *Journal of Psycholinguistic Research* 上。笔者在2019年出版的《第二语言加工及R语言应用》一书中也已经展示过部分数据分析。本章的主要目的是介绍反应时数据的异常值(outliers)处理。在研究背景上,与之前的研究非常相似,包括研究的背景以及动机。了解和阅读这部分内容可以帮助读者理解本章后面数据分析的逻辑。

6.1　研 究 背 景

格赖斯原理(Grice 1957, 1975)描述了在通常的会话情境中人们如何遵循一些共同的原则和方式,以使交际顺利进行。其中,“量的原理”(maxim of quantity)提出,语言会话的双方在交际中必须做到“信息最优”(optimal informativeness):①提供语境所需的足够量的信息;②不提供超过必要的信息,即冗余信息。比如,在语境中有一个苹果时,只需要说 *the apple*,但是在有两个苹果时,则必须提供修饰语(如 *the big apple*)以明确具体指代。如果违背①,比如在有两个苹果时不提供修饰语会导致指代不明,我们称之为信息不足(under-specification);相反,如果违背②,比如在只有一个苹果时提供冗余的修饰语,我们称之为信息过量(over-specification)(见 Engelhardt *et al.*, 2006: 554)。不管是信息"过量"还是"冗余",根据格赖斯的观点,都可能导致推理或会话含义。比如,在只有一个苹果时,说 the big apple,就可能导致听话者猜测(或推理):为何说话者要提供看起来明显多余的信息? 难道在后文里"big"是一个重要信息? 同样,如果语境中有两个苹果,说 the apple,就可能诱导听话者猜测说话者到底指哪个苹果,说话者说出指代不明的话语背后是否存在什么交际意图。比如,是否本来就不希望具体指明哪一个苹果?(见 Fukumura & van Gompel, 2017)。

格赖斯原理早已成为语用学领域的理论经典,然而在实际交际中该原理是否具有心理现实性吸引了很多心理语言学者的兴趣。比如,违背格赖斯而导致的推理或会话含义,是否会给语言的理解加工带来"麻烦"? 之前的研究结果充满争议,出现了相互矛盾甚至针锋相对的研究结果。比如,Engelhardt 等(2006)开展了听觉判断实验和视觉产出实验,检验被试在话语交际中对信息过量和信息不足的敏感性。在听觉判断实验里,要求被试判断听到的句子是否正确地描述了他们所看到的前后两组图片的变化。结果显示被试对信息不足的句子非常敏感,但是对信息过量并不敏感。在视觉产出实验里,要求被试用一句话描述前后两组图片发生的变化。他们认为,如果被试的言语行为严格遵循格赖斯原理,那么大部分时间他们应该产出"信息最优"的句子。但是,结果却出乎预料,被试有超过三分之一的句子都是过度描述,却基本不会产出信息不足的句子。据此,他们认为语言使用者最多只是"温和"的格赖斯主义者,语言加工的初始阶段只部分地受格赖斯原理的制约。

然而,上述结果并未获得其他学者的认同。Davies & Katsos(2013)指出,Engelhardt 等的实验在语境、指代物的突显度和数据采集方法上存在一些明显缺陷,造成被试对信息过量不敏感。在对这些问题进行修正后,他们采用相同的实验材料和范式重复实验,发现被试对信息过量和信息不足都很敏感,格赖斯语用原理具有解释力。

以上都是针对单语者的相关研究，针对双语者或者二语环境下的研究则展现了一幅不同的图景。首先，二语研究领域较早就关注二语学习者语用能力的习得和发展，并形成一些共识。比如，研究发现，二语学习者的语法能力与语用能力发展的步调并不一致，即使已经达到很高的二语水平也并不表明他们已经习得如本族语者的语用能力（Bardovi-Harlig，2012）；如果不刻意进行教学，他们也不能有效地理解言语交际中的“会话含义”（Bouton，1994）。但在第二语言加工研究领域，尽管学者们在二语语音、词汇、形态、句法以及篇章加工等层面上开展了广泛的实验（见蒋楠等，2016），却几乎没有见到有关格赖斯语用原理与第二语言加工相关问题的探讨。比如，格赖斯语用原理对二语学习者是否也具有心理现实性？“信息最优”如何影响第二语言的句法加工？回答这些问题可以帮助认识第二语言加工的一些重要和独特的发生机制。总之，学术界仍然需要更多来自不同渠道、不同语言甚至跨语言的实证证据。一方面，进一步澄清学术界存在的争议，另一方面，回答格赖斯量的原理是否具有心理现实性这一问题，即它到底只是一套“抽象”的交际理论，还是相反。从心理语言学的视角看，对语言的理解加工也具有很强的预测作用。有鉴于此，本研究采用移动窗口技术，使用在线阅读任务，通过探测被试阅读的时间进程来测量他们的心理认知过程。

6.2　实验设计

实验通过移动窗口技术，记录被试在阅读如表6.1所示的句子对（sentence pairs）的时间。每个句子对有两句话，第一句称作为语境句（context sentence），设置了指称语境，交代了指代对象及其数量。第二句是目标句（target sentence），提及了语境句中的指代对象，它的主语或者是光杆名词（bare noun），如（1ab）；或者是一个由表示大小的形容词修饰的名词，如（1cd）。在语境句中，如果名词前有数字一（one）修饰（如one ring），就称之为一个指代物的语境，如（1a）和（1c）；如果名词前由数字十（ten）修饰（如ten rings），就称之为十个指代物的语境，如（1b）和（1d）。当语境句中有十个指代物,目标句中使用光杆名词作主语时,导致信息不足,出现歧义(1b);而当语境句中只有一个指代物,目标句使用受形容词修饰的名词作主语时,导致信息过量,出现冗余(1c)。我们认为,如果被试的语言加工,严格受格赖斯量的原理的制约,指称歧义和指称冗余都会即刻干扰理解加工过程。从测量指标看,在有十个指代物的语境句(如 1b)里,阅读目标句中光杆名词的时间会比在只有一个指代物的语境(如 1a)里的阅读时间更长;而在只有一个指代物的语境里阅读目标句(如 1c)中带有修饰语的名词的时间要比在有十个指代物语境(如 1d)里的阅读时间更长。

表 6.1　实验材料范例

语　境　句	目　标　句
(1a) 珠宝盒里有一枚戒指。	那枚戒指被小偷盗走了。
(1b) 珠宝盒里有十枚戒指。	那枚戒指被小偷盗走了。
(1c) 珠宝盒里有一枚戒指。	那枚小的戒指被小偷盗走了。
(1d) 珠宝盒里有十枚戒指。	那枚小的戒指被小偷盗走了。

被试的详细情况,请参看论文原文。另外,本章只以维吾尔语母语者的数据作为范例,他们全部来自我国西北地区的某大学,一共 32 名(女 14 名)。他们的母语是维吾尔语,但从幼儿园开始学习汉语,汉语也是他们接受教育的主要语言,他们在家里以及私人朋友圈则主要使用维吾尔语。实验材料由 48 个如表 6.1 所示的句子对组成。可以看到,这个实验通过操控语境句中指代物的数量和目标句中的主语是否受形容词修饰这两个变量,一共形成了四个实验条件:指称语境(一个指代对象 vs. 十个指代对象)×指称表达(光杆名词 vs. 受形容词修饰的名词)。采用拉丁方、交叉平衡的方法共形成四套材料(2×2),每个实验条件下有 12 组句子对。此外,还设计了包括 50 个填充句和 8 个培训句。

实验使用 E-prime 2.0 呈现材料。句子在屏幕上下的中央部分,按从左到右,按下面(4)的划分,一个部分(segment)一个部分呈现。被试按键盘空格键后,新一部分出现,前一部分消失,这意味着被试无法从屏幕上看到整个句子

(故称移动窗口)。

(4) 珠宝盒里/有/一枚戒指。

那枚戒指/被小偷/盗走了。

所有的实验句都设计了理解题,约三分之二的填充句设计了理解题。理解题有一半针对语境句,另一半针对目标句(如(4)的理解题是那枚戒指怎么了?),理解题后有两个备选项(如 F. 被弄坏了和 J. 被偷走了),目标句呈现完毕后,屏幕中央呈现理解题,被试按键做出选择。正式实验前,先完成 8 句培训句,确保被试完全理解实验程序。实验时要求他们按照平常习惯进行阅读,读完一个部分后按空格键出现下一个部分。实验用时总共约 25 分钟。

6.3 在 RStudio 操控数据

数据是从 E-prime 整理好后贮存为 Excel 数据表,命名为"ChineseL2.xlsx"。先把这个数据读入 RStudio,如下:

```
library(tidyverse);library(readxl)
df_G <- read_xlsx("ChineseL2.xlsx")
glimpse(df_G)

## Rows: 1,536
## Columns: 24
```

由于前期已经在 E-prime 和 Excel 里经过整理,因此导入的数据已经非常整齐。可以看到读入的数据一共有 1 536 行(observations)、24 列,即 24 个变量,下面对跟后文分析相关的主要变量表示的含义作简要说明:

$SUBJ:跟以前的数据框一样,这个变量是被试识别号,用来指代具体哪一名被试。

$TRIAL:跟第五章一样,这个变量用来代表在实验时,刺激材料呈现的顺序。

$COND:这个变量是后面两个变量合并的结果,代表了实验的 4 个条件。

$CONTXT:这是本研究的第一个自变量,表示语境句的指代物,一共有两个水平,one 和 ten,即语境里只有 1 个指代物和语境里有 10 个指代物。

$EXPR:这是本研究的第二个自变量,代表指称表达,它也有两个水平,一个是光杆名词(bare noun),一个带修饰语名词。

$ACC:这个变量用来表示被试在实验过程中对理解问题的答案是否正确,1 表示正确,0 表示不正确。

$RT37:表示反应时或阅读时间,用来表示被试阅读句子的第一个区域即后面的 WIN1 所用时间。

$RT38:表示反应时或阅读时间,用来表示被试阅读句子的第二个区域即后面的 WIN2 所用时间。

$RT39:表示反应时或阅读时间,用来表示被试阅读句子的第三个区域即后面的 WIN3 所用时间。

$RT40:表示反应时或阅读时间,用来表示被试阅读句子的第四个区域即后面的 WIN4 所用时间。

$RT41:表示反应时或阅读时间,用来表示被试阅读句子的第五个区域即后面的 WIN5 所用时间。

$RT42:表示反应时或阅读时间,用来表示被试阅读句子的第六个区域即后面的 WIN6 所用时间。

$RT43:表示反应时或阅读时间,用来表示被试阅读句子的第七个区域即后面的 WIN7 所用时间。

$WIN1:用来表示实验材料即句子的第一个区域。

$WIN2:用来表示实验材料即句子的第二个区域。

$WIN3:用来表示实验材料即句子的第三个区域。

$WIN4:用来表示实验材料即句子的第四个区域。

$WIN5:用来表示实验材料即句子的第五个区域。

$WIN6:用来表示实验材料即句子的第六个区域。

$WIN7:用来表示实验材料即句子的第七个区域。

首先需要交代的是,本章意在展示反应时数据的分析处理,故不像论文原文那样统计所有阅读区域的反应时。为方便展示,我们只介绍 WIN5 这个区域对应的RT41的反应时数据,检验这个区域的反应时(RT41)如何受到实验操控(CONTXT和EXPR)的影响。

使用table()函数,查看被试和每名被试所阅读的句子数量:

```
table(df_G$SUBJ)

##
##  1  2  3  4  5  6  7  8  9 10 11 12 13 14 15 16 17 18 19 20 21 22 23
## 48 48 48 48 48 48 48 48 48 48 48 48 48 48 48 48 48 48 48 48 48 48 48
## 27 28 29 30 31 32
## 48 48 48 48 48 48
```

可以看到,一共有32名被试,每名被试有48个数据,分布非常均匀。再查看实验的句子,以句子的区域1(WIN1)作为参照,这是因为句子长短不一样,若使用其他区域,尤其是后面的区域,可能会无法显示比较短的句子的相关区域:

```
table(df_G$WIN1)

##
##           笔盒里        陈列柜里        城市上空        宠物店里
##               32              32              32              32
##           抽屉里      厨房柜台上          厨房里            床上
##               32              32              32              32
##           村子里        等候室里        动物园里          房子里
##               32              32              64              32
##         房子外面          公园里          盒子里          花盆里
##               32              32              32              32
##           花园里          机器上          架子上            街边
##               32              32              32              32
…
```

可以看到,第一个区域基本是表示方位的副词短语,大部分短语都有32个数据,请读者思考这是为什么呢? 为什么有的短语超过32个数据,为什么有的短语少于32个数据? 理解这个实验设计的逻辑很容易回答这些问题。也只有理解了这个实验的逻辑,才能真正理解后面的数据分析思路。

第5章介绍过,在对反应时数据进行分析时,首先要对反应时数据进行筛选(data screening),这个过程主要有两个部分内容组成:①去除反应错误的数据;②去除异常值。本章的重点是从多个角度展示如何对反应时的异常值进行处理,在此之前先执行针对第一个内容的操作,即去除反应错误的数据,这一步操作在 RStudio 里非常容易实现,只要筛选出 ACC 的值为 1 的数据即可:

```
df_G1 <-df_G %>%
  filter(ACC=="1")

(nrow(df_G)-nrow(df_G1))/nrow(df_G)

## [1] 0.08658854
```

从上述函数返回值可以看到,一共去除了约 8.7%的数据。被试在句子的加工过程中,对理解问题作答的平均准确率为:

```
mean(df_G$ACC)

## [1] 0.9134115
```

91.34%的准确率是非常有意义的,这么高的准确率足以说明被试在完成句子加工时,注意力保持了集中,并理解了所阅读的句子。接下来,将通过采用不同的异常值方法来再次展示反应时数据的分析。主要展示两种方法,一种是前面已经展示过的以平均数为参照的方法;另一种是基于模型的异常值处理方法。另外,本章还将进一步展示如何增加协变量(即控制变量),提高反应时数据的模型拟合效果。

6.4　以平均数为参照的反应时异常值处理

我们在第 1 章介绍过,平均数是一个具有重要意义和价值的数。很多统计计算都以平均数为参照,比如第 1 章中介绍的平方和、方差和标准差,等等。在符合正态分布的一组数里,超过平均数 2 个以上标准差的数的比例是非常小的。可能正是基于这一点,在进行反应时异常值处理时,也经常以平均数作为参照。最常见的操作是去除高于(和低于)平均数 2.5 或 2 个标准差的反应时数据,因为这些数据是“非常不可能的”。研究者收集反应时数据的目的是希望通过它来反映被试的心理过程,但有的时候一些别的无关因素却可能导致反应时无法反应被试的心理过程。比如，不小心按错键就可能会导致出现非常短的反应时（低于 250 毫秒），另外，被试也可能因注意力分散了或者疲劳、缺乏兴趣等，而导致反应时特别长（见 Jiang，2012）。这些特别短或特别长的时间不能正确反应大脑的工作原理，也无法帮助认识语言加工的认知过程或者机制。

就像第 5 章介绍的，即便我们以平均数作为参照来去除异常值，仍然需要考虑的是这个平均数是以什么为分组或参照的平均数。比如，是以被试为分组的平均数，还是以实验条件为分组的平均数，抑或是同时以被试和实验条件为分组的平均数。下面这段代码展示的是分别以这三种不同分组方式所获得的平均数来作为参照的异常值处理方式，以及各种处理方式所导致的数据损失比例：

```
#By subj
df_G1_one <- df_G1 %>%
  group_by(SUBJ) %>%
  filter(RT41>150&abs(scale(RT41))<2.5)

(nrow(df_G1)-nrow(df_G1_one))/nrow(df_G1)

## [1] 0.03848895

#By conditions
df_G1_two <- df_G1 %>%
  group_by(CONTXT,EXPR) %>%
  filter(RT41>150&abs(scale(RT41))<2.5)
(nrow(df_G1)-nrow(df_G1_two))/nrow(df_G1)

## [1] 0.03492516

#By subj and conditions

df_G1_three <- df_G1 %>%
  group_by(SUBJ,CONTXT,EXPR) %>%
  filter(RT41>150&abs(scale(RT41))<2.5)
(nrow(df_G1)-nrow(df_G1_three))/nrow(df_G1)

## [1] 0.02494654
```

可以看到，上面三种处理异常值的做法导致了不同程度的数据“损失”。第 5 章选择的是第一种方法，本章选用第三种方法，因为看起来它导致的数据损失最小，只有 2.49%。基于这个数据框，使用条形图展示被试在每种实验条件下的平均反应时：

```
ggplot(df_G1_three,aes(CONTXT,RT41,fill=EXPR))+
  geom_bar(stat = "summary",
           position="dodge",
           fun=mean)+
  geom_errorbar(stat = "summary",
                fun.data=mean_cl_normal,
                position = position_dodge(width=0.9),
                width=0.2)
```

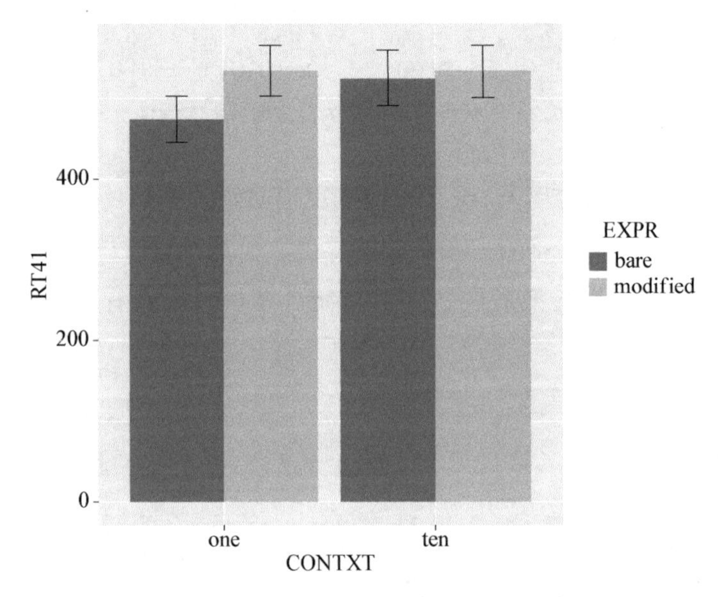

图 6.1　在不同实验条件下被试的平均反应时

仅从图 6.1 上看起来,被试似乎受到了指称歧义(信息不足)的影响(比较左侧两个条形图),但是没有受到信息冗余的影响。真实情况是否如此,则需要通过统计建模才可能知道。统计建模前,有一个必不可少的步骤,那就是对数据进行探索,简称为 EDA。

6.4.1　探索性数据分析(EDA)

首先,查看因变量 RT41 的分布:

```
par(mfrow=c(1,2))
hist(df_G1_three$RT41,main="")
hist(log(df_G1_three$RT41),main="")
par(mfrow=c(1,1))
```

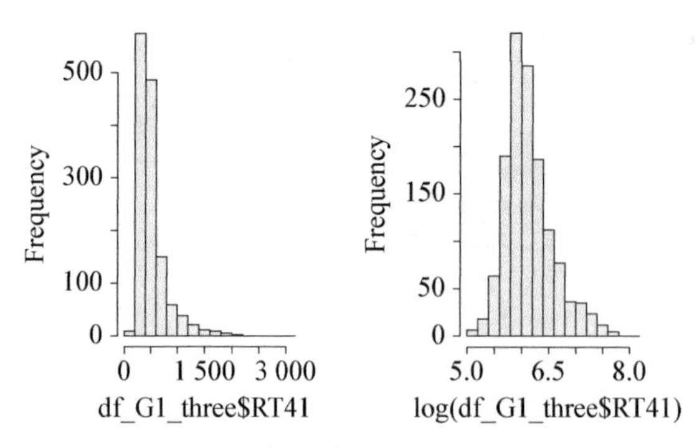

图 6.2 不转换和转换后的反应时分布直方图

从数据分布的直方图看,没有转换的反应时跟大多数反应时的分布是一致的,即呈正偏斜,向右拖着一条长长的尾巴。但是,经对数转换后,则比较接近正态分布,因此,以转换后的数据进行统计建模。再查看其他各个变量的分布:

```
attach(df_G1_three)
table(SUBJ)

## SUBJ
##  1  2  3  4  5  6  7  8  9 10 11 12 13 14 15 16 17 18 19 20 21 22 23
## 42 47 43 41 44 45 43 40 42 45 39 37 41 41 40 42 44 47 44 44 38 45 43

table(CONTXT)

## CONTXT
## one ten
## 682 686

table(EXPR)

## EXPR
##     bare modified
##      663      705

table(WIN5) #结果省略
```

从以上返回值可以看到,SUBJ, CONTXT 和 EXPR 这三个变量对应的数据量都比较均匀,但是 WIN5 对应的各句子不同区域的数据量却不太均匀,有些区域的数据量甚至少于 4。这种不均匀多少都会影响到统计分析的结果,考虑到这些区域占总数量的比值比较小,不妨直接把它们从数据中去除:

```
Region <- df_G1_three %>%
  group_by(WIN5) %>%
  count(WIN5) %>%
  filter(n<10)
df_G2 <- df_G1_three %>%
  anti_join(Region,by="WIN5")
```

6.4.2 构建不包含控制变量的混合模型

接下来,使用 table( ) 函数,对随机效应因素和固定效应因素之间进行交叉制表分析(cross tabulate):

```
attach(df_G2)

table(SUBJ,CONTXT)

##      CONTXT
## SUBJ one ten
##    1   19  22
##    2   23  23
##    3   20  23
##    4   22  19
##    5   20  22
##    6   21  23
…

table(SUBJ,EXPR)

##      EXPR
## SUBJ bare modified
##    1   22       19
##    2   23       23
##    3   21       22
##    4   20       21
##    5   22       20
##    6   21       23
…

table(WIN5,CONTXT)

##                   CONTXT
## WIN5               one ten
##    被放进了          15  16
##    被分成了           7   7
##    被夹子            14  13
##    被金粉            12  13
##    被小偷             8  15
##    被一个小孩         14  16
…
```

依据交叉制表分析的结果,我们构建了以下最大模型:

```
library(lme4)
df_G3 <- df_G2 %>%
  mutate(SUBJ=factor(SUBJ),
         CONTXT=factor(CONTXT),
         EXPR=factor(EXPR),
         WIN5=factor(WIN5))

summary(m0 <- lmer(log(RT41)~CONTXT*EXPR+
                     (1+CONTXT*EXPR|SUBJ)+
                     (1+CONTXT*EXPR|WIN5),
                   data=df_G3),cor=F)

## Linear mixed model fit by REML ['lmerMod']
## Formula: log(RT41) ~ CONTXT * EXPR + (1 + CONTXT * EXPR | SUBJ) + (1
 +
##     CONTXT * EXPR | WIN5)
##    Data: df_G3
##
## REML criterion at convergence: 1030.6
##
## Scaled residuals:
##     Min      1Q  Median      3Q     Max
## -3.5165 -0.6174 -0.1086  0.5154  3.6894
##
## Random effects:
##  Groups   Name                  Variance Std.Dev. Corr
##  WIN5     (Intercept)           0.014336 0.11973
##           CONTXTten             0.008488 0.09213  -0.13
##           EXPRmodified          0.002304 0.04800   0.71  0.07
##           CONTXTten:EXPRmodified 0.007547 0.08687  -0.08 -0.87 -0.51
##  SUBJ     (Intercept)           0.070509 0.26554
##           CONTXTten             0.005624 0.07500   0.06
##           EXPRmodified          0.005157 0.07181  -0.82 -0.58
##           CONTXTten:EXPRmodified 0.004434 0.06659   0.37  0.56 -0.44
##  Residual                       0.105335 0.32455
## Number of obs: 1344, groups:  WIN5, 46; SUBJ, 32
##
## Fixed effects:
##                        Estimate Std. Error t value
## (Intercept)             6.07712    0.05343 113.738
## CONTXTten               0.07782    0.03229   2.410
## EXPRmodified            0.10401    0.02995   3.473
## CONTXTten:EXPRmodified -0.09128    0.04044  -2.257
## optimizer (nloptwrap) convergence code: 0 (OK)
## boundary (singular) fit: see help('isSingular')
```

这个模型除了那两个实验操控的自变量以外,并不包含任何控制变量(control variables),甚至没有包括我们在第 5 章已经证明会对反应时产生重要影响的 TRIAL 变量,即代表在实验时刺激材料呈现的顺序的这个变量。目的是试图先构建一个更简单的模型,帮助读者更好地理解混合模型建模的过程。我们到下一小节再尝试把这些控制变量放进模型。现在尝试对这个"最大模型"进行拟合,如果模型出现不能拟合的问题,则在保证模型的解释力不变的前提下,简化随机效应结构。

上述模型出现了两个问题:①convergence code:0,也就是说出现了所有混合模型使用者都可能碰到的共同问题,那就是模型不能"聚敛"的问题;②singular fit,即奇异拟合。第 5 章介绍过,这些报错信息以及模型"不能聚敛"的问题的出现可能主要是因为拟合的模型过于复杂,复杂到数据并不支持。比如,现实情况是并不存在某个效应,尤其是关于某一变量的随机斜率,但是模型却包含了对这个效应的评估。因此,我们有必要对包含了这个事实上不存在的效应进行简化。在简化的时候,仍按两个步骤(Zuur *et al.*, 2009; Gries, 2020):①首先,在保持固定效应结构恒定的基础上,对随机效应结构进行拟合,从而找出模型的最佳随机效应结构;②然后,在保持随机效应结构恒定的基础上,对固定效应结构进行拟合,从而找出模型的最佳固定效应结构。问题是,这个模型既拟合了被试(SUBJ),也拟合了阅读区域(WIN5)的随机截距和随机斜率,一个好的办法是查看随机效应(Random effects_对应各因素的方差大小(Variance),先从去除方差最小的因素开始,这里先去除最复杂的,即 WIN5 对应的 CONTXT * EXPR 交互项:

```
summary(m1 <- update(m0,.~.-(1+CONTXT*EXPR|WIN5)+
                     (1+CONTXT+EXPR|WIN5)),cor=F)

## boundary (singular) fit: see help('isSingular')
## Linear mixed model fit by REML ['lmerMod']
## Formula: log(RT41) ~ CONTXT + EXPR + (1 + CONTXT * EXPR | SUBJ) + (1
 + CONTXT + EXPR | WIN5) + CONTXT:EXPR
##    Data: df_G3
##
## REML criterion at convergence: 1031.7
##
## Scaled residuals:
##     Min      1Q  Median      3Q     Max
## -3.5169 -0.6206 -0.1139  0.5058  3.7960

##
## Random effects:
##  Groups   Name                     Variance Std.Dev. Corr
```

```
##  WIN5     (Intercept)            0.015408 0.12413
##           CONTXTten              0.003497 0.05914  -0.14
##           EXPRmodified           0.002001 0.04473   0.53 -0.91
##  SUBJ     (Intercept)            0.070619 0.26574
##           CONTXTten              0.005644 0.07513   0.06
##           EXPRmodified           0.005279 0.07266  -0.81 -0.59
##           CONTXTten:EXPRmodified 0.004548 0.06744   0.36  0.53 -0.39
##  Residual                        0.105696 0.32511
## Number of obs: 1344, groups:  WIN5, 46; SUBJ, 32
##
## Fixed effects:
##                         Estimate Std. Error t value
## (Intercept)              6.07766    0.05368 113.212
## CONTXTten                0.07834    0.03033   2.583
## EXPRmodified             0.10210    0.02996   3.408
## CONTXTten:EXPRmodified -0.09075    0.03817  -2.378
## optimizer (nloptwrap) convergence code: 0 (OK)
## boundary (singular) fit: see help('isSingular')
```

```
anova(m0,m1,refit=FALSE)
```

```
## Data: df_G3
## Models:
## m1: log(RT41) ~ CONTXT + EXPR + (1 + CONTXT * EXPR | SUBJ) + (1 + CO
NTXT + EXPR | WIN5) + CONTXT:EXPR
## m0: log(RT41) ~ CONTXT * EXPR + (1 + CONTXT * EXPR | SUBJ) + (1 + CO
NTXT * EXPR | WIN5)
##    npar    AIC    BIC  logLik deviance  Chisq Df Pr(>Chisq)
## m1   21 1073.7 1183.0 -515.86   1031.7
## m0   25 1080.6 1210.7 -515.31   1030.6 1.1027  4     0.8938
```

跟第 5 章不同，上面的代码在拟合新的模型时使用了 update( ) 函数，这个函数里最典型的符号是(. ~.)，即在一个波浪线两端各放一个点，前面介绍过，这个小点的意思是保持相同(keep the same)的意思，因此整个符号表示的意思是在保持因变量和自变量与上面的基准模型(m0)相同的基础上，执行后面的操作(参见 Field *et al.* , 2012)。update( ) 函数的方便之处在于它的简洁，使用它可以很容易看出来这个新的模型执行了什么不同的操作(参看 Gries, 2021)。新的模型仍然有问题，进一步根据随机效应结构中各因素对应的方差值(variance)的大小来决定先简化哪个结构，这里也可以先去除对应被试(SUBJ)的最复杂的交互项的随机结构：

```
summary(m2 <- update(m1,.~.-(1+CONTXT*EXPR|SUBJ)+
                      (1+CONTXT+EXPR|SUBJ)),cor=F)
```

```
## boundary (singular) fit: see help('isSingular')
```

```
## Linear mixed model fit by REML ['lmerMod']
## Formula: log(RT41) ~ CONTXT + EXPR + (1 + CONTXT + EXPR | WIN5) + (1
 + CONTXT + EXPR | SUBJ) + CONTXT:EXPR
##    Data: df_G3
##
## REML criterion at convergence: 1033.6
##
## Scaled residuals:
##     Min      1Q  Median      3Q     Max
## -3.4608 -0.6270 -0.1234  0.5095  3.7329
##
## Random effects:
##  Groups   Name         Variance Std.Dev. Corr
##  WIN5     (Intercept)  0.015511 0.12454
##           CONTXTten    0.003473 0.05893  -0.14
##           EXPRmodified 0.001924 0.04386   0.52 -0.92
##  SUBJ     (Intercept)  0.067693 0.26018
##           CONTXTten    0.009497 0.09745   0.13
##           EXPRmodified 0.004268 0.06533  -0.73 -0.29
##  Residual              0.106092 0.32572
## Number of obs: 1344, groups:  WIN5, 46; SUBJ, 32
##
## Fixed effects:
##                        Estimate Std. Error t value
## (Intercept)             6.07738    0.05286 114.970
## CONTXTten               0.07856    0.03228   2.433
## EXPRmodified            0.10224    0.02944   3.473
## CONTXTten:EXPRmodified -0.09062    0.03632  -2.495
## optimizer (nloptwrap) convergence code: 0 (OK)
## boundary (singular) fit: see help('isSingular')
```

```
anova(m2,m1,refit=FALSE)
```

```
## Data: df_G3
## Models:
## m2: log(RT41) ~ CONTXT + EXPR + (1 + CONTXT + EXPR | WIN5) + (1 + CO
NTXT + EXPR | SUBJ) + CONTXT:EXPR
## m1: log(RT41) ~ CONTXT + EXPR + (1 + CONTXT * EXPR | SUBJ) + (1 + CO
NTXT + EXPR | WIN5) + CONTXT:EXPR
##    npar    AIC    BIC  logLik deviance  Chisq Df Pr(>Chisq)
## m2   17 1067.6 1156.1 -516.81   1033.6
## m1   21 1073.7 1183.0 -515.86   1031.7 1.9071  4     0.7528
```

按此操作原则,一直进行下去,直到拟合成功为止。具体过程可看随书代码,此处略去。最后,拟合的模型如下:

```
summary(m4 <- lmer(log(RT41) ~ CONTXT*EXPR +
                     (1 + CONTXT + EXPR|SUBJ) +
                     (1|WIN5),
                   data = df_G3),
        cor=F)
```

```
## Linear mixed model fit by REML ['lmerMod']
## Formula: log(RT41) ~ CONTXT * EXPR + (1 + CONTXT + EXPR | SUBJ) + (1
 | WIN5)
##    Data: df_G3
##
## REML criterion at convergence: 1036.5
##
## Scaled residuals:
##     Min      1Q  Median      3Q     Max
## -3.4455 -0.6185 -0.1254  0.5085  3.8079
##
## Random effects:
##  Groups   Name         Variance Std.Dev. Corr
##  WIN5     (Intercept)  0.017462 0.13214
##  SUBJ     (Intercept)  0.067894 0.26057
##           CONTXTten    0.009538 0.09766   0.13
##           EXPRmodified 0.003920 0.06261  -0.75 -0.30
##  Residual              0.107445 0.32779
## Number of obs: 1344, groups:  WIN5, 46; SUBJ, 32
##
## Fixed effects:
##                        Estimate Std. Error t value
## (Intercept)             6.07860    0.05339 113.861
## CONTXTten               0.08035    0.03110   2.584
## EXPRmodified            0.09757    0.02844   3.431
## CONTXTten:EXPRmodified -0.08944    0.03637  -2.459
```

至此,可以使用 afex 包的 mixed( ) 函数来检验模型中各因素的主效应和交互效应:

```
afex::mixed(log(RT41) ~ CONTXT*EXPR +
                     (1 + CONTXT + EXPR|SUBJ) +
                     (1|WIN5),
            method="S",
            REML=FALSE,
            data = df_G3)

## Contrasts set to contr.sum for the following variables: CONTXT, EXPR,
 SUBJ, WIN5

## Mixed Model Anova Table (Type 3 tests, S-method)
##
## Model: log(RT41) ~ CONTXT * EXPR + (1 + CONTXT + EXPR | SUBJ) + (1 |WIN5)
## Data: df_G3
##        Effect         df      F p.value
## 1      CONTXT    1, 32.17    2.11    .156
## 2        EXPR    1, 33.86  6.25 *    .017
## 3 CONTXT:EXPR 1, 1236.15  6.05 *    .014
## ---
## Signif. codes:  0 '***' 0.001 '**' 0.01 '*' 0.05 '+' 0.1 ' ' 1
```

模型拟合的结果显示,语境(CONTXT)没有主效应($F(1,32.17)=2.11$, $p=.156$),但指称表达(EXPR)有主效应($F(1,33.86)=6.25$, $p=.017$),更重要的是语境和指称表达还有显著的交互效应($F(1,1236.15)=6.05$, $p=.014$)。可以使用 emmeans 包的 emmeans()函数进行事后检验:

```
summary(m5 <- lmer(log(RT41) ~ CONTXT*EXPR +
                     (1 + CONTXT + EXPR|SUBJ) +
                     (1|WIN5),
                   REML = FALSE,
                   data = df_G3),
        cor=F)

## Linear mixed model fit by maximum likelihood  ['lmerMod']
## Formula: log(RT41) ~ CONTXT * EXPR + (1 + CONTXT + EXPR | SUBJ) + (1
 | WIN5)
##    Data: df_G3
##
##      AIC      BIC   logLik deviance df.resid
##   1039.9   1102.4   -508.0   1015.9     1332
##
## Scaled residuals:
##     Min      1Q  Median      3Q     Max
## -3.4465 -0.6188 -0.1240  0.5098  3.8112
##
## Random effects:
##  Groups   Name         Variance Std.Dev. Corr
##  WIN5     (Intercept)  0.017336 0.13167
##  SUBJ     (Intercept)  0.065846 0.25661
##           CONTXTten    0.008900 0.09434   0.13
##           EXPRmodified 0.003479 0.05898  -0.77 -0.31
##  Residual              0.107363 0.32766
## Number of obs: 1344, groups:  WIN5, 46; SUBJ, 32
##
## Fixed effects:
##                        Estimate Std. Error t value
## (Intercept)             6.07862    0.05275 115.225
## CONTXTten               0.08033    0.03077   2.611
## EXPRmodified            0.09755    0.02818   3.462
## CONTXTten:EXPRmodified -0.08944    0.03635  -2.460
library(emmeans)
emmeans(m5,specs = pairwise~CONTXT*EXPR)

## $emmeans
##  CONTXT EXPR     emmean     SE   df lower.CL upper.CL
##  one    bare       6.08 0.0534 45.8     5.97     6.19
##  ten    bare       6.16 0.0578 43.6     6.04     6.28
##  one    modified   6.18 0.0470 50.1     6.08     6.27
##  ten    modified   6.17 0.0506 46.7     6.07     6.27
##
```

```
## Degrees-of-freedom method: kenward-roger
## Results are given on the log (not the response) scale.
## Confidence level used: 0.95
##
## $contrasts
##  contrast                    estimate     SE    df t.ratio p.value
##  one bare - ten bare         -0.08033 0.0311  78.8  -2.582  0.0556
##  one bare - one modified     -0.09755 0.0285 105.2  -3.426  0.0048
##  one bare - ten modified     -0.08844 0.0310  33.0  -2.857  0.0352
##  ten bare - one modified     -0.01721 0.0348  32.7  -0.495  0.9597
##  ten bare - ten modified     -0.00811 0.0279  96.6  -0.291  0.9914
##  one modified - ten modified  0.00911 0.0307  74.3   0.297  0.9908
##
## Degrees-of-freedom method: kenward-roger
## Results are given on the log (not the response) scale.
## P value adjustment: tukey method for comparing a family of 4 estimat
es
```

事后检验的结果证实了被试受到了指称歧义(信息不足)的影响,当语境有 10 个指代物时,被试对光杆名词的阅读时间显著长于语境中只有 1 个指代物的时候($\beta=0.08$, SE$=0.03$, $t=2.58$, $p=.055$)。但是,他们没有受到信息冗余的影响。当语境有 10 个指代物时,被试对修饰名词的阅读时间与语境只有一个指代物时的时间没有区别($\beta=0.009$, SE$=0.03$, $t=0.30$, $p=.99$)。

细心的读者可能会发现上面的似乎少了一个步骤,那就是没有对模型进行诊断。确实如此,不妨看看模型残差的分布:

```
hist(residuals(m5),main = "")
```

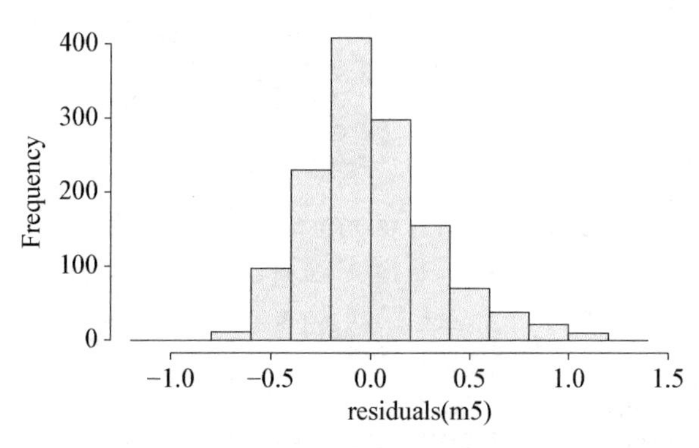

图 6.3　所拟合模型的残差值分布

从模型残差的直方图看,模型的拟合似乎还不错,但也多少还受到极端值的影响,使用 plot( ) 函数,看看极端值有哪些:

```
plot(m5, col="#00000020", # plot the residuals of this model
     type=c("p", "smooth"),
     pch=16, id=0.001)
```

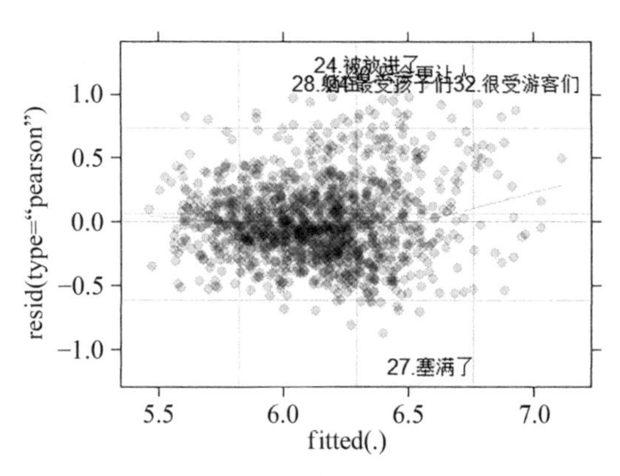

图 6.4　所拟合模型存在的极端值

6.4.3　构建包含控制变量的混合模型

上面构建的模型,尽管看起来还比较理想,而且统计分析的结果也支持了我们在本章开头提到的一系列实验证实的结果:被试会受到指称歧义(信息不足)的影响,但是并不受指称冗余的影响。但模型多少仍然受到了极端值的影响,现在的问题是:有没有可能通过增加控制变量,从而提高模型拟合的效果呢?

我们在第 5 章中非常清晰地证明了实验刺激材料呈现的顺序会显著影响被试的反应时间。因此,在本研究里,这个变量的影响自然也不能排除。但是,我们认为相比实验刺激材料呈现顺序的影响,被试更可能受到我们考察的目标区域的前几个区域阅读时间的影响。也就是说,被试在阅读 WIN5 的时候,更可能受到他们阅读 WIN1, WIN2, WIN3,以及 WIN4 的影响,先前已有研究证实了这一点(Baayen, 2008)。

现在的问题是,这几个区域对应的阅读时间一共有 4 个,即:RT37, RT38, RT39 和 RT40,我们不可能把这几个区域都放进模型,因为这几个阅读时间之间，肯定高度相关，试看这几个区域的相关矩阵(correlation matrix)：

```
my_data <- df_G3[,8:11]
round(cor(my_data),2)

##      RT37 RT38 RT39 RT40
## RT37 1.00 0.56 0.25 0.10
## RT38 0.56 1.00 0.23 0.06
## RT39 0.25 0.23 1.00 0.16
## RT40 0.10 0.06 0.16 1.00
```

可以看到，有几个变量之间的相关系数比较大，在这种情况下，如果把它们同时放进统计模型，肯定会导致模型出现多重共线(multicollinearity)问题。笔者在《第二语言加工及R语言应用》中对多重共线这一问题进行过系统论述，此处不再赘述。避免多重共线的一个好办法是进行主成分分析(PCA, Principal Component Analysis)，通过获得这几个变量的主成分，把它们进入模型，这样既控制了这几个变量的影响，又避免了多重共线。我们使用prcomp()函数来进行主成分分析：

```
x <- df_G3[,8:11]
x.pr <- prcomp(x,center = T,scale=T)
#principal component
df_G3$PC1 <- x.pr$x[,1]
df_G3$PC2 <- x.pr$x[,2]
df_G3$PC3 <- x.pr$x[,3]
```

基于这三个主成成分，先尝试拟合以下模型：

```
summary(m6 <- lmer(log(RT41) ~ CONTXT*EXPR +
                     PC1+PC2+PC3+
                     (1 + CONTXT + EXPR|SUBJ) +
                     (1|WIN5),
                   REML = FALSE,
                   data = df_G3),
        cor=F)

## Linear mixed model fit by maximum likelihood  ['lmerMod']
## Formula: log(RT41) ~ CONTXT * EXPR + PC1 + PC2 + PC3 + (1 + CONTXT +
  EXPR |SUBJ) + (1 | WIN5)
##    Data: df_G3
##
##      AIC      BIC   logLik deviance df.resid
##    999.1   1077.2   -484.6    969.1     1329
##
```

```
## Scaled residuals:
##     Min      1Q  Median      3Q     Max
## -3.8816 -0.6111 -0.1126  0.5028  3.9589
##
## Random effects:
##  Groups   Name         Variance Std.Dev. Corr
##  WIN5     (Intercept)  0.017339 0.13168
##  SUBJ     (Intercept)  0.050081 0.22379
##           CONTXTten    0.009198 0.09590   0.17
##           EXPRmodified 0.003812 0.06174  -0.84 -0.17
##  Residual              0.104186 0.32278
## Number of obs: 1344, groups:  WIN5, 46; SUBJ, 32
##
## Fixed effects:
##                         Estimate Std. Error t value
## (Intercept)             6.081958   0.047781 127.288
## CONTXTten               0.084276   0.030618   2.752
## EXPRmodified            0.091841   0.028271   3.249
## PC1                    -0.033349   0.007416  -4.497
## PC2                    -0.056619   0.009656  -5.864
## PC3                    -0.016244   0.010894  -1.491
## CONTXTten:EXPRmodified -0.096542   0.035948  -2.686
```

从模型的统计摘要里可以看出,第三个主成分 PC3 对应的 t 值小于 2,即不显著,故从模型中去除,从而获得以下最终模型:

```
summary(m7 <- lmer(log(RT41) ~ CONTXT*EXPR +
                     PC1+PC2+
                     (1 + CONTXT + EXPR|SUBJ) +
                     (1|WIN5),
                   REML = FALSE,
                   data = df_G3),
        cor=F)

## Linear mixed model fit by maximum likelihood  ['lmerMod']
## Formula: log(RT41) ~ CONTXT * EXPR + PC1 + PC2 + (1 + CONTXT + EXPR
|SUBJ) + (1 | WIN5)
##    Data: df_G3
##
##      AIC      BIC   logLik deviance df.resid
##    999.3   1072.2   -485.7    971.3     1330
##
## Scaled residuals:
##     Min      1Q  Median      3Q     Max
## -3.8612 -0.6150 -0.1099  0.5078  3.9837
##
## Random effects:
##  Groups   Name         Variance Std.Dev. Corr
##  WIN5     (Intercept)  0.017148 0.13095
##  SUBJ     (Intercept)  0.052083 0.22822
##           CONTXTten    0.008726 0.09341   0.18
```

```
##            EXPRmodified 0.004117 0.06416   -0.85 -0.22
##  Residual               0.104374 0.32307
## Number of obs: 1344, groups:  WIN5, 46; SUBJ, 32
##
## Fixed effects:
##                          Estimate Std. Error t value
## (Intercept)              6.083967   0.048375 125.767
## CONTXTten                0.082822   0.030380   2.726
## EXPRmodified             0.086868   0.028266   3.073
## PC1                     -0.032357   0.007400  -4.373
## PC2                     -0.055447   0.009638  -5.753
## CONTXTten:EXPRmodified -0.091771   0.035841  -2.561
```

从模型 m7 的统计摘要里可以看到，各个因素对应的 t 值相对于上面的模型 m5 都有较大改变，比较这两个模型的残差分布：

```
par(mfrow=c(1,2))
hist(residuals(m5))
hist(residuals(m7))
par(mfrow=c(1,1))
```

从图 6.5 可以看到，两个模型残差分布的直方图很接近，看不出多大区别。但是，如果查看这两个模型固定因素的解释力会发现后者是前者的近 5 倍多：

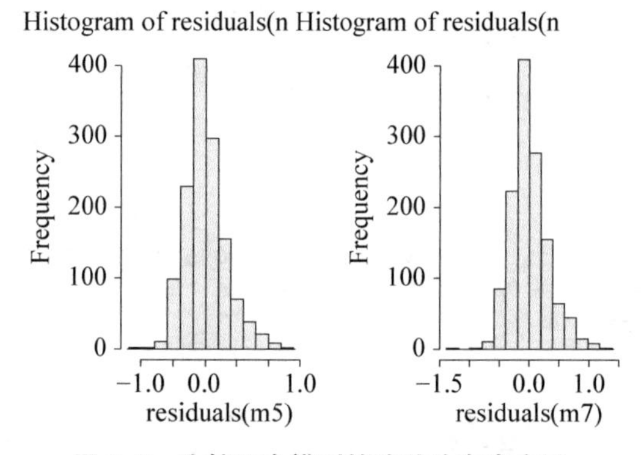

图 6.5　比较两个模型的残差分布直方图

```
MuMIn::r.squaredGLMM(m5)

## Warning: 'r.squaredGLMM' now calculates a revised statistic. See the
 help page.

##              R2m       R2c
## [1,] 0.00790056 0.4313242

MuMIn::r.squaredGLMM(m7)
```

```
##              R2m       R2c
## [1,] 0.03662401 0.4112313
```

在这两个模型之间，我会选择 m7 作为最终模型，来解释结果或推理。

6.5　基于模型的反应时异常值处理

上面使用了跟第 5 章同样的处理异常值的方法来拟合模型，即以平均数作为参照，去除超过平均数一定范围内的数据（如 2 个或 2.5 个标准差）。这一节将展示笔者在《混合效应模型框架下反应时数据的分析：原理和实践》一文中介绍过的"基于模型的"的异常值处理方法。这种方法在笔者发表的多篇研究论文里都曾汇报和使用过，最具代表性的是发表在 *Journal of Pragmatics* 上的那篇文章以及现在正在介绍的发表在 *Journal of Psycholinguistic Research* 的文章。

"基于模型"的根本含义就是先拟合模型，然后进行模型诊断，主要是检测模型的残差值，去除掉残差值中不符合正态分布的数据，一般是残差值异常的数据。本书第 1 章中介绍过，残差表示的是观测值和拟合值之差，故残差值非常大则表明拟合效果不佳。Baayen 和 Milin（2010）对这个过程进行了比较细致地描述和介绍，他们把这个方法称作为"最小先验删除"（Minimal apriori data trimming）和模型诊断法（Model criticism）（参见马拯等，2022）。体现在实践操作上，就是先把"根本不可能出现的"反应时去除，在此基础上拟合一个混合模型，然后进行模型诊断，再把残差的绝对值大于某个范围的数据去掉。根据这个思路，先执行第一步，把"根本不可能出现的"反应时去除：

```
df_G <- read_xlsx("ChineseL2.xlsx")

df_G1 <- df_G %>%
  filter(ACC==1)

df_G2 <- df_G1 %>%
  filter(RT41>150)
(nrow(df_G1)-nrow(df_G2))/nrow(df_G1)

## [1] 0.001425517
```

上面的操作先把被试反应不正确的数据去除(ACC=1),然后,把小于 150 毫秒的数据去除,结果去除了 1.42%的数据,符合“最小先验删除”的操作特征。接下来,在这个数据的基础上拟合一个混合模型。由于上面已经证明被试阅读目标区域的时间受前面几个区域阅读时间的影响。因此,在这个模型里,把前几个区域的主成分加入模型,开始的最大模型如下:

```
x <- df_G2[,8:11]
x.pr <- prcomp(x,center = T,scale=T)
#principal component
df_G2$PC1 <- x.pr$x[,1]
df_G2$PC2 <- x.pr$x[,2]
df_G2$PC3 <- x.pr$x[,3]

summary(mix.0 <- lmer(log(RT41) ~ CONTXT*EXPR +
                      PC1+PC2+
                      (1 + CONTXT*EXPR|SUBJ) +
                      (1+ CONTXT*EXPR|WIN5),
                    REML = FALSE,
                    data = df_G2),
        cor=F)

## boundary (singular) fit: see help('isSingular')
## Linear mixed model fit by maximum likelihood  ['lmerMod']
## Formula: log(RT41) ~ CONTXT * EXPR + PC1 + PC2 + (1 + CONTXT * EXPR
|SUBJ) + (1 + CONTXT * EXPR | WIN5)
##    Data: df_G2
##
##      AIC      BIC   logLik deviance df.resid
##   1323.7   1465.3   -634.8   1269.7     1374
##
## Scaled residuals:
##     Min      1Q  Median      3Q     Max
## -3.6642 -0.5967 -0.1455  0.4751  6.0426
##
## Random effects:
##  Groups   Name                   Variance Std.Dev. Corr
##  WIN5     (Intercept)            0.020324 0.14256
##           CONTXTten              0.007080 0.08414  -0.36
##           EXPRmodified           0.001657 0.04071  -0.02  0.86
##           CONTXTten:EXPRmodified 0.011290 0.10626   0.44 -0.95 -0.90
##  SUBJ     (Intercept)            0.053988 0.23235
##           CONTXTten              0.005237 0.07236  -0.20
##           EXPRmodified           0.003614 0.06012  -0.81 -0.40
##           CONTXTten:EXPRmodified 0.002908 0.05393   0.38  0.38 -0.55
##  Residual                        0.125738 0.35460
## Number of obs: 1401, groups:  WIN5, 50; SUBJ, 32
##
## Fixed effects:
```

```
##                          Estimate Std. Error t value
## (Intercept)               6.122268   0.050022 122.391
## CONTXTten                 0.071982   0.033219   2.167
## EXPRmodified              0.082577   0.030512   2.706
## PC1                      -0.036874   0.007986  -4.617
## PC2                      -0.060334   0.010396  -5.804
## CONTXTten:EXPRmodified -0.078787   0.043275  -1.821
## optimizer (nloptwrap) convergence code: 0 (OK)
## boundary (singular) fit: see help('isSingular')
```

模型的详细拟合过程跟前面介绍的一样,此处不再详细介绍,读者可参看随书代码。经过一系列的操作,拟合的最终模型如下:

```
summary(mix.4 <- lmer(log(RT41) ~ CONTXT*EXPR +
                      PC1+PC2+
                      (1 + CONTXT|SUBJ) +
                      (1|WIN5),
                    REML = FALSE,
                    data = df_G2),
      cor=F)
## Linear mixed model fit by maximum likelihood  ['lmerMod']
## Formula: log(RT41) ~ CONTXT * EXPR + PC1 + PC2 + (1 + CONTXT | SUBJ)
 + (1 | WIN5)
##    Data: df_G2
##
##      AIC      BIC   logLik deviance df.resid
##   1298.8   1356.5   -638.4   1276.8     1390
##
## Scaled residuals:
##     Min      1Q  Median      3Q     Max
## -3.6387 -0.5883 -0.1496  0.4837  6.0752
##
## Random effects:
##  Groups   Name        Variance Std.Dev. Corr
##  WIN5     (Intercept) 0.020805 0.1442
##  SUBJ     (Intercept) 0.043660 0.2089
##           CONTXTten   0.007005 0.0837   -0.14
##  Residual             0.127795 0.3575
## Number of obs: 1401, groups:  WIN5, 50; SUBJ, 32
##
## Fixed effects:
##                          Estimate Std. Error t value
## (Intercept)               6.123526   0.046805 130.831
## CONTXTten                 0.076187   0.031549   2.415
## EXPRmodified              0.080891   0.028073   2.881
## PC1                      -0.037128   0.008005  -4.638
## PC2                      -0.059161   0.010449  -5.662
## CONTXTten:EXPRmodified -0.084216   0.039037  -2.157
```

使用 QQ 图,检查这个模型的残差分布,见图 6.6:

```
qqnorm(residuals(mix.4))
qqline(residuals(mix.4))
```

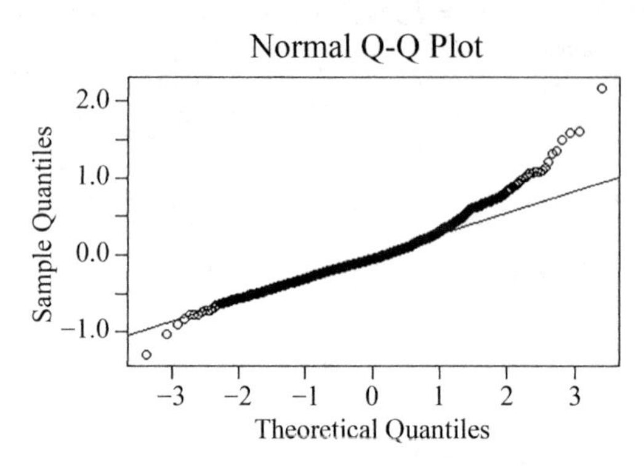

图 6.6　所拟合模型的残差 QQ 图

可以看到模型存在非常明显的"翘尾"问题,即严重地受到异常值的影响。这很容易理解,因为之前的"最小先验删除"法,并没有对异常值进行真正有意义的处理。接下来,以这个模型为基础,进行模型诊断,然后把残差的绝对值大于平均值 2.5 个标准差的数据去掉,重新拟合模型如下:

```
summary(mix.5 <- lmer(log(RT41) ~ CONTXT*EXPR +
                        PC1+PC2+
                        (1 + CONTXT|SUBJ) +
                        (1|WIN5),
                      REML = FALSE,
                      data = df_G2,subset =abs(scale(resid(mix.4)))<2.5),

        cor=F)

## Linear mixed model fit by maximum likelihood  ['lmerMod']
## Formula: log(RT41) ~ CONTXT * EXPR + PC1 + PC2 + (1 + CONTXT | SUBJ)
 + (1 | WIN5)
##    Data: df_G2
##  Subset: abs(scale(resid(mix.4))) < 2.5
##
##      AIC      BIC   logLik deviance df.resid
##    912.4    969.8   -445.2    890.4     1360
##
## Scaled residuals:
##     Min      1Q  Median      3Q     Max
## -2.6249 -0.6144 -0.1299  0.5255  2.9362
##
```

```
## Random effects:
##  Groups   Name        Variance Std.Dev. Corr
##  WIN5     (Intercept) 0.020611 0.14357
##  SUBJ     (Intercept) 0.037460 0.19355
##           CONTXTten   0.004348 0.06594  0.03
##  Residual             0.097268 0.31188
## Number of obs: 1371, groups:  WIN5, 50; SUBJ, 32
##
## Fixed effects:
##                       Estimate Std. Error t value
## (Intercept)           6.107361   0.043635 139.966
## CONTXTten             0.067710   0.027186   2.491
## EXPRmodified          0.068848   0.024816   2.774
## PC1                  -0.042661   0.007154  -5.963
## PC2                  -0.080614   0.011063  -7.287
## CONTXTten:EXPRmodified -0.064691   0.034481  -1.876
```

比较这个新的模型以及上面这个模型的残差分布:

```
par(mfrow=c(1,2))
qqnorm(residuals(mix.4))
qqline(residuals(mix.4))
qqnorm(residuals(mix.5))
qqline(residuals(mix.5))
par(mfrow=c(1,1))
```

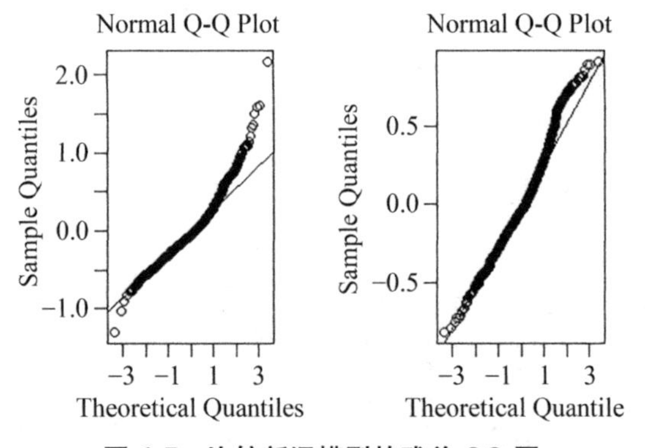

图 6.7　比较新旧模型的残差 QQ 图

从两个模型的残差分布 QQ 图可以看到,与未进行异常值处理的模型不同,新的模型的所有的点都正好在或者已经非常接近那根 45 度斜线。再看残差分布的直方图:

```
par(mfrow=c(1,2))
hist(residuals(mix.4))
hist(residuals(mix.5),main = "")
```

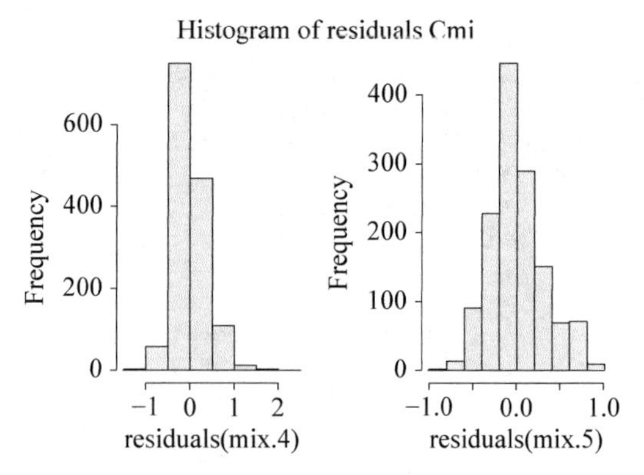

图 6.8　比较新旧模型的残差分布直方图

同样,新的模型的残差分布明显更接近于正态分布。使用 MuMIn 包的 r.squaredGLMM( )函数,查看模型的解释力:

```
MuMIn::r.squaredGLMM(mix.5)

##              R2m       R2c
## [1,] 0.05222394 0.4164086
```

从函数的返回值可以看到模型的解释力为 41.64%,但是固定因素的解释力仍然不高为 5.22%。不妨再把第 5 章考虑过但本章一直没有讨论的 TRIAL 这个变量,把它加入模型看是否可以提高模型的解释力,直接把 TRIAL 的曲线项 poly(TRIAL, 2)加入模型:

```
df_G2 <- df_G2 %>%
  mutate(TRIAL=as.vector(scale(TRIAL)))
summary(mix.5_sub1 <- lmer(log(RT41) ~ CONTXT*EXPR +
                      PC1+PC2+
                        poly(TRIAL,2)+
                      (1 + CONTXT|SUBJ) +
                      (1|WIN5),
                    REML = FALSE,
                    data = df_G2,subset =abs(scale(resid(mix.4)))<2.
5),
        cor=F)

## Linear mixed model fit by maximum likelihood  ['lmerMod']
## Formula: log(RT41) ~ CONTXT * EXPR + PC1 + PC2 + poly(TRIAL, 2) + (1
 + CONTXT | SUBJ) + (1 | WIN5)
##    Data: df_G2
##  Subset: abs(scale(resid(mix.4))) < 2.5
##
```

```
##      AIC      BIC   logLik deviance df.resid
##    887.6    955.5   -430.8    861.6     1358
##
## Scaled residuals:
##     Min      1Q  Median      3Q     Max
## -2.5079 -0.6553 -0.1138  0.5400  2.8978
##
## Random effects:
##  Groups   Name        Variance Std.Dev. Corr
##  WIN5     (Intercept) 0.020873 0.14448
##  SUBJ     (Intercept) 0.038973 0.19742
##           CONTXTten   0.003934 0.06272  0.06
##  Residual             0.095062 0.30832
## Number of obs: 1371, groups:  WIN5, 50; SUBJ, 32
##
## Fixed effects:
##                       Estimate Std. Error t value
## (Intercept)           6.107273   0.044153 138.319
## CONTXTten             0.069024   0.026695   2.586
## EXPRmodified          0.071252   0.024545   2.903
## PC1                  -0.038724   0.007112  -5.445
## PC2                  -0.074342   0.011005  -6.755
## poly(TRIAL, 2)1      -1.747023   0.324005  -5.392
## poly(TRIAL, 2)2      -0.082259   0.317858  -0.259
## CONTXTten:EXPRmodified -0.066613   0.034097  -1.954
```

从模型的统计摘要可以看到“poly(TRIAL, 2)2”项对应的 t 值并不显著，但“poly(TRIAL, 2)1”对应的 t 值显著，故只保留 TRIAL 这个变量与因变量的直线关系，如下：

```
summary(mix.5_sub2 <- lmer(log(RT41) ~ CONTXT*EXPR +
                        PC1+PC2+
                         TRIAL+
                        (1 + CONTXT|SUBJ) +
                        (1|WIN5),
                      REML = FALSE,
                      data = df_G2,subset =abs(scale(resid(mix.4)))<2.
5),
       cor=F)

## Linear mixed model fit by maximum likelihood  ['lmerMod']
## Formula: log(RT41) ~ CONTXT * EXPR + PC1 + PC2 + TRIAL + (1 + CONTXT
 | SUBJ) + (1 | WIN5)
##    Data: df_G2
##  Subset: abs(scale(resid(mix.4))) < 2.5
##
##      AIC      BIC   logLik deviance df.resid
##    885.7    948.3   -430.8    861.7     1359
##
```

```
## Scaled residuals:
##     Min      1Q  Median      3Q     Max
## -2.5182 -0.6523 -0.1136  0.5422  2.9042
##
## Random effects:
##  Groups   Name        Variance Std.Dev. Corr
##  WIN5     (Intercept) 0.020867 0.14445
##  SUBJ     (Intercept) 0.039038 0.19758
##           CONTXTten   0.003976 0.06305  0.06
##  Residual             0.095059 0.30832
## Number of obs: 1371, groups:  WIN5, 50; SUBJ, 32
##
## Fixed effects:
##                         Estimate Std. Error t value
## (Intercept)             6.107279   0.044175 138.253
## CONTXTten               0.069038   0.026719   2.584
## EXPRmodified            0.071214   0.024544   2.901
## PC1                    -0.038672   0.007109  -5.440
## PC2                    -0.074222   0.010997  -6.749
## TRIAL                  -0.046719   0.008659  -5.396
## CONTXTten:EXPRmodified -0.066601   0.034096  -1.953
```

使用残差 QQ 图,查看模型的残差分布,见图 6.9:

```
par(mfrow=c(1,2))
qqnorm(residuals(mix.5_sub2))
qqline(residuals(mix.5_sub2))
qqnorm(residuals(mix.5))
qqline(residuals(mix.5))
par(mfrow=c(1,1))
```

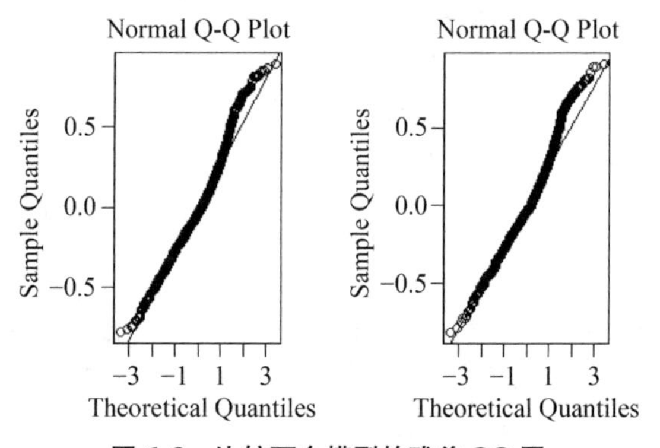

图 6.9 比较两个模型的残差 QQ 图

从图 6.9 残差的分布图看,两个模型似乎接近。再查看模型的解释力:

```
MuMIn::r.squaredGLMM(mix.5)

##              R2m       R2c
## [1,] 0.05222394 0.4164086

MuMIn::r.squaredGLMM(mix.5_sub2)

##             R2m       R2c
## [1,] 0.0617537 0.4344567
```

看起来,模型的解释力有不错的提高。由于模型中存在多个数值型的控制变量,有必要对模型进行共线性检测,使用 vif. mer( )函数:

```
##test collinearity
vif.mer <- function (model) {
  # adapted from rms::vif
  v <- vcov(model)
  nam <- names(fixef(model))
  # exclude intercepts
  ns <- sum(1*(nam=="Intercept" | nam=="(Intercept)"))
  if (ns>0) {
    v <- v[-(1:ns), -(1:ns), drop=FALSE]
    nam <- nam[-(1:ns)]
  }
  d <- diag(v)^0.5; v <- diag(solve(v/(d %o% d))); names(v) <- nam; v
}

vif.mer(mix.5_sub2)

##            CONTXTten           EXPRmodified                    PC1
##             1.747097               2.035258               1.059751
##                  PC2                  TRIAL CONTXTten:EXPRmodified
##             1.078044               1.016601               2.809765
```

各 vif 值都小于 3,看起来模型没有受到多重共线的影响。故可视 mix. 5_sub2 为最终模型,用于统计推断。更重要的是,这个模型看起来跟前面使用平均数为参照的去除异常值的模型不同,再也没有受到任何异常值的影响:

```
plot(mix.5_sub2, col="#00000020", # plot the residuals of this model
     type=c("p", "smooth"),
     pch=16, id=0.001)
```

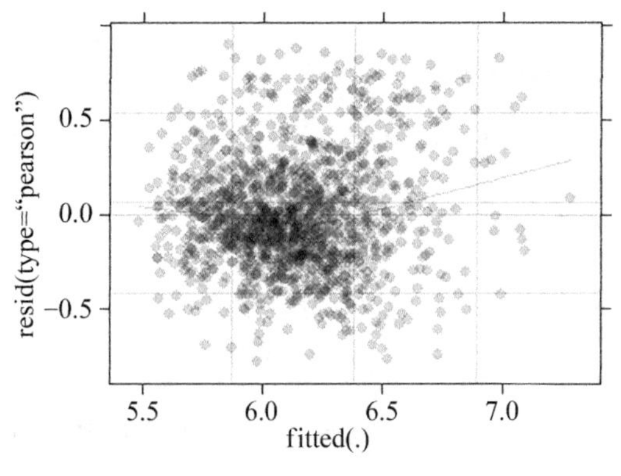

图 6.10　模型异常值的可视化

可以使用 lattice 包的 dotplot( ) 函数查看被试(SUBJ) 和阅读区域(WIN5) 的截距的变化，以及被试随机斜率的变化，如下：

```
lattice::dotplot(ranef(mix.5_sub2,condVar=TRUE))

## $WIN5
##
## $SUBJ
```

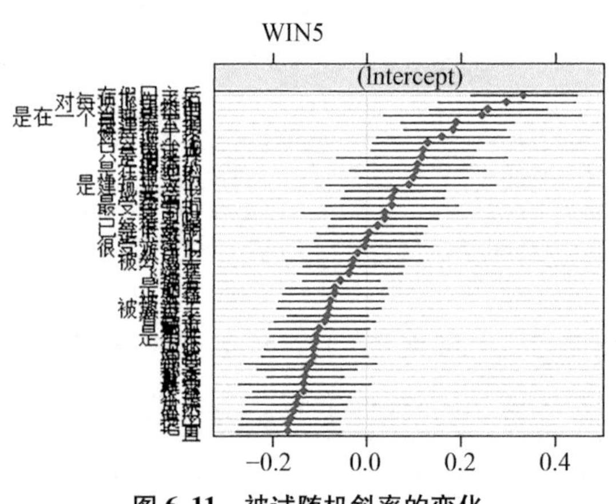

图 6.11　被试随机斜率的变化

理想的情况应该是这些随机因素的变化围绕 0 而呈正态分布，从图 6. 12 中可以看到不管是被试(SUBJ) 还是阅读区域(WIN5) ，截距调整 95%的置信区间都跟 0 重叠，也有少量不覆盖 0，而被试(SUBJ) 随机斜率的调整全部都覆盖 0。亦有学者指出(Bell *et al.* 2019) ，随机截距不符合正态分布只会非常轻

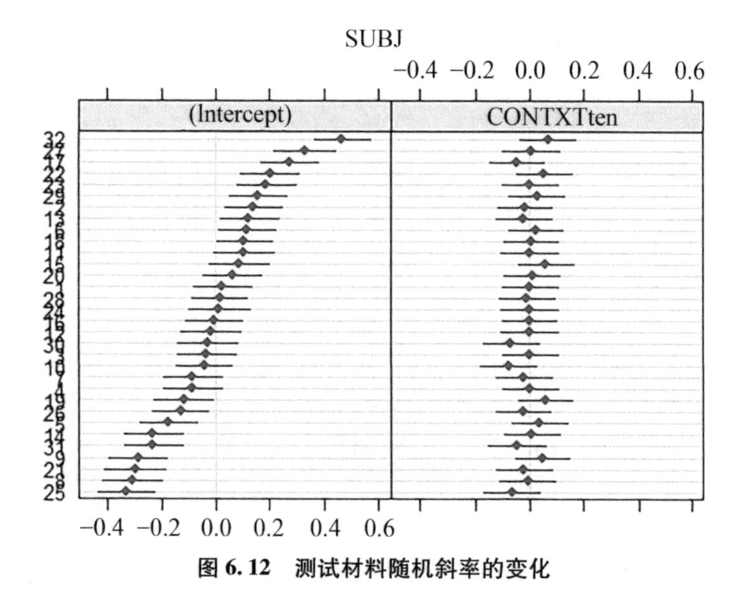

图 6.12　测试材料随机斜率的变化

微地带来偏差,这不是一个我们需要过度担心的问题。

可使用 afex 包的 mixed( ) 函数,查看模型中各变量的主效应和交互效应:

```
afex::mixed(log(RT41) ~ CONTXT*EXPR +
                        PC1+PC2+
                          TRIAL+
                        (1 + CONTXT|SUBJ) +
                        (1|WIN5),
        method = "LRT",
                      REML = FALSE,
                      data = df_G2,subset =abs(scale(resid(mix.4)))<2.5)

## Contrasts set to contr.sum for the following variables: CONTXT, EXPR,
 WIN5

## Mixed Model Anova Table (Type 3 tests, LRT-method)
##
## Model: log(RT41) ~ CONTXT * EXPR + PC1 + PC2 + TRIAL + (1 + CONTXT |
## Model:     SUBJ) + (1 | WIN5)
## Data: df_G2
## Df full model: 12
##        Effect df     Chisq p.value
## 1      CONTXT  1    2.98 +    .084
## 2        EXPR  1    4.77 *    .029
## 3         PC1  1 28.76 ***   <.001
## 4         PC2  1 43.98 ***   <.001
## 5       TRIAL  1 28.72 ***   <.001
## 6 CONTXT:EXPR  1    3.81 +    .051
## ---
## Signif. codes:  0 '***' 0.001 '**' 0.01 '*' 0.05 '+' 0.1 ' ' 1
```

从结果可以看到语境(CONTXT)和指称表达(EXPR)存在(边缘)显著的交互效应($\chi^2(1)=3.81$, $p=.05$)。可以使用 emmeans 包的 emmeans( )函数进行事后检验:

```
emmeans::emmeans(mix.5_sub2,specs = pairwise~CONTXT*EXPR)

## $emmeans
##  CONTXT EXPR     emmean     SE   df lower.CL upper.CL
##  one    bare       6.10 0.0446 60.4     6.02     6.19
##  ten    bare       6.17 0.0466 58.1     6.08     6.27
##  one    modified   6.18 0.0445 59.5     6.09     6.27
##  ten    modified   6.18 0.0463 56.6     6.09     6.27
##
## Degrees-of-freedom method: kenward-roger
## Results are given on the log (not the response) scale.
## Confidence level used: 0.95
##
## $contrasts
##  contrast                    estimate     SE     df t.ratio p.value
##  one bare - ten bare         -0.06904 0.0270   97.6  -2.556  0.0577
##  one bare - one modified     -0.07121 0.0246 1315.5  -2.892  0.0203
##  one bare - ten modified     -0.07365 0.0267   93.6  -2.757  0.0347
##  ten bare - one modified     -0.00218 0.0272   99.6  -0.080  0.9998
##  ten bare - ten modified     -0.00461 0.0242 1290.6  -0.191  0.9975
##  one modified - ten modified -0.00244 0.0265   90.5  -0.092  0.9997
##
## Degrees-of-freedom method: kenward-roger
## Results are given on the log (not the response) scale.
## P value adjustment: tukey method for comparing a family of 4 estimat
es
```

结果证实了被试受到了指称歧义(信息不足)的影响,当语境有 10 个指代物时,被试对光杆名词的阅读时间显著长于语境中只有 1 个指代物的时候($\beta=0.07$, SE=0.03, $t=2.56$, $p=.057$)。但是,他们没有受到信息冗余的影响。当语境只有一个指代物时,被试对修饰名词的阅读时间与语境只有一个指代物时的时间没有区别($\beta=0.002$, SE=0.03, $t=0.92$, $p=.99$)。可以使用 effects 包的 allEffects( )函数,对模型进行可视化:

```
library(effects)

## Loading required package: carData
## lattice theme set by effectsTheme()
## See ?effectsTheme for details.

plot(allEffects(mix.5_sub2),grid=TRUE,ylim=range(log(RT41)),main="")
plot(allEffects(mix.5_sub2),grid=TRUE,main="")
```

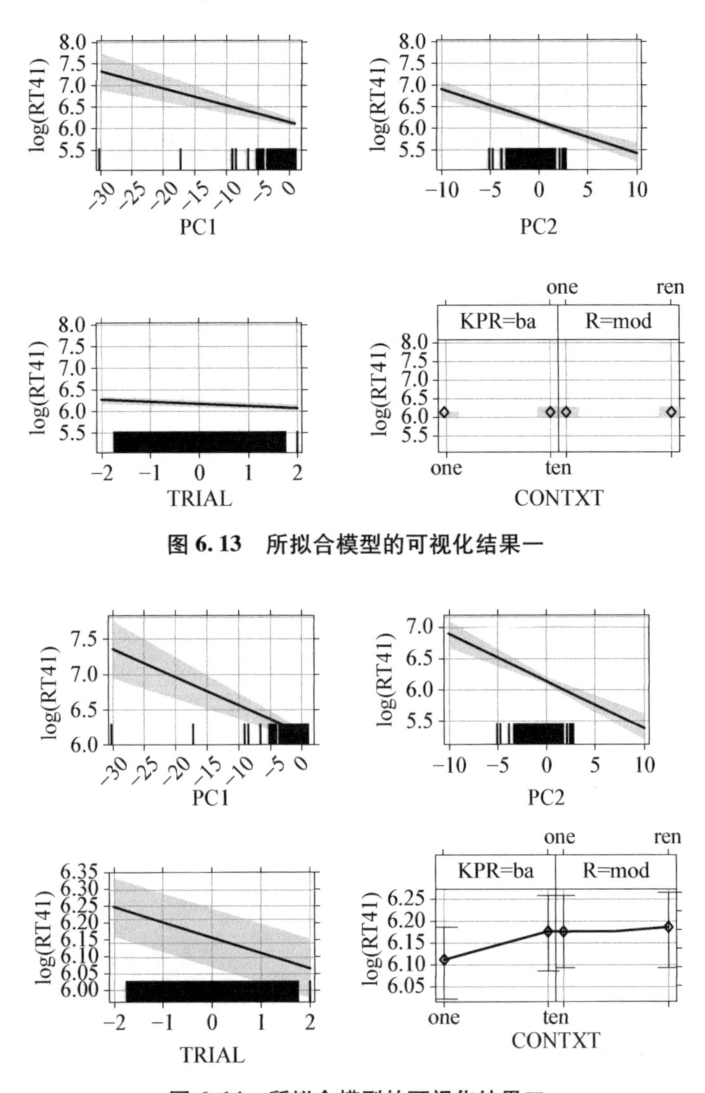

图 6.13　所拟合模型的可视化结果一

图 6.14　所拟合模型的可视化结果二

6.6 余　　论

到这里为止,读者可能会心生疑问:那应该选择哪种方法来处理异常值呢? 是不是基于模型的异常值处理方法要好于以平均数为参照的方法? 笔者认为不管是哪种方法都有它的道理和内在逻辑。本质上,它们都是一样的。

就基于模型的方法来说，在实际使用中，其实还会面临多个难题。比如，基于已经拟合模型获得新的数据时，应该从哪里开始模型拟合呢？是从刚刚拟合的那个模型吗？这其实是有争议的，因为很可能使用新生成的数据从头再开始的话，或许会获得完全不一样的结果，比如原来两个变量没有交互，但是使用新的数据就有交互了，但问题是，这个数据是在没有交互的模型里生成的，这个矛盾如何解决？

不过，就像第5章已经介绍过的，统计建模一般都包括三个步骤：①构建模型；②模型诊断；③模型解读。从这个角度看，通过模型诊断，去除异常值是每次建模都不可忽略的步骤，那么，使用“基于模型的异常值去除法”看来也就成了自然的选择了。若如此，那在模型诊断之前的去除就要尽可能坚持“最小去除”，否则就可能导致多余的数据损失。

第7章 中国学生SV-结构的习得困惑

本章将介绍我们发表在国际SSCI期刊*Second Language Research*的一篇研究论文的数据分析思路,由此进一步介绍因变量为二元变量的混合效应模型的拟合。这篇论文在2022年首先以在线的形式发表(online first),题为*Testing the Bottleneck Hypothesis: Chinese EFL Learners' Knowledge of Morphology and Syntax across Proficiency Levels*。这篇研究论文的目的是通过检验二语习得的"瓶颈假说"(The bottleneck hypothesis),分析中国学习者英语学习的"最难、最具有挑战性"的问题。为了让读者更好地理解数据分析的思路和逻辑,本章先简单介绍这项发表成果的背景、动机、研究问题和实验设计。

7.1 研究背景

在二语习得研究中,了解第二语言的哪些特征特别难学是一个非常重要的研究问题(DeKeyser 2005),这一问题通常被界定为第二语言习得的"瓶颈问题"。就此,先前的研究比较一致地发现,语言中的功能特征(functional properties)给第二语言学习者带来巨大挑战(e. g. Jiang, 2004; Lardiere, 2009)。据此,Slabakova(2013,2016,2019)从生成语言学的二语习得观出发,提出功能形态(functional morphology)(亦称功能语类,functional category)(如语言的屈折变化,包括性、数、格等等)构成二语习得的"瓶颈",因为(参见马拯, 2022:122):①功能形态承载着一门语言大部分的语法语义,是二语习得的核心;②基于 Borer-Chomsky 猜想(Borer, 1984; Chomsky, 1995),功能形态是各门语言之间差别最显著的地方,而核心句法、语义和语用则遵循普遍语法;③功能形态集各种语义、句法和形态语音特征于一身,影响着整个句子的语义和可接受度。

除语言差异之外,功能形态使用中的信息复杂性也使得其习得变得尤为困难(Wu *et al.*, 2022)。由于功能形态中还"捆绑了语义、句法和形态语音特征,这些特征对句子的可接受度和意义理解都会产生影响"(Slabakova, 2019: 319)。这意味着想要习得第二语言中的功能形态,学习者不仅需要掌握特定的形态—词法形式(morpho-lexical forms)和它们的语素变体(allomorphic variation),还需要掌握决定其使用正确性的限制因素和条件(Hwang & Lardiere, 2013)。然而,这一系列的形式特征可能并不会在屈折词素中显示出来,因此增加了功能形态习得的难度系数(Jensen *et al.*, 2020)。

本节研究的目的是以我国英语学习者为被试,通过比较不同英语水平(年龄、英语学习时长)的学生对主谓一致结构(SV-agreement)和 WH-疑问句(WH-questions)的习得情况,来考察这两种语法构式中哪一种语法构式不仅更难学而且持续性地更难学,来检验 Slabakova 的瓶颈假说。之所以选择主谓一致结构(SV-agreement)和 WH-疑问句(WH-questions)这两种语法构式作为考察的目标构式是因为:①在英语诸多的功能形态当中,对我国学生来说,最具代表性和挑战性的应该是主谓一致结构(详见马拯,2023:122);②WH-疑问句被研究者视作英语核心句法,既是理论语言学,也是应用语言学(如语言习得)关注的焦点。就我国英语学习者来说,WH-疑问句是学习过程中经常碰见、出现频率很高的语法构式,但却又构成他们语法学习的难点。因此,理解这一语法构式的习得过程对理解我国学习者二语核心句法能力的发展具有重要意义。

笔者在发表的那篇论文里一共研究了两个问题。但是,这里主要只展示跟第一个问题相关的数据分析:对中国外语学习者来说,功能形态和 WH-疑问句,哪一种更难,且持续性地更难?我们根据 WH-疑问句转换规则,把它分成三个小类:WH-移位、WH-do-嵌入和 WH-do-倒置,以更具体地进行比较。

7.2　实验设计

7.2.1　被试

本研究招募了来自三个不同年龄段的 124 名我国英语学习者。第一组被试由 46 名八年级的学生组成,年龄在 14—16 岁之间,他们来自中国东部某省的一所中学。第二组被试包括 33 名 11 年级的学生,年龄在 16—18 岁之间,他们来自同一省份的一所高中。第三组被试是来自中国一所重点大学的 45 名大学一年级新生,他们的年龄在 18—20 岁之间。这三组被试分别被标记为"初中组""高中组"和"大学组",更详细情况请看原文。

7.2.2　工具

一共使用了三种实验材料收数据集:背景问卷、英语水平测试题和语法可接受度测试问卷,如下:

(1) 背景问卷。

这三道题用于收集被试人口信息,包括姓名、年龄、年级、在校学习英语的年数以及是否在英语为母语的国家停留过等。

(2) 英语水平测试题。

借自 Jensen *et al.* (2020),由标准化牛津英语水平测试中的部分试题构成,共 40 道题,前 20 道为独立题,后 20 道为同一个篇章的完形填空。全部都是多项选择题,每道题三个选项,一个为正确答案,如例①:

① Water ________ at a temperature of 100℃.

A. is to boil　B. is boiling　C. boils

(3) 语法可接受度判断测试。

这一部分的材料制作是整个实验最难的部分,最核心的原则是要确保各种不同语法构式的可比性。我们共设计了 40 个英语句子组作为语法可接受度判断实验的材料。根据主语和动词之间的距离将这些句子分为两种类型:

动词与主语之间无间隔(短距离),主语与动词之间有间隔(长距离)。为了生成这 40 个句子组,我们首先生成一个基础句(base sentence),是一般现在时的陈述句,在此基础上,再生成 7 个句子,这样每一个句子组一共有 8 个句子构成,如例②所示:

② a. The little child plays football each Saturday.

b. *The little child play football each Saturday.

c. The little children play football each Saturday.

d. *The little children plays football each Saturday.

e. What did the little children play last Saturday?

f. *The little children played what last Saturday?

g. *What the little children played last Saturday?

h. *What the little children did play last Saturday?

这 8 个句子可视作由前四句话和后四句话两组句子对组成(sentence pair)。前四句话包含四个版本的一般现在时陈述句,用于测试被试的主谓一致知识,其中有两个句子(2a)和(2c)符合语法规则,而另两个句子(2b)和(2d)不符合语法规则(缺少必要的第三人称单数-s;在主语是复数时,错误地使用动词三单形式)。后四句话,包含四个版本的 WH-疑问句,旨在测试被试对 WH-疑问句相关知识的掌握程度,其中一个(2e)符合语法规则,(2f)则因没有进行 WH-移位而不符合语法规则,(2g)和(2h)旨在考察被试的助动词 do 嵌入和主语-助动词 do 倒置的知识,虽然两个问题中都有 WH-移位,但(2g)漏掉了所需的助动词 do,(2h)未将助动词 do 与主语倒置。

关于实验材料的更多信息,请读者参考论文原文。我们把制作的句子通过拉丁方的方式分配到 4 个 list 中,被试随机安排到其中一个 list 参加实验。语法可接受度判断任务按李克特 5 级量表形式设计,实验通过问卷星完成。在可接受度判断任务中,被试按 1 至 5 个等级对句子的语法可接受度进行判断:1=完全不能接受,4=完全可以接受,5=我不知道。

7.3　在 RStudio 操控数据

7.3.1　数据清洁和整理

本研究的测试都是通过问卷星来实施的,因此所有的测试结果都可以从问卷星直接以 excel 的形式下载下来。本实验一共从问卷星下载了 5 套数据表:1 套英语水平测试成绩(包括了背景问卷数据)和 4 套语法可接受度判断实验对应的数据。第 2 章已经详细展示过如何整理和清洁从问卷星下载的数据,故此处不再展示这个繁琐的过程。大家现在可以看到的数据是经过了清洁和整理,综合了上述 5 套数据表的一个总数据表,命名为 *bottleNeck. xlsx*。先把数据读入 RStudio,并使用 glimpse( ) 函数查看其结构:

```
library(tidyverse);library(readxl)
Exp <- read_excel("bottleNeck.xlsx")
glimpse(Exp)

## Rows: 15,510
## Columns: 13
```

从 glimpse( ) 函数的返回值可以看到这个数据一共有 15 510 行、13 列,也就是说一共有 13 个变量,15 510 个观测。在介绍数据分析前,有必要先了解每个变量代表的含义。从变量的名称就能基本确定前面 4 个变量的内涵。subj 是被试识别号(identifier),sex 表示性别,这里显示它是数值型的变量,这是因为在这个数据框里男女两个不同的性别是使用数字编码的(1 或者 2),如果后面需要把性别作为一个分类变量的话,还必须对它进行转换,本研究不涉及这个问题。age 表示被试的年龄,为数值型变量,stayEN 表示在英语为母语的国家待过多长时间,单位为月。第 5 个变量 scores 是本研究中的因变量,是被试对每个句子按照前面介绍过的李克特式 5 级量表所作的语法判断的评分,前面已经介绍过,1 = 完全不可接受(*completely unacceptable*),4 = 完全可接受(*completely acceptable*),5 = 我不知道。

变量 items 表示实验的材料,即被试做出语法判断的句子。由于在写作本书时,这篇文章还没有正式发表,故在读者能下载的数据里隐去了实验使用的原始句,而是使用 str_sub( ) 函数截取了原始句子的开头部分,来代表实验中所使用的原始句。但这么做也可能产生一个问题,那就是一些原始句本来并不相同,但是截取部位碰巧相同,这使得 items 中存在大量本来不同但截取后相同的句子,彻底改变了这个随机变量的意义,为了避免这个问题,我们特意生成了另外一个变量 sentences,用 sentences 这个变量代表实验句的识别号或代号(ID)。cond1, cond2, cond3 是自变量,通过这三个自变量,可以确定所测试的句子属于哪一个语法属性:SV, WH-movement, WH-do-insertion,还是 WH-do-inversion,以及在这四个类别中是语法正确的句子,还是语法错误的句子。首先,对这三个变量进行探索,查看它们具体代表什么含义,最先探索 cond1,如下:

```
Exp %>%
  count(cond1)

## # A tibble: 4 × 2
##   cond1          n
##   <chr>      <int>
## 1 Local_plu   4090
## 2 Local_sin   3729
## 3 Long_plu    3959
## 4 Long_sin    3732
```

可以看到变量 cond1 一共有 4 个水平,分表代表是长距离(long),还是短距离(local),以及是单数(sin),还是复数(plu)。前面介绍过,实验中的每一组的 8 个句子都是由同一个基础句生成,由此确保各个句子(实验条件)的可比性,如:

a. The little child plays football each Saturday.

b. * The little child play football each Saturday.

c. The little children play football each Saturday.

d. * The little children plays football each Saturday.

e. What did the little children play last Saturday?

f. * The little children played what last Saturday?

g. *What the little children played last Saturday?

h. *What the little children did play last Saturday?

上面这组8个句子都是由相同的一个句子即句子(a)生成的。这8个句子,按变量 cond1 就可以分成如上所示的四个水平:Local_plu、Local_sin、Long_plu 和 Long_sin。但是,从 cond1 的这四个水平之中无法判断哪些水平代表 SV 结构的句子,哪些代表 WH 的句子,必须结合后面两个变量 cond2 和 cond3 才能判断。先看 cond2。

```
Exp %>%
  count(cond2)

## # A tibble: 6 × 2
##   cond2     n
##   <chr> <int>
## 1 SV1    2485
## 2 SV2    2489
## 3 wh1    2479
## 4 wh2    2781
## 5 wh3    2484
## 6 wh4    2792
```

可以看到,cond2 一共有6个水平,前两个水平 SV1 和 SV2 代表两种不同类型的 SV 句子(SV1 正确 vs. SV2 错误),后4个水平,很显然,代表的是各种不同的 wh-疑问句。再查看变量 cond3:

```
Exp %>%
  count(cond3)

## # A tibble: 2 × 2
##   cond3     n
##   <chr> <int>
## 1 cor    4964
## 2 incor 10546
```

cond3 只有两个水平,分别代表正确(cor)和错误(incor),指的是被试对句子进行语法判断时这个句子本身是否符合语法。可见,这三个变量都只呈现了部分信息,并没有呈现这个研究自变量的所有信息,如果把这三个结合起来看可以获得更多的信息,比如:

```
Exp %>%
  count(cond1,cond2)

## # A tibble: 24 × 3
##    cond1     cond2     n
##    <chr>     <chr> <int>
##  1 Local_plu SV1     621
##  2 Local_plu SV2     624
##  3 Local_plu wh1     617
##  4 Local_plu wh2     800
##  5 Local_plu wh3     623
##  6 Local_plu wh4     805
##  7 Local_sin SV1     626
##  8 Local_sin SV2     623
##  9 Local_sin wh1     619
## 10 Local_sin wh2     621
## # … with 14 more rows

#or
table(Exp$cond1,Exp$cond2)

##
##              SV1 SV2 wh1 wh2 wh3 wh4
##   Local_plu 621 624 617 800 623 805
##   Local_sin 626 623 619 621 620 620
##   Long_plu  615 619 622 742 618 743
##   Long_sin  623 623 621 618 623 624

#or
xtabs(~cond1+cond2,data=Exp)

##            cond2
## cond1       SV1 SV2 wh1 wh2 wh3 wh4
##   Local_plu 621 624 617 800 623 805
##   Local_sin 626 623 619 621 620 620
##   Long_plu  615 619 622 742 618 743
##   Long_sin  623 623 621 618 623 624
```

这两个变量的结合可以非常方便地看出 4 种不同类型的 SV 结构：Local_sin，Local_plu，Long_sin 和 Long_plu。但这两个变量的组合对认识 wh-疑问句的类型帮助不大。再看 con2 和 cond3 两个变量的组合：

```
table(Exp$cond2,Exp$cond3)

##
##        cor incor
##   SV1 2485     0
##   SV2    0  2489
##   wh1 2479     0
##   wh2    0  2781
##   wh3    0  2484
##   wh4    0  2792
```

```
#or
xtabs(~cond2+cond3,data=Exp)

##       cond3
## cond2  cor incor
##   SV1 2485     0
##   SV2    0  2489
##   wh1 2479     0
##   wh2    0  2781
##   wh3    0  2484
##   wh4    0  2792
```

这两个变量的组合也可以非常清楚地了解 wh-疑问句的类型：wh1 是语法正确的句子（如 e），wh2 是语法错误的句子（没有移动，如 f），wh3 是 WH-do-insertion，而 wh4 是 WH-do-inversion，也就是说为了方便，本研究分别用 wh1 和 wh2 代表 WH-movement，wh3 代表 WH-do-insertion，wh4 代表 WH-do-inversion。

在这篇文章的审稿过程中，有一个审稿人建议先把所有实验句分成两类，一类为 SV 结构，一类为 wh-疑问句，比较它们是否有显著区别。我们在论文修改时接受了这一建议，并对结果进行了统计分析。生成这个变量，最主要的依据是变量 cond2：

```
###collapse the three types of WH
Exp1<- Exp %>%
  mutate(type=ifelse(cond2 %in% c("SV1","SV2"), "SV","WH"))
Exp1 %>%
  count(type)

## # A tibble: 2 × 2
##   type      n
##   <chr> <int>
## 1 SV     4974
## 2 WH    10536
```

上面的代码生成了一个新的变量，命名为 type，它有两个水平，实现了“把所有实验句分成两类”的目标：SV 和 WH。从 count 的结果看，WH 的数量要大于 SV，这容易理解，因为前者只有 2 种句子，而后者有 4 种句子。上面的代码当中，最重要的符号是%in%，它相当于英语中的 *one of* 的意思。笔者在《R 在语言科学研究中的应用》一书中，对这个符号的使用进行过专门介绍。

但是,目前的数据仍然缺少一个非常重要的变量就是因变量。读者可能会觉得变量 scores 就是因变量,因此并不缺少因变量。scores 确实可以看作因变量,但是,它并不能直接作为因变量进入模型进行分析,有两个原因:

① scores 的数字代表的是被试对句子语法可接受度所作判断的值。但是,被试作出判断时的句子既可能是语法正确的句子,也可能是语法错误的句子。因此,相同的数字代表的含义并不一样。比如,同样是数字 4,如果这句话本身是语法正确的句子,它表示了被试做出了准确的判断,但是,如果这句话本身是语法错误的句子,它表示的意思完全相反,即被试做出了错误的判断。

② scores 只有 4 个不同的分数(因为 5 表示“我不知道”,不进入分析)。因此,它并不是大家熟悉的连续性的数值型变量。基于这两点,我们对 scores 这个变量进行转换,生成一个新的变量作为因变量。在这篇论文里,我们把被试的判断分数编码为二元变量(binary),即正确(yes)和错误(no)两个类别:如果句子的语法正确,被试作出的判断是 3 或者 4,答案就编码为正确,作出的判断是 1 或者 2,就编码为错误;如果句子的语法错误,则正好相反,他们的判断是 3 或者 4 时答案就编码为错误,是 1 或者 2 时,就编码为正确,代码如下:

```
Exp_0 <- Exp1 %>%
  filter(cond3=="cor") %>%
  mutate(response=ifelse(scores %in%c(3,4),"yes","no"))
Exp_1 <- Exp1 %>%
  filter(cond3=="incor") %>%
  mutate(response=ifelse(scores %in%c(3,4),"no","yes"))
Exp2 <- bind_rows(Exp_0,
                  Exp_1)
Exp2 %>%
  count(response)
## # A tibble: 2 × 2
##   response     n
##   <chr>    <int>
## 1 no        6463
## 2 yes       9047
```

上面的代码先把数据按语法正确(cor)和错误(incor)分开,分成两个部分。然后再分别生成新的变量 *response*,作为本研究的因变量,最后使用 bind_rows()

函数,把它们合并起来。这么做看起来比较繁琐,但是也把事情简化了,避免了这个过程错误的产生。如果试图同时满足 cond3 和 scores 这两个变量的条件,通过一个步骤就生成 response 这个变量,看似简化了过程,但也可能增加犯错误的概率。到这一步,已经把数据基本准备完毕,尽管在后面更具体的分析中还可能要根据具体的研究问题生成新的自变量。利用这个数据,先进行描述统计,呈现三组不同的被试(大学 vs. 高中 vs. 初中)SV 和 WH 句子的平均准确率:

```
x1 <- Exp2 %>%
  group_by(group,type,response) %>%
  summarize(n = n()) %>%
  mutate(prop = n / sum(n)) %>%
  filter(response=="yes")

flextable::flextable(x1)
```

表 7.1

group	type	response	n	prop
college	SV	yes	1 089	0. 6
0college	WH	yes	2 482	0. 65
highschool	SV	yes	756	0. 56
highschool	WH	yes	1 802	0. 63
midschool	SV	yes	988	0. 54
midschool	WH	yes	1 930	0. 50

从描述统计结果看,WH-疑问句的准确率随着学习者语言水平的提高而提高的趋势比较明显(从 0. 50 到 0. 65),但是 SV 的准确率的提高趋势却并不明显(从 0. 54 到 0. 60)。不过,按组别来分别查看各组的数据对本研究来说意义不大,因为在本研究里我们是把语言水平当作一个连续型变量而不是分类变量来进行统计分析,并考察它的影响。

7.3.2　初步分析

在进行主要分析之前,我们先进行了预备分析(preliminary analysis),主要是检验三组不同的被试是否在年龄、英语学习时长以及语言水平上呈现逐级上升的趋势。首先,分别对三组被试的年龄、英语学习时长以及语言水平进行独立测量的单向方差分析(One-way ANOVA)。第 2 章已经详细展示过如何进行类似的方差分析,最简单直接的办法就是使用 afex 包的 aov_4( )函数。不过,需要特别注意的是,上面获得的数据 Exp2 包括了被试在每个条件下完成每一道题的数据,等于每一名被试有多个年龄、英语学习时长以及语言水平成绩,为此,先对数据进行一个简单的转换:

```
df_aov <- Exp2 %>%
  distinct(subj,.keep_all = TRUE)
```

distinct( )函数的功能是去除重复。经过这个操作以后,就可以进行如下的方差分析,以确定 3 组被试在年龄、英语学习时长以及语言水平上是否存在显著差异:

```
library(afex)
#first of all, language proficiency:
lp_aov <- afex::aov_4(lp_scores~group+(1|subj),
                      data=df_aov)
lp_aov

## Anova Table (Type 3 tests)
##
## Response: lp_scores
##   Effect     df    MSE         F  ges p.value
## 1  group 2, 121  22.12 21.08 *** .258   <.001
## ---
## Signif. codes:  0 '***' 0.001 '**' 0.01 '*' 0.05 '+' 0.1 ' ' 1

emmeans::emmeans(lp_aov,specs = pairwise~group)

## $emmeans
##  group      emmean    SE  df lower.CL upper.CL
##  college      29.5 0.701 121     28.1     30.9
##  highschool   26.3 0.819 121     24.7     27.9
##  midSchool    23.1 0.693 121     21.7     24.5
##
## Confidence level used: 0.95
##
## $contrasts
##  contrast               estimate    SE  df t.ratio p.value
##  college - highschool       3.24 1.078 121   3.005  0.0090
##  college - midSchool        6.40 0.986 121   6.493  <.0001
##  highschool - midSchool     3.16 1.073 121   2.949  0.0106
##
```

```
## P value adjustment: tukey method for comparing a family of 3 estimates

#second, age:
age_aov <- afex::aov_4(age~group+(1|subj),data=df_aov)
age_aov

## Anova Table (Type 3 tests)
##
## Response: age
##   Effect     df     MSE          F      ges  p.value
## 1  group 2, 121    0.31    913.68 *** .938   <.001
## ---
## Signif. codes:  0 '***' 0.001 '**' 0.01 '*' 0.05 '+' 0.1 ' ' 1

emmeans::emmeans(age_aov,specs = pairwise~group)

## $emmeans
##  group      emmean     SE  df lower.CL upper.CL
##  college      18.9 0.0835 121     18.7       19
##  highschool   16.8 0.0975 121     16.6       17
##  midSchool    13.9 0.0826 121     13.7       14
##
## Confidence level used: 0.95
##
## $contrasts
##  contrast               estimate    SE  df t.ratio p.value
##  college - highschool       2.08 0.128 121  16.200  <.0001
##  college - midSchool        5.00 0.117 121  42.567  <.0001
##  highschool - midSchool     2.92 0.128 121  22.848  <.0001
##
## P value adjustment: tukey method for comparing a family of 3 estimates

#third, length of English learning
length_aov <- afex::aov_4(length~group+(1|subj),data=df_aov)
length_aov

## Anova Table (Type 3 tests)
##
## Response: length
##   Effect     df     MSE          F      ges  p.value
## 1  group 2, 121    0.85    413.82 *** .872   <.001
## ---
## Signif. codes:  0 '***' 0.001 '**' 0.01 '*' 0.05 '+' 0.1 ' ' 1

emmeans::emmeans(age_aov,specs = pairwise~group)

## $emmeans
##  group      emmean     SE  df lower.CL upper.CL
##  college      18.9 0.0835 121     18.7       19
##  highschool   16.8 0.0975 121     16.6       17
##  midSchool    13.9 0.0826 121     13.7       14
##
## Confidence level used: 0.95
##
```

```
## $contrasts
##  contrast                estimate    SE  df t.ratio p.value
##  college - highschool        2.08 0.128 121  16.200  <.0001
##  college - midSchool         5.00 0.117 121  42.567  <.0001
##  highschool - midSchool      2.92 0.128 121  22.848  <.0001
##
## P value adjustment: tukey method for comparing a family of 3 estimat
es
```

从上述多组方差分析的结果可以看到，三组被试在年龄（$F(2\ 121)=846.31$，$p<.001$，$\eta^2=.933$）、英语学习时长（$F(2\ 121)=356.00$，$p<.001$，$\eta^2=.855$）和英语水平（$F(2\ 121)=21.08$，$p<.001$，$\eta^2=.258$）之间都存在显著差异。事后检验（使用 Tukey 校证）发现，在年龄、英语学习时长和英语水平，大学生都要高于高中生，而高中生又要高于初中生。这个结果符合我们实验设计的预期和研究的目的。接着，对被试的年龄、英语学习时长和语言水平进行相关分析（correlational test）：

```
#cor-relationship between age and lp:
cor.test(Exp2$age,Exp2$lp_scores)

##
##  Pearson's product-moment correlation
##
## data:  Exp2$age and Exp2$lp_scores
## t = 70.377, df = 15508, p-value < 2.2e-16
## alternative hypothesis: true correlation is not equal to 0
## 95 percent confidence interval:
##  0.4799795 0.5038376
## sample estimates:
##      cor
## 0.492001

#cor-relationship between age and length of learning:
cor.test(Exp2$age,Exp2$length)

##
##  Pearson's product-moment correlation
##
## data:  Exp2$age and Exp2$length
## t = 376.85, df = 15508, p-value < 2.2e-16
## alternative hypothesis: true correlation is not equal to 0
## 95 percent confidence interval:
##  0.9479268 0.9510263
## sample estimates:
##       cor
## 0.9494997
```

```
#cor-relationship between length of learning and lp:
cor.test(Exp2$length,Exp2$lp_scores)

##
##  Pearson's product-moment correlation
##
## data:  Exp2$length and Exp2$lp_scores
## t = 69.222, df = 15508, p-value < 2.2e-16
## alternative hypothesis: true correlation is not equal to 0
## 95 percent confidence interval:
##  0.4737340 0.4977814
## sample estimates:
##       cor
## 0.4858496
```

上面的结果显示这三个变量之间显著相关。这说明当我们考察这三个变量对被试进行语法可接受度判断的影响的时候,可能只需要考察其中一个变量的影响。由于语言水平在二语研究当中最具代表性,因此,在后面的研究当中,我们只把语言水平进入模型,需要注意的是,语言水平的影响实际上也相当于被试的年龄以及英语学习时长的影响。

7.3.3　主要分析:两类合并

文章要回答的第一个研究问题是:SV 结构的学习是否比 WH-疑问句包括 WH-movement, WH-do-insertion 和 WH-do-inversion 等核心句法知识的学习更难,给中国学生带来了更大更持久的挑战? 如上文所述,根据审稿专家的建议,我们分两步来回答这个问题:①首先合并比较,即把 WH-疑问句合并为一类,与 SV 结构进行比较,以从总体上确定 SV 和 WH 谁更难;②然后,分别比较,把 WH-疑问句分成 3 种,分别跟 SV 结构进行比较。进行第一种比较的数据已经整理完成。因变量 response 是二元变量,故采用 glmer( ) 函数,拟合逻辑回归的广义线性混合模型(logistic mixed-effects model)。

一共有两个自变量,分别是 type (SV vs. WH)和语言水平,它们是混合模型的固定效应因素。被试和测试材料则是这个模型的随机效应因素。在拟合模型的时候,也遵照 Bar 等(2013)的“保持最大化”的原则,在拟合模型的随机效结构时,总是既考察被试也包括测试材料对固定因素的随机斜率和随机截距。

使用 *afex* 包的 mixed( ) 函数来获得自变量的主效应和交互效用,使用 emmeans( ) 函数进行事后检验。需要注意的是语言水平是连续型变量,因此,需要对它进行标准化(scale),再进入模型,以减少模型拟合时经常出现不能“聚敛”(failed to converge)的问题,同时也方便对结果进行解释:

```
Exp3 <- Exp2 %>%
  mutate(lp=as.vector(scale(lp_scores))) %>%
  mutate(response=factor(response))
```

上面代码把语言水平进行了标准化,并把因变量 response 变成因子(factor)。读者已经多次读到我们在拟合模型时先把连续型的数值变量进行标准化后再进入模型的这一做法。上面已经说过,这么做有两个目的:①减少模型拟合时经常出现不能“聚敛”的问题;②方便对结果进行解释。第一个目的是许多人经过无数次实践而形成的共识,对此,读者也可以亲自实践,比较转换和不转换的区别,以进行验证。关于第二个目的,即方便对结果进行解释,笔者在《第二语言加工及 R 语言应用》一书曾专辟一个小节进行过说明(吴诗玉,2019:158-160),读者可参考。实际上,如果大家理解了 z 分数(即标准分)的含义就不难理解为什么数据标准化后结果就更容易解释的道理:标准化避免了测量单位的差异造成的不可比问题。

在进行了上述模型拟合前的准备工作之后,最重要的问题就是模型的随机效应结构到底应该怎样设置?要回答这个问题,需要对数据进行简单的探索:

```
attach(Exp3)

## The following object is masked from package:stringr:
##
##     sentences

table(subj,type)

##          type
## subj       SV  WH
##   subj1    40  85
##   subj10   40  85
##   subj100  39  85
##   subj101  39  85
##   subj102  38  76
##   subj103  40  85
##   subj104  32  67
…
```

上面的代码使用 table( )函数,对 subj 和 type 两个变量交叉制表(tabulate),从获得的结果可以看到,被试(subj)在两种不同类型(type)的语言属性中(SV vs. WH)里都参加了测试。这两种不同的语言属性可能都会对被试的表现造成影响。因此,除了需要考察被试的随机截距,还要考察被试相对于不同语言属性(type)的随机斜率。那么,是否需要考察语言水平(lp)给被试造成的不同影响,即被试相对于语言水平的随机斜率呢?第 4 章中曾经解释过这个问题,语言水平属于被试的个体属性,因此不需要考察它对被试的随机斜率,但需要考察它对测试材料的随机斜率。剩下的问题就是:是否需要考察语言属性(type)给测试材料造成的随机斜率?做如下探索:

```
table(Exp3$sentences,Exp3$type)

##
##                                SV  WH
##    S100Long_sin.incor.wh3      0  61
##    S101Local_sin.incor.wh      0  62
##    S102Local_plu.incor.SV     62   0
##    S103Local_sin.incor.wh2     0  62
##    S104Local_plu.incor.wh      0  60
##    S105Local_sin.incor.SV     62   0
##    S106Long_plu.incor.wh       0  60
##    S107Long_plu.incor.wh3      0  62
##    S108Local_plu.incor.wh      0 125
…
```

上面的代码也使用了 table( )函数,对 sentences 和 type 两个变量交叉制表(tabulate),从获得的结果可以看到,测试材料并没有同时出现在两个不同的语言属性(type)当中,故不考察它的随机斜率。我们采用向后(backward)回归的方法,首先拟合了一个最大模型:

```
library(lme4)
summary(m0 <- glmer(response~type*lp+
                           (1+type|subj)+
                           (1+lp|sentences),
                         data=Exp3,
                         control=glmerControl(optimizer="bobyqa",
                                              optCtrl=list(maxfun=2e5)),
                         family="binomial"),cor=F)

## Generalized linear mixed model fit by maximum likelihood (Laplace
##   Approximation) [glmerMod]
##  Family: binomial  ( logit )
## Formula: response ~ type * lp + (1 + type | subj) + (1 + lp | senten
ces)
##    Data: Exp3
```

```
## Control: glmerControl(optimizer = "bobyqa", optCtrl = list(maxfun =
2e+05))
##
##      AIC      BIC   logLik deviance df.resid
##  17999.0  18075.5  -8989.5  17979.0    15500
##
## Scaled residuals:
##      Min       1Q   Median       3Q      Max
## -10.1791  -0.7536   0.3240   0.7060   2.7649
##
## Random effects:
##  Groups    Name        Variance Std.Dev. Corr
##  sentences (Intercept) 0.53749  0.7331
##            lp          0.04791  0.2189   0.56
##  subj      (Intercept) 0.20004  0.4473
##            typeWH      1.02965  1.0147   0.32
## Number of obs: 15510, groups:  sentences, 240; subj, 124
##
## Fixed effects:
##             Estimate Std. Error z value Pr(>|z|)
## (Intercept)  0.36360    0.09684   3.754 0.000174 ***
## typeWH       0.21514    0.14177   1.518 0.129139
## lp           0.21229    0.05639   3.764 0.000167 ***
## typeWH:lp    0.20203    0.10330   1.956 0.050498 .
## ---
## Signif. codes:  0 '***' 0.001 '**' 0.01 '*' 0.05 '.' 0.1 ' ' 1
```

细心的读者可能会注意到，上面模型拟合的细节跟第 4 章介绍的模型有些区别，主要在于没有使用默认的优化器（optimizer），而是自行设定了优化器（“bobyqa”）和 maxfun 的值（即设定 maxfun = 2e5）。这个优化器的设置参考了 Miller（2018），笔者在多种场合进行过尝试，发现其拟合的速度和成功率都比较高，也因此在我自己的研究中反复使用。

果然，模型拟合看起来没有出现问题，拟合成功。有读者对 summary（）函数内部 cor = F 的设置感到疑惑，无法理解其用意。其实，要理解它的用意也很简单，只要比较保留这一设置和去除这一设置的区别就行。如果去除 cor = F 的设置，在 summary 结果的最后几行会看到：

```
Correlation of Fixed Effects: (Intr) typeWH lp
typeWH -0.481
lp 0.225 -0.149
typeWH:lp -0.119 0.135 -0.075
```

可见，这几行结果表示的是固定效应的相关性（correlation）。由于这个相关性对模型结果的解读意义不大。因此，一般会在模型拟合的过程中设置

cor=F,目的就是去除对这一相关性的计算,节省模型拟合的时间,提高效率。

模型拟合之后,现在需要考虑的问题是这个模型是否可作为最终模型,进而基于它来对结果进行解释。为了回答这个问题,首先对模型进行诊断。第一步,检查模型是否存在多重共线性问题(multicollinearity),仍然使用 vif. mer()函数:

```
vif.mer <- function (model) {
  v <- vcov(model)
  nam <- names(fixef(model))
  ns <- sum(1*(nam=="Intercept" | nam=="(Intercept)"))
  if (ns>0) {
    v <- v[-(1:ns), -(1:ns), drop=FALSE]
    nam <- nam[-(1:ns)]
  }
  d <- diag(v)^0.5; v <- diag(solve(v/(d %o% d))); names(v) <- nam; v
}

vif.mer(m0)

##    typeWH        lp typeWH:lp
##  1.039142  1.025825  1.021859
```

从函数的返回值看,所拟合的模型没有多重共线性的问题(vifs<1. 10)。接着,使用 DHARMa 包的 simulateResiduals()函数,检验模型是否“过度离势”或受异常值的影响:

```
library(DHARMa)

m.final.simres <- simulateResiduals( # simulate residuals for
  m0,                              # the final model
  refit=FALSE,                      # do not re-fit (the faster option)
  n=1000,                           # based on 1000 simulations
  plot=TRUE,                        # plot the results right away
  set.seed(utf8ToInt("simres")))# set a replicable random number seed
```

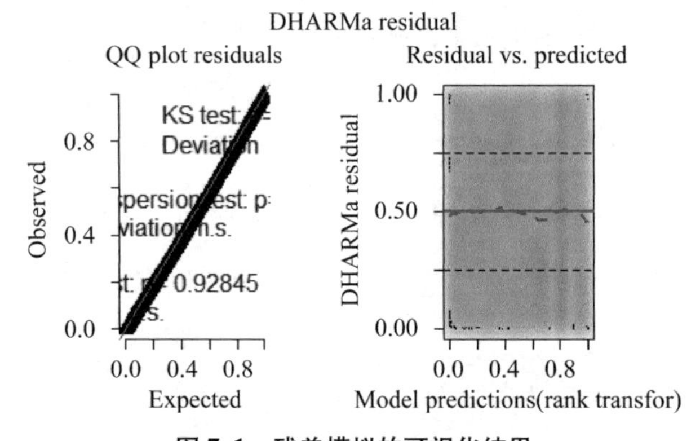

图 7.1　残差模拟的可视化结果

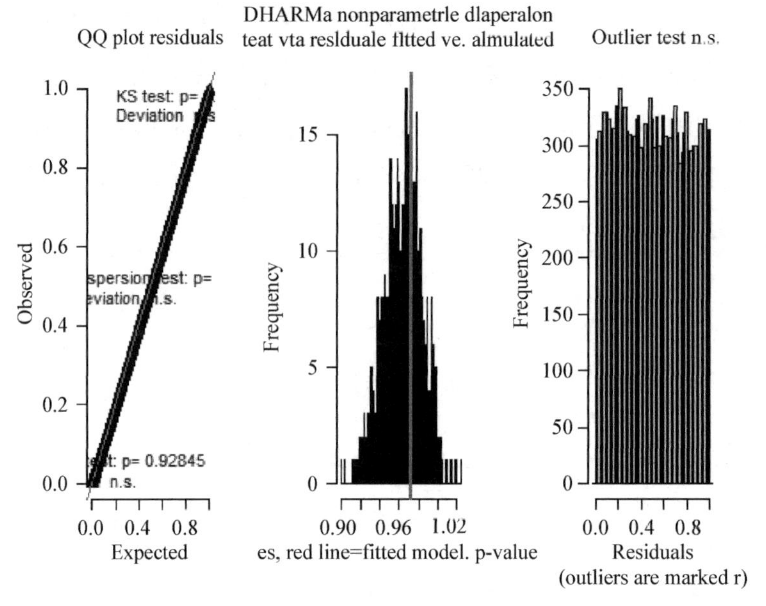

图 7.2 可视化模型诊断

从函数的返回值看,模型不受“过度离势”和异常值的影响。基于以上这两个模型诊断指标,我们可以把所构建的这个最模型视作为终模型,进行推理、推广或者预测。首先,使用 mixed( )函数,查看模型中各自变量的主效应和交互效应:

```
testResiduals(m.final.simres)

afex::mixed(response~type*lp+
                         (1+type|subj)+
                         (1+lp|sentences),
                       data=Exp3,
            method = "LRT",
                       control=glmerControl(optimizer="bobyqa",
                                            optCtrl=list(maxfun=2e5)),
                       family="binomial")

## Contrasts set to contr.sum for the following variables: response, ty
pe, subj, sentences
## Mixed Model Anova Table (Type 3 tests, LRT-method)
##
## Model: response ~ type * lp + (1 + type | subj) + (1 + lp | sentence
s)
## Data: Exp3
## Df full model: 10
##    Effect df     Chisq p.value
## 1    type  1      2.29    .130
```

```
## 2        lp  1 17.03 ***    <.001
## 3 type:lp  1    3.78 +     .052
## ---
## Signif. codes:  0 '***' 0.001 '**' 0.01 '*' 0.05 '+' 0.1 ' ' 1
```

从以上的结果可以知道,语言水平(lp)是显著的预测变量($\chi^2(1)=17.03$, $p<.001$),随着语言水平的提高,被试所作语法判断的准确率也获得显著提高。然而,语言属性类型(type：SV vs. WH)却并不是一个显著的预测变量($\chi^2(1)=2.29$, $p=.13$)。但是,重要的是语言水平和语言属性类型存在显著的交互效应($\chi^2(1)=3.78$, $p=.052$)。这个交互效应对本研究具有重要意义,因为语言属性类型与语言水平有交互效应就意味着语言水平的影响还要取决于语言属性类型的不同水平,简单说来就是语言水平的影响对有些语言属性非常明显,但是对有些语言属性则没那么明显,这正好是"瓶颈问题"所阐述的内容。

一旦变量之间存在交互效应时,就需要去解读它们具体是如何交互的。就这里观察到的语言水平与语言属性类型的交互来说,可以通过图形结合 summary 的结果来解读。

```
summary(m0,cor=F)
## Generalized linear mixed model fit by maximum likelihood (Laplace
##   Approximation) [glmerMod]
##  Family: binomial  ( logit )
## Formula: response ~ type * lp + (1 + type | subj) + (1 + lp | senten
ces)
##    Data: Exp3
## Control: glmerControl(optimizer = "bobyqa", optCtrl = list(maxfun =
2e+05))
##
##      AIC      BIC   logLik deviance df.resid
##  17999.0  18075.5  -8989.5  17979.0    15500
##
## Scaled residuals:
##      Min       1Q   Median       3Q      Max
## -10.1791  -0.7536   0.3240   0.7060   2.7649
##
## Random effects:
##  Groups    Name        Variance Std.Dev. Corr
##  sentences (Intercept) 0.53749  0.7331
##            lp          0.04791  0.2189   0.56
##  subj      (Intercept) 0.20004  0.4473
##            typeWH      1.02965  1.0147   0.32
## Number of obs: 15510, groups:  sentences, 240; subj, 124
```

```
##
## Fixed effects:
##              Estimate Std. Error z value Pr(>|z|)
## (Intercept)  0.36360    0.09684   3.754 0.000174 ***
## typeWH       0.21514    0.14177   1.518 0.129139
## lp           0.21229    0.05639   3.764 0.000167 ***
## typeWH:lp    0.20203    0.10330   1.956 0.050498 .
## ---
## Signif. codes:  0 '***' 0.001 '**' 0.01 '*' 0.05 '.' 0.1 ' ' 1
library(effects)
plot(allEffects(m0))
```

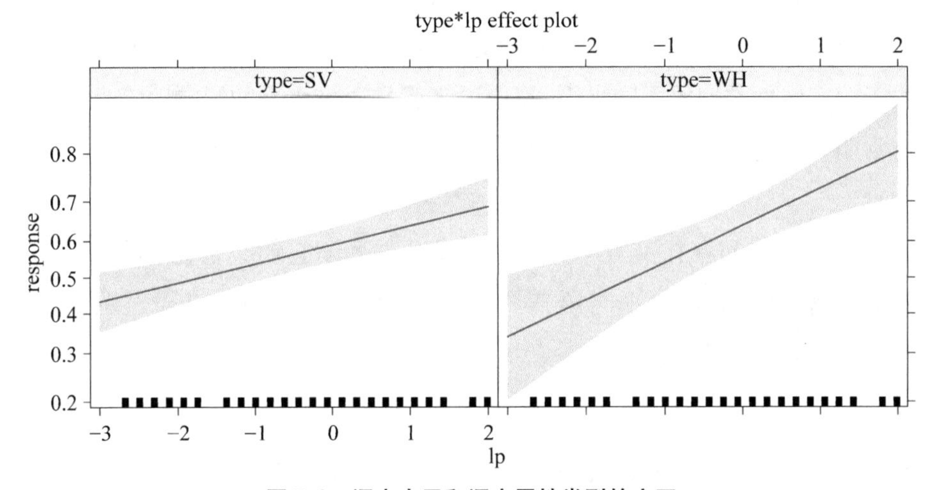

图 7.3　语言水平和语言属性类型的交互

从图 7.3 可以看出,SV 对应斜线的坡度要比 WH 的更平缓,这说明语言水平(lp)对前者的影响要小于后者,这个结果也可以从 summary 的回归系数表看出来。在这个表里,lp 对应的那一行就是 lp 对 SV 的影响,可以看到语言水平每提高一个单位,SV 的准确率就可以显著提高 0.21 个单位(β=0.21, SE=0.06, z=3.76, p=.0002)。从回归系数表的最后一行可以看出 lp 对 WH 的影响,语言水平每提高一个单位,WH 的准确率就可以显著提高 0.41 个单位(0.21+0.20)(β=0.20, SE=0.10, z=1.96, p=.05),可见 lp 对 WH 的影响要明显强于对 SV 的影响,由于 lp 与被试的年龄和外语学习时长高度相关,因此,这实际上也说明年龄和外语学习时长对 WH 和 SV 的影响。可见,这些结果支持了“瓶颈假说”。

概括起来,把 SV 结构和 WH-疑问句合起来比较的结果支持了“瓶颈假说”,即 SV 结构要比 WH-疑问句给中国学生带来更大、更持久的挑战。相比核心句法的学习,中国学生对 SV 结构的学习很难随着他们的年龄、英语学习时长以及语言水平的增长而提高。这个结果也与其他学者的发现一致(马拯,2022)。

7.3.4　主要分析:多类分开

上面的比较是根据审稿人的建议,把 SV 结构和 WH-疑问句合起来比较的情况,也就是说 type 这个变量只有两个水平(SV vs. WH)。现在,再分开比较,即把 WH-疑问句分成 3 种,分别跟 SV 结构进行比较。为了开展这个分析,就目前的数据 Exp2 来说,因变量已经有了,即 *response*。但是,仍然缺少一个自变量,能够表征一种 SV 结构和 3 种 WH-疑问句的自变量,因此需要先生成这样一个变量。可利用已经有的 *cond2* 这个变量来生成:

```
Exp2 %>%
  count(cond2)

## # A tibble: 6 × 2
##   cond2     n
##   <chr> <int>
## 1 SV1    2485
## 2 SV2    2489
## 3 wh1    2479
## 4 wh2    2781
## 5 wh3    2484
## 6 wh4    2792
```

可以看到变量 *cond2* 一共有 6 个水平,包含两种 SV 结构和四种 WH-疑问句结构,当中的 SV1 是 SV2 是相互对应的语法正确和语法错误的句子(见上面的材料说明),wh2 是 wh1 也是相互对应的语法正确和语法错误的句子,同属于 WH-movement 类别,wh3 和 wh4 分别是 WH-do-insertion 和 WH-do-inversion。我们把新生成的自变量命名为 *property*,它一共有四个水平,分别是:SV、WH-movement(简写为 WH1)、WH-do-insertion(简写为 WH2)和 WH-do-inversion(简写为 WH3)。操作如下:

```
Exp_T <- Exp3 %>%
  mutate(property=ifelse(cond2%in%c("SV1","SV2"),"SV",
                         ifelse(cond2%in%c("wh1","wh2"),"WH1",
                                ifelse(cond2=="wh3","WH2","WH3"))))
Exp_T  %>%
  count(property)

## # A tibble: 4 × 2
##   property     n
##   <chr>    <int>
## 1 SV        4974
## 2 WH1       5260
## 3 WH2       2484
## 4 WH3       2792
```

上面的代码生成了新的数据框 *Exp_T* 和新的自变量 *property*,使用 count( )可以看到 property 这个变量一共有多少个水平以及每个水平的观测数量。在生成了这个变量以后,就可以使用新的数据来构建一个新的逻辑回归的混合效应模型。模型的固定效应结构和随机效应结构跟上面的那个模型完全一样,唯一不同的是要把自变量 type 换成 property:

```
summary(m1 <- glmer(response~property*lp+
                      (1+property|subj)+
                      (1+lp|sentences),
                    data=Exp_T,
                    control=glmerControl(optimizer="bobyqa",
                                         optCtrl=list(maxfun=2e5)),
                    family="binomial"),cor=F)

## Generalized linear mixed model fit by maximum likelihood (Laplace
##   Approximation) [glmerMod]
##  Family: binomial  ( logit )
## Formula: response ~ property * lp + (1 + property | subj) + (1 + lp
|
##     sentences)
##    Data: Exp_T
## Control: glmerControl(optimizer = "bobyqa", optCtrl = list(maxfun =
2e+05))
##
##      AIC      BIC   logLik deviance df.resid
##  17206.2  17366.9  -8582.1  17164.2    15489
##
## Scaled residuals:
##     Min      1Q  Median      3Q     Max
## -7.2474 -0.7449  0.2797  0.6699  5.7218
##
## Random effects:
##  Groups    Name        Variance Std.Dev. Corr
##  sentences (Intercept) 0.40013  0.6326
```

```
##              lp          0.03247  0.1802   0.40
##  subj       (Intercept) 0.19164  0.4378
##              propertyWH1 0.79861  0.8936   0.32
##              propertyWH2 3.99083  1.9977   0.23 0.29
##              propertyWH3 4.41061  2.1001   0.33 0.53 0.92
## Number of obs: 15510, groups:  sentences, 240; subj, 124
##
## Fixed effects:
##                Estimate Std. Error z value Pr(>|z|)
## (Intercept)     0.35357    0.08701   4.063 4.83e-05 ***
## propertyWH1     0.62732    0.13781   4.552 5.31e-06 ***
## propertyWH2    -0.54158    0.22791  -2.376 0.017489 *
## propertyWH3     0.10018    0.23551   0.425 0.670556
## lp              0.20498    0.05393   3.801 0.000144 ***
## propertyWH1:lp  0.35063    0.09692   3.618 0.000297 ***
## propertyWH2:lp -0.04663    0.19356  -0.241 0.809623
## propertyWH3:lp  0.26467    0.20164   1.313 0.189324
## ---
## Signif. codes:  0 '***' 0.001 '**' 0.01 '*' 0.05 '.' 0.1 ' ' 1
```

从结果看,模型拟合也没有出现任何错误,因此,我们坚持 Barr 等(2013)提出的“保持最大化”的原则,而认为这个模型就可能是我们需要的用来进行统计推断或者预测的最终模型。不过,在此之前,我们也先进行两方面的诊断:①模型是否有多重共线性的问题;②模型是否“过度离势”。首先看问题①,也是使用 vif. mer( )函数来检验:

```
vif.mer <- function (model) {
  v <- vcov(model)
  nam <- names(fixef(model))
  ns <- sum(1*(nam=="Intercept" | nam=="(Intercept)"))
  if (ns>0) {
    v <- v[-(1:ns), -(1:ns), drop=FALSE]
    nam <- nam[-(1:ns)]
  }
  d <- diag(v)^0.5; v <- diag(solve(v/(d %o% d))); names(v) <- nam; v
}

vif.mer(m1)

##    propertyWH1    propertyWH2    propertyWH3             lp property
WH1:lp
##       1.262615       2.008262       2.224352       1.051540       1.
419184
## propertyWH2:lp propertyWH3:lp
##       3.518082       4.258279
```

从结果看,模型不存在多重共线的问题(*vif*s<4. 3),再检测其实是否过度离势:

```
library(DHARMa)
m.final.simres <- simulateResiduals( # simulate residuals for
  m1,                               # the final model
  refit=FALSE,                       # do not re-fit (the faster option)
  n=1000,                            # based on 1000 simulations
  plot=TRUE,                         # plot the results right away
  set.seed(utf8ToInt("simres")))# set a replicable random number seed
```

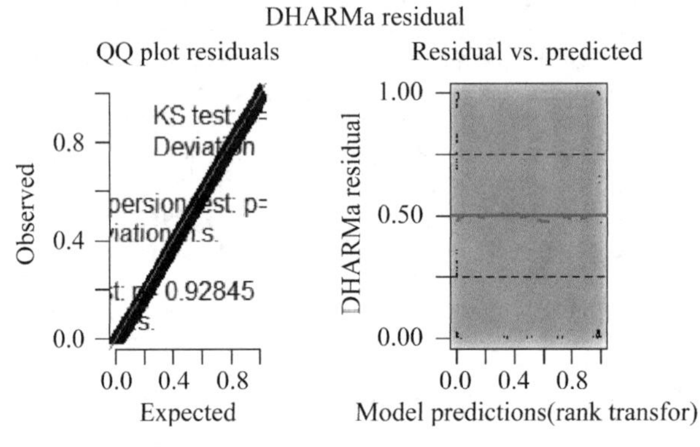

图 7.4　残差值的可视化

```
testResiduals(m.final.simres)
```

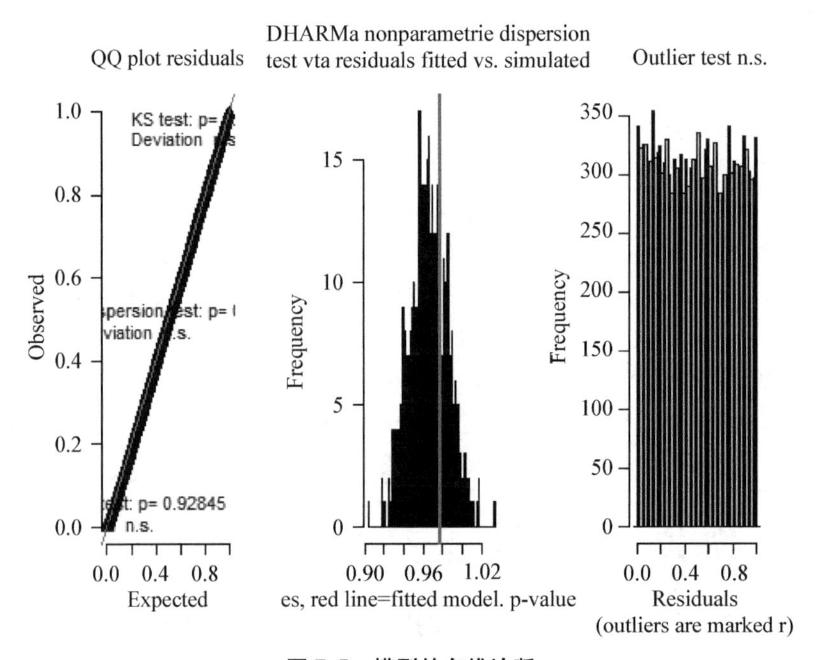

图 7.5　模型的多维诊断

从结果看,模型也不受“过度离势”和异常值的影响。使用 afex 包的 mixed( )函数,通过 LRT(Likelihood Ratio Test)方法,检测固定效应因素的主效应和交互效应:

```
afex::mixed(response~property*lp+
                          (1+property|subj)+
                          (1+lp|sentences),
                        data=Exp_T,
             method = "LRT",
                        control=glmerControl(optimizer="bobyqa",
                                             optCtrl=list(maxfun=2e5)),
                        family="binomial")

## Contrasts set to contr.sum for the following variables: response, pr
operty, subj, sentences
## Mixed Model Anova Table (Type 3 tests, LRT-method)
##
## Model: response ~ property * lp + (1 + property | subj) + (1 + lp |
## Model:     sentences)
## Data: Exp_T
## Df full model: 21
##        Effect df     Chisq p.value
## 1    property  3 36.78 ***   <.001
## 2          lp  1   7.86 **    .005
## 3 property:lp  3  15.59 **    .001
## ---
## Signif. codes:  0 '***' 0.001 '**' 0.01 '*' 0.05 '+' 0.1 ' ' 1
```

从以上结果可知,语言水平(lp)是显著的预测变量($\chi^2(1)=7.86$, $p=.005$),随着语言水平的提高,被试在完成上述每一种语言属性的语法可接受度判断时的准确率也获得显著提高。语言属性类型(property)也是一个显著的预测变量($\chi^2(3)=36.78$, $p<.001$),更重要的是语言水平和语言属性类型还存在显著的交互效应($\chi^2(3)=15.59$, $p=.001$)。正如前文提到的,这个交互效应的存在对本研究验证“瓶颈问题”具有重要意义。

正如前几章中反复提到的,一旦发现变量之间存在交互效应时,就需要去解读这些变量到底是如何交互的。就这里所观察到的语言水平与语言属性类型的交互来说,也同样可以通过图形结合模型 summary 的结果来解读。首先看模型的 summary 结果:

```
summary(m1,cor=F)
```

```
## Generalized linear mixed model fit by maximum likelihood (Laplace
##   Approximation) [glmerMod]
##  Family: binomial  ( logit )
## Formula: response ~ property * lp + (1 + property | subj) + (1 + lp
|
##     sentences)
##    Data: Exp_T
## Control: glmerControl(optimizer = "bobyqa", optCtrl = list(maxfun =
2e+05))
##
##      AIC      BIC   logLik deviance df.resid
##  17206.2  17366.9  -8582.1  17164.2    15489
##
## Scaled residuals:
##     Min      1Q  Median      3Q     Max
## -7.2474 -0.7449  0.2797  0.6699  5.7218
##
## Random effects:
##  Groups    Name         Variance Std.Dev. Corr
##  sentences (Intercept) 0.40013  0.6326
##            lp          0.03247  0.1802   0.40
##  subj      (Intercept) 0.19164  0.4378
##            propertyWH1 0.79861  0.8936   0.32
##            propertyWH2 3.99083  1.9977   0.23 0.29
##            propertyWH3 4.41061  2.1001   0.33 0.53 0.92
## Number of obs: 15510, groups:  sentences, 240; subj, 124
##
## Fixed effects:
##                Estimate Std. Error z value Pr(>|z|)
## (Intercept)     0.35357    0.08701   4.063 4.83e-05 ***
## propertyWH1     0.62732    0.13781   4.552 5.31e-06 ***
## propertyWH2    -0.54158    0.22791  -2.376 0.017489 *
## propertyWH3     0.10018    0.23551   0.425 0.670556
## lp              0.20498    0.05393   3.801 0.000144 ***
## propertyWH1:lp  0.35063    0.09692   3.618 0.000297 ***
## propertyWH2:lp -0.04663    0.19356  -0.241 0.809623
## propertyWH3:lp  0.26467    0.20164   1.313 0.189324
## ---
## Signif. codes:  0 '***' 0.001 '**' 0.01 '*' 0.05 '.' 0.1 ' ' 1
```

再看可视化的结果：

```
library(effects)
plot(allEffects(m1))
```

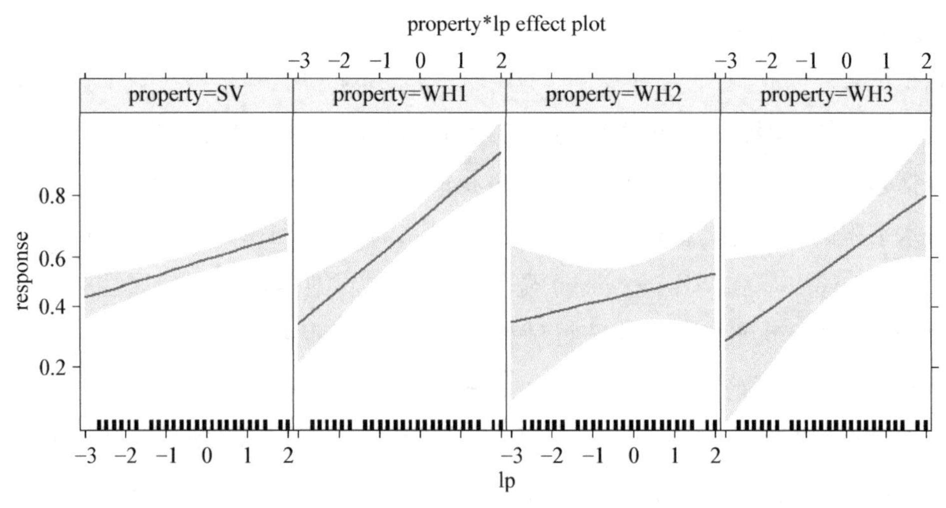

图 7.6　语言水平和语言属性类型的交互效应

从图 7.6 可以看到,语言水平对不同语言属性习得的影响是不一样的:随着语言水平的提高,被试的准确率提高得最明显的是 WH1(即 WH-movement),接着是 WH3(即 WH-do-inversion)。受语言水平影响最小的是 WH2(即 WH-do-insertion),然后是 SV 结构。这些结果也都可以通过模型的 summary 结果看出来:语言水平每提高一个单位,可以导致被试在 SV 结构的准确率提高 0.20 个单位,但却可以导致他们在 WH-movement 的准确率提高 0.55(0.2+0.35)个单位。

总而言之,通过合并统一比较,然后再分开具体比较,我们清楚地发现了哪种语言属性更难学,哪种语言属性更容易学。从结果看,尽管合并比较的结果证明了 SV 结构要比 WH-疑问句显著更难,但是分开比较的结果却证明了最难的是 Wh-do-insertion(WH3),接下来才是 SV 结构。不过考虑到两者之间不存在显著差异,实际上可以说两者同样难。最容易的是 WH-movement(WH1),接下来是 WH-do-insertion,但这两者之间也没有显著区别,说明它们的难度是一样的。换句话说就是上述结果说明 SV 结构和 WH-do-insertion 要比 WH-do-inversion 和 WH-movement 显著更难,它们很难随着语言水平(也代表年龄和英语学习时长)的提高而获得显著发展,但 SV 结构却并不比 WH-do-insertion 更难。

在完成上述分析之后,我们接着对语法错误的句子进行了分析,因为我们发现被试对语法正确的和语法错误的句子的判断结果并不相同,后者的表现总是更差。因此,有必要在控制了这一因素的影响之后,考察被试对上述不同语言属性的学习情况。由于模型拟合的过程跟前面类似,此处不再详细展示。概括起来,只对语法错误的句子进行分析的结果进一步证实了上面的发现:语言水平跟语言属性类型存在显著的交互效应,SV 结构和 WH-do-insertion 要比 WH-do-inversion 和 WH-movement 显著地更难,被试对这两个语言属性的学习很难随着语言水平的提高而获得显著发展。但是,SV 结构和 WH-do-insertion 之间不存在显著差异,也就是说 SV 结构并不比 WH-do-insertion 更难。从这个结果看,“瓶颈假说”似乎没有获得支持,文章对这个问题进行了仔细分析和讨论,强烈建议读者阅读相关内容。

在完成上面的主要分析之后,即确定功能形态(SV 结构)和核心句法(WH-疑问句)两者当中,是谁构成中国学生英语学习的“瓶颈问题”之后,在论文原文里我们接着进行了次要条件的分析,即回答研究问题 2:哪一种 SV 结构最难? 一共有 4 种不同的 SV 结构,因此确定当中哪一种最难也是很有意义的研究问题。限于篇幅,同时这个模型拟合的过程跟上面介绍的也大致相同,因此这里不再详细介绍。

接下来,我们想就混合模型的结果解读再作更为详细的介绍和讨论。

7.4 混合模型的结果解读

7.4.1 如何报告结果

在阅读上面的内容的时候,读者对混合模型结果的解读可能会存在一些困惑。在前面,我们首先是通过 summary( ) 函数拟合出一个“最佳”模型,然后,再使用 afex 包的 mixed( ) 函数计算这个所拟合的“最佳模型”中各固定效应因素(自变量)的主效应和交互效应。读者的困惑可能是:summary( ) 函数已经呈现了模型的拟合结果,为什么不直接解读这个结果? 为什么还要“绕一个弯”,去看各个变量有没有主效应或交互效应?

这确实是一个值得思考的问题。翻看各个期刊发表的使用混合效应模型来报告结果的研究论文就会发现，混合模型的结果报告并没有统一方式，甚至可以说是千差万别。我们上面的汇报方法是遵循了传统的统计结果报告的思路。传统上，一般是先察看统计模型中每个因素是否有主效应，然后再查看各因素之间是否存在交互效应，如果存在主效应或交互效应再进行事后检验（Post hoc tests 或 Posttests）。这种做法中规中矩，并没有不妥之处。但是，也有大量研究论文直接报道的是模型的统计摘要，即模型 summary( ) 的结果。我们在《第二语言加工及 R 语言应用》一书中对如何报道模型的 summary( ) 结果进行过详细说明，读者可参考。

非常重要的是，模型的 summary( ) 结果解读跟模型中自变量采用何种编码方式（参看本书第 1 章）直接关联。如果我们在拟合模型时，使用的是 R 默认的自变量编码方式，即 treatment coding，又称虚拟编码，summary( ) 的结果并不能完全展示自变量是否存在主效应或交互效应，更确切地说它呈现的是简单效应即两两比较的结果。我们在很多论文里看到有研究者把 summary( ) 的结果当作主效应或者交互效应报告，这实际上是对结果的一种误读。如果自变量采用的是虚拟编码，summary( ) 的结果可以部分地看出自变量是否存在主效应或交互效应，但是它又不能全面展示变量是否存在主效应以及变量之间是否存在交互效应，因为 summary 只呈现了部分比较的结果（请参看吴诗玉，2019）。以上面所拟合的 m1 这个模型的 summary 的结果为例，直接察看它的固定效应表：

```
summary(m1,cor=F)

##
## Fixed effects:
##                 Estimate Std. Error z value Pr(>|z|)
## (Intercept)      0.35357    0.08701   4.063 4.83e-05 ***
## propertyWH1      0.62732    0.13781   4.552 5.31e-06 ***
## propertyWH2     -0.54158    0.22791  -2.376 0.017489 *
## propertyWH3      0.10018    0.23551   0.425 0.670556
## lp               0.20498    0.05393   3.801 0.000144 ***
## propertyWH1:lp   0.35063    0.09692   3.618 0.000297 ***
## propertyWH2:lp  -0.04663    0.19356  -0.241 0.809623
## propertyWH3:lp   0.26467    0.20164   1.313 0.189324
## ---
## Signif. codes:  0 '***' 0.001 '**' 0.01 '*' 0.05 '.' 0.1 ' ' 1
```

前面介绍过，这个模型的自变量是 *property* 和 *lp*，但 *property* 是分类变量，因此在模型拟合时涉及它的编码问题。由于我们在前面拟合模型时，并没有修改 *property* 的编码方式，即采用的是 R 的默认编码，即虚拟编码，它一共有如下四个水平：

```
Exp_T %>%
  count(property)

## # A tibble: 4 × 2
##   property     n
##   <chr>    <int>
## 1 SV        4974
## 2 WH1       5260
## 3 WH2       2484
## 4 WH3       2792
```

可以看到，*property* 的参照水平为 SV。因此，我们在上面 summary 中 Fixed effects 表格里看到的结果是 *property* 这个变量的每一个水平与 SV 直接比较的结果（这也就是为什么我们称此为简单效应）。比如，propertyWH1 那一行对应的结果展示的就是变量 *property* 的 WH1 跟 SV 直接比较（WH1 减去 SV）的结果，Estimate 的值（即 β 值）为 0.627，它代表的是 WH1 的准确率（likelihood，或然率）与 SV 准确率之差。[①] 由于它的结果为正，说明 WH1 的准确率（likelihood，或然率）要大于 SV，从后面对应的 z 值和 p 值看，结果是显著的，说明这个结果具有统计意义（即两者的差异显著不等于 0）。但是，也是非常重要的是，在解读这个结果的时候，还要联系模型中另外一个变量，即 *lp*，也就是说，这个结果是在 lp=0 的时候解读出来的结果。上文已经介绍过，lp 进入模型前经过了标准化处理，因此 lp=0 实际表示的是 lp 等于平均数的时候。

再看 Fixed effects 对应的第 5 行，即 lp 对应的结果。需要引起注意的是，它表示的并不是 lp 的主效应，而是 lp 对 SV，即 property 这个变量的参照水平的影响，从这个结果可以看出：lp 每提高一个单位（即 1 个标准分），被试对 SV 结构做出准确的语法可接受度判断的可能性（likelihood，或然率）就能显著提高 0.20 个单位（β=0.20, SE=0.05, z=3.80, p=.0003）。再看最后三行，它

---

① 这么说也不完全准确，它代表的含义因为涉及对逻辑回归系数的解读这个复杂问题，请读者参考吴诗玉（2019）。

们展现的是 lp 对 *property* 其他三个水平的影响(即 WH1, WH2, WH3),只不过这个影响是参照 lp 对 SV 的影响来体现的。所谓交互效应就是指一个变量对因变量的影响,还要取决于另外一个变量的不同水平,可见最后三行,或者更确切地说最后四行体现的就是语言水平与变量 property 的交互效应。因为它们体现了语言水平对被试作出语法判断的准确率(因变量)的影响如何取决于另外一个变量即 *property* 的不同水平的。propertyWH1:lp 对应的 β 值为 0.35,它表示的是 lp 平对 WH1 的影响与 lp 对 SV 影响之差,所以 lp 对 WH1 的影响应该是 0.2+0.35=0.55,从后面对应的 z 和 p 可以看出,这个差别显著不等于 0。

到底是采用传统的报告主效应或交互效应的方法,还是直接报道 summary 的结果,笔者本人也心存矛盾。客观地说,我支持直接报道 summary 的结果,但是在写论文的时候却难免心有顾忌。根据传统的方法,只有当两个变量之间存在交互效应时,才有必要进行两两比较,但是 summary 的结果却并没有这个预设条件,而是直接就显示了两两比较的结果。事实上,很多时候,两个变量之间不存在交互效应,但是两两比较的结果却是显著的。从这个角度看,一定要有交互效应再进行两两比较的依据在哪里?在这一点上,笔者很喜欢 *Journal of Memory and Language* 的做法,它们报告结果的方式比较灵活。事实上,它们也是混合效应模型在语言学研究应用的开先河者,或者更确切地说,是新型的数据分析方法应用于实际研究的开先河者。

7.4.2　主效应和交互效应的多种计算方法

上面使用 afex 包中的 mixed()函数计算模型中自变量的主效应和交互效应时使用的是 LRT 方法,即 Likelihood Ratio Test,是通过在函数内定义 method="LRT"来实现的,如下:

```
afex::mixed(response~property*lp+
                        (1+property|subj)+
                        (1+lp|sentences),
                      data=Exp_T,
          method = "LRT",
                      control=glmerControl(optimizer="bobyqa",
                                           optCtrl=list(maxfun=2e5)),
                      family="binomial")
```

```
## Contrasts set to contr.sum for the following variables: response, pr
operty, subj, sentences
## Mixed Model Anova Table (Type 3 tests, LRT-method)
##
## Model: response ~ property * lp + (1 + property | subj) + (1 + lp |
## Model:     sentences)                                             220
## Data: Exp_T
## Df full model: 21
##        Effect df     Chisq p.value
## 1    property  3 36.78 ***   <.001
## 2          lp  1   7.86 **    .005
## 3 property:lp  3  15.59 **    .001
## ---
## Signif. codes:  0 '***' 0.001 '**' 0.01 '*' 0.05 '+' 0.1 ' ' 1
```

这个问题,第5章已经讨论过,从上面的结果可以看到,LRT使用的是卡方检验,因为采用这种方法所获得的统计量符合卡方分布。一般来说,LRT这一方法对随机变量的量有一定要求,比如被试或者测试材料一般要超过30以上,最好能超过50,否则结果的可靠性会受到一定的影响。就本研究来说,不管是被试还是测试材料都超过了50。使用逻辑回归的混合效应模型(GLMM)来进行数据分析时,除了LRT方法以外,还有另外一种方法简称为PB,即parametric bootstrap,如下:

```
afex::mixed(response~property*lp+
                        (1+property|subj)+
                        (1+lp|sentences),
                      data=Exp_T,
          method = "PB",
                      control=glmerControl(optimizer="bobyqa",
                                          optCtrl=list(maxfun=2e5)),
                      family="binomial")
```

读者可能发现,使用PB方法进行计算,耗费了很长的时间才最终获得结果,读者需要很大的耐心来等待,这跟用PB方法进行计算时的所使用的算法是相关联的。比较上面两种方法会发现它们的结果非常接近,这加强了我们对这个统计结果的信心,说明它是可靠和稳健的。

7.4.3 "Keep it Maximal"的困惑

上面拟合模型时遵循了"Keep it Maximal"原则,即既拟合了随机因素的随机截距,也拟合了随机因素相对于固定因素的随机斜率,最大模型如果成功了模型拟合的过程也就结束了。“Keep it Maximal”(保持最大化)是 Barr 等(2013)提出来的,要求在拟合模型的随机效应结构时,要尽可能把所有可能的随机因素都考虑进去。如果只拟合随机因素的随机截距而不拟合相对于固定因素的随机斜率,就可能增加犯统计的 I 类错误的可能(参见吴诗玉,2019),而遵循“Keep it Maximal”,就能降低统计的 I 类错误。

但是坚持 Barr 等(2013)的原则也是有代价的,那就是模型的随机效应结构可能变得特别复杂,要拟合的参数爆发式地增加,这就可能导致“过度参数化”(overparameterization),最终可能使得模型在拟合时出现“failed to converge”的报错结果,或者出现“奇异拟合”(singular fit)(Bates *et al.*, 2018)。碰到这些问题时,我们可能要考虑是否对模型的随机效应结构进行削减。

实际上,查看上面 m1 这个模型随机效应结构所拟合的结果就会发现,有一个随机效应成分的随机截距和随机斜率高度相关(0.92),接近于 1。这说明我们并不需要这么复杂的随机效应结构。不过幸运的是,就上面这个模型来说,随机效应结构简化的结果总体上与上面所获得的结果相差并不大。因此,纠结于这个很小的问题也就意义不大。读者可以尝试进一步简化随机效应结构,并对结果进行比较。

另外,本章在拟合模型时使用了特定的优化器,但由这个特定的优化器所获得的结果可靠吗?如果使用其他的优化器,会不会获得不同的结果?这些问题也值得进一步思考,一个好的办法是尝试其他优化器,比如使用 allFit()函数,并比较不同优化器之间所获得的结果,如果基本一样,则结果非常可靠。

第 8 章　中国学生主谓一致产出的数吸效应

在写作本章时正好收到了《现代外语》的录用通知，告知跟本章对应的研究论文获得录用。经过仔细考虑，笔者认为这篇论文的数据分析比较有代表性，适合读者阅读和了解，故本章节将对其进行介绍。但是，有关这项研究更详细的尤其是数据分析之外的内容，包括研究的缘起、动机、数据的讨论和结论等，还请读者阅读原文，也请读者在阅读原文时就这项研究多提宝贵意见，就研究存在的问题多批评、指正。

8.1　研 究 背 景

本章介绍的重点是这篇文章所汇报研究的数据分析，但是为了帮助读者更清楚地理解数据分析的逻辑仍有必要对这项研究的背景、实验设计以及数据收集的过程等进行简单介绍。这些内容大都直接从原文改编或“搬运”过来，若要引用这项研究，还请读者引用《现代外语》即将发表的论文原文。

首先，理解何为数吸效应，英文为 Number attraction effect。在屈折形态丰富的语言里，句子成分间的依存关系往往通过屈折变化来标记。如英语中主语为第三人称单数时，谓语动词应通过“-s/-es”等屈折词缀进行标记。这条主谓一致规则看起来简单、直接，但当主语是由数特征不匹配的中心名词(head noun)和局部名词(local noun)构成的名词短语时，主谓一致加工就会受到干扰，引发数吸效应：局部名词的数干扰谓语的数的标记，产生(1b)与(1d)这种错误(Bock & Miller, 1991)，或干扰句子理解，导致阅读时间延长(Nicol *et al.*, 1997)。

(1) a. The boy in the photos is missing.

*b. The boy in the photos are missing.

c. The boys in the photo are missing.

*d. The boys in the photo is missing.

数吸效应受标记性(markedness)与概念数(notional number)的影响。首先,从标记性的影响来看,先前研究比较一致地发现,由单数中心名词和复数局部名词构成的数吸条件(如1b)比由复数中心名词和单数局部名词构成的数吸条件(如1d)更容易引发数吸效应,这就是标记性效应(Eberhard, 1997)。举英语为例,名词的复数形式需要由屈折词缀(e. g., -s)进行标记,而单数形式则是一种无标记的默认形态。因此相较于无标记的单数局部名词(1d),有标记的复数局部名词更大程度地干扰了单数中心名词向谓语传递数特征的过程(1b)。

从概念数的影响看,当主语由单数中心名词和复数局部名词共同构成时,概念数上具备分配性(distributivity)的单数中心名词(如2b),就可以解读为在现实世界具有多个所指,与其语法上的数为单数相矛盾,从而导致更多主谓一致错误,这一点得到了许多屈折形态丰富的语言的母语者行为的证实,如法语、荷兰语(Vigliocco *et al.*, 1996)。

(2) a. The vase with the roses is red.(主语解读为单个所指)

b. The label on the bottles is red.(主语可解读为多个所指)

对数吸效应相关研究的学术史进行梳理可以发现,围绕二语学习者主谓一致的数吸效应的研究在标记性效应和概念的数两方面的发现都仍然存在很大争议。首先,就标记性效应的影响来看。有系列研究证明了二语学习者的数吸效应存在明显的标记性不对称现象,即由单数中心名词和复数局部名词构成的数吸条件(1b)会比由复数中心名词和单数局部名词构成的数吸条件(1d)诱发显著更多的主谓一致错误(Wagers *et al.*, 2009; Almeida & Tucker, 2017; Dillon *et al.*, 2017)。但是,近一两年也有研究获得了相反的结论,发现中心名词是复数而局部名词是单数的数吸条件会诱发更多的错误(Nozari & Omaki, 2022; Kandel *et al.*, 2022),因为复数中心名词的加工复杂性高于单数中心名词。其次就概念数的影响来看，尽管这一影响得到了许多母语者行为的证实，但是在二语研究里的发现却很不一致。比如，Wei *et al.*（2015）发现，母语为汉语的英语学习者在产出主谓一致结构时存在数吸效应，但不受概念数的影响，然而 Jackson *et al.*（2018）却获得了相反的结论，他们同样以母语为汉语的英语学习者作为实验对象，却发现这些学习者跟母语为瑞典语的学习者一样，都受到概念数的影响。

除存在这两个方面的争议以外，先前研究在范式上的一个明显局限是大都使用理解加工范式（Bock & Miller, 1991; Nicol *et al.*, 1997），而较少使用口语产出范式。考虑到这两种范式所要求能力的不同（接受性 vs. 产出性），有必要增加口语产出范式下的研究。此外，学习者二语水平的影响也是一个非常值得关注的中间变量，关于其作用也存在争议。有研究发现只有高水平的外语学习者才会受概念数的影响（Hoshino *et al.*, 2010），但其他研究却发现概念数的影响与学习者的外语水平没有关系（Wei *et al.*, 2015）。

可见，学术界仍需要更多实证研究，通过使用不同研究范式尤其是口语产出范式进一步对标记性效应和概念数的影响开展研究，以澄清相关争议并帮助认识数吸效应形成的本质。有研究发现，概念数的影响与学习者的母语背景高度关联（Wei, *et al.*, 2015），中文“以语篇为导向”（Huang, 1984），与英语等“以句子为导向”很不一样，在传达和理解意义时严重依赖语篇信息或“语篇参数”，很少使用复数、屈折语素和冠词等形式特征。大量研究证实主谓一致结构是我国英语学习者的“瓶颈”，不仅比核心句法、语义和语用更难学，而且对它的学习很难随着学习者经历、年龄以及语言水平的提高而提高（Wu *et al.*, 2022; 马拯, 2022）。从这个角度看，研究我国学习者主谓一致的口语产出是否受标记性和概念数的影响很有意义。本研究开展两个产出实验，分别回答以下两个具体问题：

（1）我国英语学习者产出主谓一致结构时是否存在数吸效应？如果是，数吸效应是否表现出标记性效应，并受学习者二语水平的调节？

（2）我国英语学习者产出主谓一致结构时是否受概念数的影响？这一影响是否受学习者二语水平的调节？

8.2　实验设计

正如上面介绍的,该项研究一共开展了两个实验分别回答上面两个研究问题,但是考虑到字数和空间的限制,本章只介绍第一个实验的数据分析。先看这个实验的设计,以便于了解数据的来源和结构。

8.2.1　被试

40 名以汉语为母语的上海某重点大学大二学生参加了实验一,男女各 20 人,平均年龄 21.65 岁(*SD*=2.11),都从小学三年级开始在校学习英语,到测试时学习英语时长约为 12 年。

在实验前,所有被试参加了一项标准化英语水平考试。被试自愿参加实验,且均获得 50 元人民币作为报酬。

8.2.2　材料

被试一共需完成 3 项任务:背景调查问卷、英语水平测试和口语产出任务。

背景调查问卷:收集被试的人口信息,包括性别、年龄、教育水平、开始学习英语的年龄以及英语国家旅居经历。

英语水平测试:有 50 道多项选择题,分三个部分,第一部分(20 个问题)选自 2019 与 2021 年 TEM-4 中的语言知识题,第二部分(20 个问题)选自标准化牛津能力测试,第三部分(10 个问题)选自 2021 年 TEM-4 中的完形填空题。前两部分要求被试从三个选项中选择一个正确答案,如下题所示:

Water ________ at a temperature of 100℃.

A. is to boil　B. is boiling　C. boils

被试每答对一题计 1 分,答错或不答计 0 分,满分为 50 分,他们考试的平均分为 *M*=29.38(*SD*=6.81)。统计结果显示该测试信度可靠(Cronbach's α=0.81)。

口语句子完成任务：这是实验的核心任务，要求被试口头使用如(4)所示的先导语(preamble)和对应的形容词口头造句。根据中心名词和局部名词的数，这些先导语一共有 4 种类型：中心名词单数、局部名词单数(如 4a)；中心名词单数、局部名词复数(如 4b)；中心名词复数、局部名词单数(如 4c)；中心名词复数、局部名词复数(如 4d)：

(4) a. The boy with the toy (happy).

b. The boy with the toys (happy).

c. The boys with the toy (happy).

d. The boys with the toys (happy).

这是 2(中心名词的数：单数/复数)×2(局部名词的数：单数/复数)被试内设计，共 40 个先导语，每个先导语均搭配一个形容词(如(4)中的 happy)。被试需使用 be 动词，把先导语和形容词合并成语法正确的句子，如(4a)：The boy with the toy is happy。所有材料均借自先前研究(Jackson *et al.*, 2018)，为排除概念数的影响(实验二的内容)，先导语中的单数中心名词都只能被解读为单一所指。

有 60 个填充材料，均改编自 Jackson *et al.* (2018)，包含 20 个合成名词短语(如 The chair and the stool.)和 40 个一半单数、一半复数的简单名词短语(如 The grey elephants.)。使用拉丁方设计，按交叉平衡的方法把 40 个先导语分成 4 套材料，被试随机分配到一套完成测试。每个条件下有 10 个句子，每一个先导语在每一套材料只出现一次。

8.2.3 程序

被试先在问卷星上完成背景调查问卷和英语水平测试。第二天，口语产出任务在安静的环境单独进行，材料由 Python 编写的程序呈现。正式实验前，被试先阅读详细说明并完成 7 个练习测试。在实验时，空白屏幕上先出现注视符(0.5 秒)，接着呈现一个形容词(2.0 秒)，再接着呈现先导语(名词中心名词+介词短语)(2.5 秒)。先导语消失后被试会听到语音提示，要求口头把先导语和形容词连成完整句子，电脑录音和 8 秒倒计时开始。按空格键进入下一个产出任务。

要完成这项口语产出任务,被试必须记住先导语和形容词,然后通过 be 动词将它们连接起来组成完整的句子。材料按伪随机顺序呈现,同一类先导语不会连续出现两次以上。

8.2.4　数据转写

两名语言学专业研究生对音频数据转写,按正确、错误对被试的产出进行编码。只有当被试在没有停顿、准确无误地重复出了先导语并使用正确的谓语动词连接先导语和形容词时,口头产出才归为正确,否则归为错误。此外,对错误产出分类,包括出现停顿、不完整重复、重复时出现名词标记错误(如把 The boy with the toys. 说成 The boys with the toys.)等。

8.3　在 RStudio 操控数据

8.3.1　读入数据并探索

就像上面的介绍,这次的数据来自口语产出实验范式,从上面“8.4 数据转写”小节部分的介绍可知这种数据的整理耗时费力。本章节不详细介绍数据的整理和输入过程,而是直接向读者展示已经部分整理好的数据。涉及实验的一共有两个数据,一个命名为“d_total. xlsx”是口语产出数据,另一个命名为“subj_info. xlsx”,是被试英语水平测试成绩和被试基本信息,为了保护实验参与者的隐私,数据里已经隐去了被试的真实姓名,而是采用代号的方式。先读入数据“d_total. xlsx”,并使用 glimpse( ) 函数查看数据全貌:

```
df <- read_excel("d_total.xlsx")

glimpse(df)

## Rows: 1,600
## Columns: 8
```

从 glimpse( ) 函数的结果可以看到,数据一共有 1600 行,8 列,即 1600 个观测、8 个变量。以下是对各个变量含义的解释：

$subj：被试识别号，正如前面所介绍的，数据里已经隐去了被试的真实姓名，而是使用代号。

$Cond：英语单词 Condition 的简写，代表实验的条件，这个变量是后面两个变量的 Head_num 和 Local_num 合并起来的结果，比如 Cond = SS，代表的是 Head_num = S 同时 Local_num = S。

$Head_num：是本研究的自变量，也是实验的关键操控变量，代表中心名词的数，有两个水平，分别为 S(singular，单数)和 P(plural，复数)。

$Local_num：是本研究另外一个自变量，也是实验的关键操控变量，代表局部名词的数，也有两个水平，分别为 S(singular，单数)和 P(plural，复数)。

$Match：表示局部名词的数和中心名词的数是否一致。

$Preamble：句子先导语，是本研究的关键的随机变量。

$Adjective：形容词，在口语产出过程中，被试必须把句子先导语和形容词用 be 动词连接起来。

$ACC：是本研究的因变量，表示被试的口语产出是否准确。

在解释了每个变量的含义并读入代表被试信息的"subj_info. xlsx"这个数据前，先通过回答几个问题，来探索数据：

问题 1：实验 1 一共使用了多少个句子先导语(Preamble)？这些先导语是什么？

答：必须使用 Preamble 这个变量，使用 distinct( )函数加 nrow( )函数可以回答"多少个"的问题，而要回答这些先导语是什么，则有多种方法，可以使用 count( )函数。

```
df %>%
  distinct(Preamble) %>%
  nrow()

## [1] 160

df %>%
  count(Preamble)

## # A tibble: 160 × 2
##    Preamble                          n
```

```
##    <chr>                        <int>
##  1 The author of the novel         10
##  2 The author of the novels        10
##  3 The authors of the novel        10
##  4 The authors of the novels       10
##  5 The bag in the shop             10
##  6 The bag in the shops            10
##  7 The bags in the shop            10
##  8 The bags in the shops           10
##  9 The boy with the toy            10
## 10 The boy with the toys           10
## # ℹ 150 more rows
```

也可以先把 Preamble 这个变量转变成一个因子,然后,使用 levels( ) 函数,通过查看因子水平的方法来显示有哪些先导语。

```
df1 <- df %>%
  mutate(Preamble=factor(Preamble))

levels(df1$Preamble)
```

levels( ) 函数的答案清楚地显示,160 个先导语实际是由 40 个先导语或者说 40 组先导语生成的,这确保了材料之间的可比性,消除了实验的混淆因素。

问题 2:有多少被试参加了实验? 他们是谁?

答:这个问题跟上面类似,也可以使用类似的方法来获得答案。

```
df1 %>%
  distinct(subj) %>%
  nrow()

## [1] 40
```

或者

```
df2 <- df1 %>%
  mutate(subj=factor(subj))
levels(df2$subj)
```

问题 3:在中心名词的数(Head_num)的每个水平之下,每名被试被测试了多少次?

答:在了解前面的介绍之后,读者应该知道中心名词的数有两个水平:一个是单数,表示为 S;一个是复数,表示为 P,如下:

```
df2 %>%
  count(Head_num)

# A tibble: 2 × 2
  Head_num      n
  <chr>     <int>
1 P           800
2 S           800
```

要回答上面的问题,最简单的做法仍然可以使用 count( )函数,如下:

```
df2 %>%
  count(subj,Head_num)

## # A tibble: 80 × 3
##     subj   Head_num     n
##     <fct>  <chr>    <int>
##   1 1_one  P           20
##   2 1_one  S           20
##   3 10_one P           20
##   4 10_one S           20
##   5 11_one P           20
##   6 11_one S           20
##   7 12_one P           20
##   8 12_one S           20
##   9 13_one P           20
##  10 13_one S           20
## # ℹ 70 more rows
```

从上面的结果可以看到,每名被试在中心名词的每个水平之下被测试了 20 次,加起来则每名被试一共被测试了 40 次。

问题 4:有多少男生和女生参加了测试? 他们语言水平测试的分数是否存在显著区别?

答:要回答这个问题,就必须读入另外一个数据,即"subj_info. xlsx",并把这两个数据合并。先读入数据,并使用 glimpse( )查看数据结构:

```
subj <- read_excel("subj_info.xlsx")
glimpse(subj)

## Rows: 40
## Columns: 6
```

可以看到,数据一共 40 行,6 列,即 40 名被试,6 个变量,跟本研究相关的变量有 subj、sex 和 lp。前面读入的主数据中也有一个名为 subj 的变量,这给了我们合并这两个数据框的思路,但是仔细比较这两个数据的 subj 变量,会发现他们的内容并不一致，但也有一致的地方。那就是两个 subj 变量中的被试号都有数字，数字相同的代表的是同一名被试。因此，在合并两个数据框之前，首先要把两个数据框中 subj 的数据都提取出来：

```
df3 <- df2 %>%
  mutate(subj=str_extract(subj,"\\d+"))

subj1 <- subj %>%
  mutate(subj=str_extract(subj,"\\d+"))

df4 <- df3 %>%
  left_join(subj1,by="subj")
```

经合并后，新生成的数据框增加了多个变量，其中就有我们用来回答上述问题所需要的两个变量，即 sex 和 lp，分别代表性别和语言水平：

```
df4 %>%
  distinct(subj,sex) %>%
  count(sex)

## # A tibble: 2 × 2
##   sex       n
##   <chr> <int>
## 1 F        20
## 2 M        20
```

可以看到，男女各 20 名参加了实验。要比较两组的语言水平有没有显著区别，只要进行独立样本的 t 检验即可：

```
df_t <- df4 %>%
  distinct(subj,.keep_all=TRUE) %>%
  mutate(lp=as.numeric(lp))

t.test(lp~sex,data=df_t)

##
##  Welch Two Sample t-test
##
## data:  lp by sex
## t = -0.20634, df = 37.045, p-value = 0.8377
## alternative hypothesis: true difference in means between group F and
 group M is not equal to 0
## 95 percent confidence interval:
##  -4.868678  3.968678
## sample estimates:
## mean in group F mean in group M
##           29.15           29.60
```

从独立样本 t 检验的结果可以看到，两组之间没有显著区别。

问题5：请使用 ggplot2 生成图。并使用自己的语言描述这个图。

答：如果对 ggplot2 作图不熟悉，要生成这样一幅图并不容易，主要难题在于 y 轴的坐标刻度都是百分比，而且图例等标签都使用中文来表达。这里首先对因变量 ACC 作一说明。ACC 的编码非常复杂，读者可以想象在完成这个实验的口头产出任何时，被试可能产出各种各样的答案，包括完全正确答案、完全错误答案、犹豫不决但最终产出了正确答案、重复多次但产出了正确答案、先产出错误的答案但纠正后产出了正确答案，等等。所有这些答案都值得好好分析，都可能代表实验操控的效果，如下：

```
df4 %>%
  count(ACC)

## # A tibble: 21 × 2
##    ACC                        n
##    <chr>                  <int>
##  1 correct                 1027
##  2 correct after pause      199
##  3 incomplete                16
##  4 PP correct                25
##  5 PP correct afer pause      1
##  6 PP correct after pause     4
##  7 PP error                   4
##  8 PP revised error           2
##  9 PS correct                12
## 10 PS error                   5
## # ℹ 11 more rows
```

可以看到，一共记录了21种答案。为了方便，本研究把直接产出的完全正确答案归为正确答案，其他各类都归类为错误答案，按这个思路对数据进行转换：

```
df5 <- df4 %>%
  mutate(response=ifelse(ACC=="correct",1,0)) %>%
  mutate(Head_num=factor(Head_num),
         Local_num=factor(Local_num))

df5$Head_num <- relevel(df5$Head_num,ref="S")
df5$Local_num <- relevel(df5$Local_num,ref="S")

    现在就可以基于这个数据作图了，代码如下：
```

```
ggplot(df5,aes(Head_num,response,fill=Local_num))+
  geom_bar(stat="summary",
          fun=mean,
          position="dodge")+
  geom_errorbar(stat="summary",
               fun.data=mean_cl_normal,
               position=position_dodge(width=0.9),
               width=0.2)+
  scale_fill_grey(start = 0.1,
                 end=0.6,
                 labels = c("单数","复数"))+
  labs(x = "中心名词",
      fill = "局部名词",
      caption='图 1 在先导语的同中心名词和局部名词的不同水平条件下的平均准
确率')+
  scale_x_discrete(labels = c("单数","复数"))+
  scale_y_continuous(name="准确率",
                    breaks = seq(0,1,0.1),
          labels = scales::percent_format(accuracy=1))+
  theme(axis.text= element_text(size=13),
       axis.title = element_text(size=13,
                                face="bold"),
       legend.title = element_text(size=13,
                                  face ="bold"),
       plot.caption = element_text(hjust=0.5, size=rel(1.2)))
```

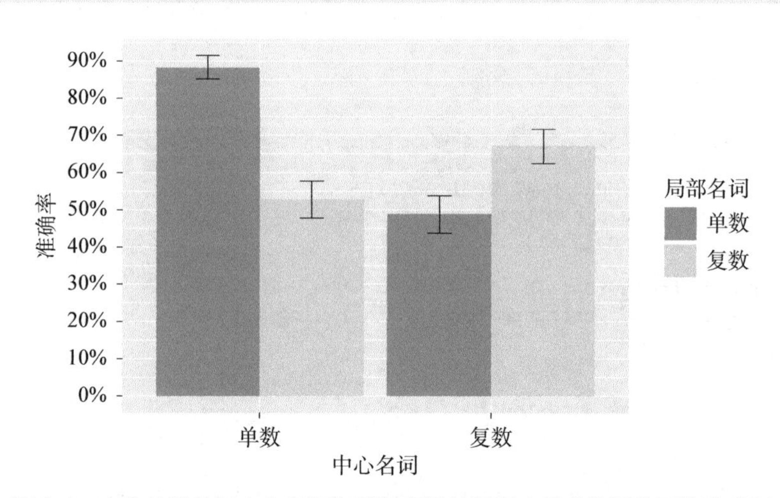

图 8.1　在先导语的同中心名词和局部名词的不同水平条件下的平均准确率

8.3.2　传统的方差分析

图 8.1 毕竟只是对结果的一种描述,要研究被试在不同中心名词的数和局部名词的数之下主谓一致产出的准确率有没有显著区别,以及他们的产出

是否受到语言水平的影响必须进行统计推断。传统上对这类数据进行分析是通过计算准确率,然后进行方差分析。感兴趣的读者可以参看 Wei 等(2015)发表在 *The Quarterly Journal of Experimental Psychology* 上题名为 *Native language influence on the distributive effect in producing second language subject-verb agreement* 的这篇文章。为了进一步方便读者理解方差分析和混合模型之间的异同,此处也首先对上述数据进行方差分析。

第 5 章已经多次介绍过,使用传统的方差分析需要分别计算以被试作为随机因素的结果,称作为 *F*1,和以测试项作为随机因素的结果,称作为 *F*2。这里也是一样的。方差分析的另外一个特点就是需要通过计算平均值来表示被试或者测试材料在每个实验条件下的表现,就本研究来说,应该是计算平均准确率。首先,以被试作为随机变量,计算每名被试在每个实验条件下的平均准确率:

```
data_F1 <- df5 %>%
  group_by(subj,Head_num,Local_num,lp) %>%
  summarize(mACC=mean(response))
```

接着,使用前面已经介绍过的 afex 包的 aov_4( ) 函数来进行以被试为随机因素(*F*1)的方差分析:

```
library(afex)

M_F1 <- aov_4(mACC~Head_num*Local_num*lp+
               (Head_num*Local_num|subj),
             data=data_F1)

## Converting to factor: lp
## Contrasts set to contr.sum for the following variables: lp

M_F1

## Anova Table (Type 3 tests)
##
## Response: mACC
##                   Effect     df  MSE         F  ges p.value
## 1                     lp 20, 19 0.08      1.02 .356    .486
## 2               Head_num  1, 19 0.02 27.98 *** .169   <.001
## 3            lp:Head_num 20, 19 0.02    2.12 + .235    .054
## 4              Local_num  1, 19 0.03  11.51 ** .089    .003
## 5           lp:Local_num 20, 19 0.03      0.76 .114    .729
## 6     Head_num:Local_num  1, 19 0.03 75.95 *** .423   <.001
## 7 lp:Head_num:Local_num 20, 19 0.03      0.99 .160    .511
## ---
## Signif. codes:  0 '***' 0.001 '**' 0.01 '*' 0.05 '+' 0.1 ' ' 1
```

上面的结果清晰地显示,中心名词的数和局部名词的数都有显著的主效应。而且,两者也存在显著的交互效应,这个结果与论文里使用混合效应模型所获得的结果是一致的。但是,方差分析的结果显示语言水平(lp)没有主效应,这个结果与论文里汇报的结果不一致,不过重要的是,中心名词的数与被试的语言水平之间存在边缘显著的交互效应,这个结果也与论文里汇报的结果非常一致。考虑到有交互效应,主效应不是主要的关切。因此,总体上,上述以被试作为随机因素的方差分析的结果(计算 *F*1 的结果)与论文里使用混合效应模型获得的结果相一致。

但是,只计算 *F*1 是不够的,计算完 *F*1,接着,应该以测试材料为随机因素,计算平均准确率,然后再进行方差分析,计算 *F*2。但这个时候却碰到了一个大难题:这个实验除了要研究中心名词的数和局部名词的数的影响以外,同时还要考察被试语言水平的调节作用,但是以测试材料为随机因素,该如何确定语言水平的影响呢? 最简单地来说,该如何生成可用于分析的数据框呢? 这个问题很难解决。这恰恰就是传统的方差分析同时考察 *F*1 和 *F*2 时经常碰到的难题,也是传统的方差分析最明显的一个短板,那就是当需要考察协变量的作用的时候,无法考察。本研究就是实例之一。就本研究来说,笔者想到的一个方法是使用完成了某个测试材料的所有被试的平均语言水平来代表这个测试项的语言水平,但即使如此,也仍然面对很多难题。最好的选择,还是使用同时考察了固定效应因素和随机效应因素的混合效应模型吧。

8.3.3　混合效应模型

由于因变量即被试产出的准确率是二元变量,因此,我们运用 *lme*4 包中的 *glmer*( )函数,使用逻辑回归的混合效应模型来拟合数据(Bates *et al.*, 2014)。根据研究问题 1,一共有三个自变量:中心名词(单数/复数)、局部名词(单数/复数)和被试的语言水平,它们构成混合模型的固定效应因素,而被试和实验材料构成混合模型的随机效应因素。在拟合模型时,遵循"保持最大化"原则(Barr *et al.*, 2013),确保模型的随机效应结构对固定因素总是拟合既包括被试也包括测试材料的随机斜率和随机截距,如果模型不能拟合,则在保证其解释力不变的前提下,简化随机效应结构。非常重要的是,语言水平进入模型前先进行标准化,以避免模型不能“聚敛”。使用 *afex* 包的 *mixed*( )函数来获得固定因素的主效应和交互效应,使用 *emmeans*( )函数进行事后检验,使用 *vif. mer*( )函数检验模型的多重共线性。在拟合模型前,先对数据进行转换:

```
  df6 <- df5 %>%
mutate(ACC=ifelse(ACC=="correct","yes","no"),
       ACC=factor(ACC),
       subj=factor(subj),
       lp=as.numeric(lp),
       lp=as.vector(scale(lp)))
```

数据准备好后,读者可按上述说明,根据前面相关章节的介绍,一步一步拟合模型。遵循两个步骤,即先拟合模型的随机效应结构,再拟合模型的固定效应结构。考虑到时间和篇幅,这部分内容本章节不再详细展示,拟合的最终模型如下:

```
summary(m.f <- glmer(ACC~lp*Head_num*Local_num+
                      (1+Head_num|subj)+
                      (1|Preamble),
                    data=df6,
                    family = "binomial",
                    control=glmerControl(
                      optimizer="bobyqa",
                      optCtrl=list(maxfun=2e5))),
        cor=F)

## Generalized linear mixed model fit by maximum likelihood (Laplace
##   Approximation) [glmerMod]
##  Family: binomial  ( logit )
## Formula: ACC ~ lp * Head_num * Local_num + (1 + Head_num | subj) +
(1 |Preamble)
##    Data: df6
## Control: glmerControl(optimizer = "bobyqa", optCtrl = list(maxfun =
2e+06))
##
##      AIC      BIC   logLik deviance df.resid
##   1817.3   1881.8   -896.6   1793.3     1588
##
## Scaled residuals:
##     Min      1Q  Median      3Q     Max
## -4.5541 -0.7689  0.3238  0.6472  1.8966
##
## Random effects:
##  Groups   Name        Variance Std.Dev. Corr
##  Preamble (Intercept) 0.4349   0.6595
##  subj     (Intercept) 0.3524   0.5936
##           Head_numP   0.2403   0.4902   -0.15
```

```
## Number of obs: 1600, groups:  Preamble, 160; subj, 40
##
## Fixed effects:
##                         Estimate Std. Error z value Pr(>|z|)
## (Intercept)              2.38516    0.23429  10.181   <2e-16 ***
## lp                       0.46593    0.18602   2.505   0.0123 *
## Head_numP               -2.44623    0.27437  -8.916   <2e-16 ***
## Local_numP              -2.26330    0.26290  -8.609   <2e-16 ***
## lp:Head_numP            -0.18509    0.21100  -0.877   0.3804
## lp:Local_numP            0.09473    0.20225   0.468   0.6395
## Head_numP:Local_numP     3.18151    0.34591   9.197   <2e-16 ***
## lp:Head_numP:Local_numP -0.21812    0.25858  -0.844   0.3989
## ---
## Signif. codes:  0 '***' 0.001 '**' 0.01 '*' 0.05 '.' 0.1 ' ' 1
```

模型仍然通过 glmerControl( )函数,自己设定了优化器("bobyqa")和 maxfun 的值(即设定 maxfun = 2e5)。从模型的 summary 的固定效应(fixed-effects)对应的结果看,Head_num 和 Local_num 存在显著的交互效应。在确定这个模型是否可作为最终模型之前,先对模型进行诊断。首先,由于模型包含数值型的协变量语言水平(lp),因此,有必要检验模型是否受多重共线性的影响,仍然使用 vif. mer( )函数:

```
vif.mer <- function (model) {
  v <- vcov(model)
  nam <- names(fixef(model))
  ns <- sum(1*(nam=="Intercept" | nam=="(Intercept)"))
  if (ns>0) {
    v <- v[-(1:ns), -(1:ns), drop=FALSE]
    nam <- nam[-(1:ns)]
  }
  d <- diag(v)^0.5; v <- diag(solve(v/(d %o% d))); names(v) <- nam; v
}

vif.mer(m.f)

##                      lp               Head_numP              Local_numP
##                2.640883                2.276088                2.548086
##            lp:Head_numP           lp:Local_numP    Head_numP:Local_numP
##                2.825384                3.647438                3.304804
## lp:Head_numP:Local_numP
##                3.634524
```

VIF 值最大为 3.65,故模型不存在多重共线性的影响。再检查模型是否受极端值和过度离势(overdispersion)的影响,使用 DHARMa 包的 simulateResiduals( )函数:

```
library(DHARMa)

m.final.simres <- simulateResiduals( # simulate residuals for
  m.f,                             # the final model
  refit=FALSE,                     # do not re-fit (the faster option)
  n=1000,                          # based on 1000 simulations
  plot=TRUE,                       # plot the results right away
  set.seed(utf8ToInt("simres")))# set a replicable random number seed
testResiduals(m.final.simres)
```

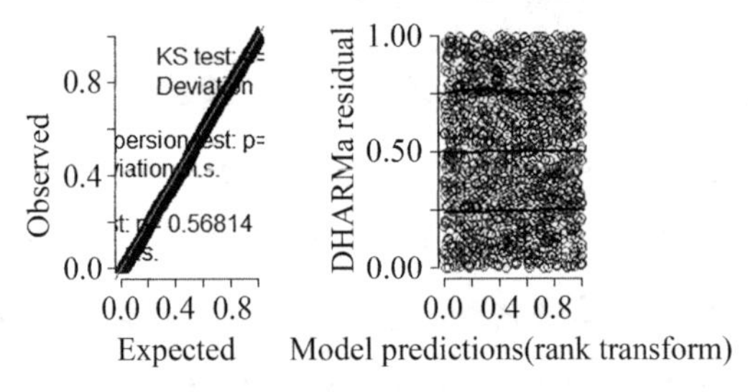

图 8.2　模型残差的可视化

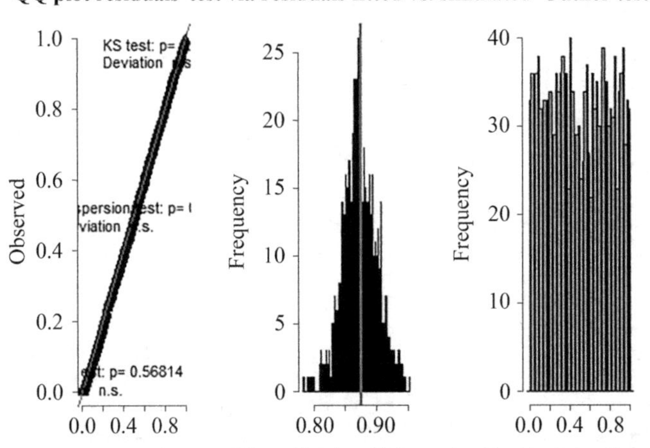

图 8.3　模型诊断结果的可视化

从一系列结果可以看到,模型并不存在过度离势以及受极端值的影响。故使用上述模型作为最终模型。跟前面介绍的一样,使用 afex 包的 mixed( ) 函数来查看各自变量的主效应和交互效应:

```
afex::mixed(ACC~lp*Head_num*Local_num+
              (1+Head_num|subj)+
              (1|Preamble),
            data=df6,
            family = "binomial",
            control=glmerControl(
              optimizer="bobyqa",
              optCtrl=list(maxfun=2e6)),
            method='LRT')

## Contrasts set to contr.sum for the following variables: ACC, Head_nu
m, Local_num, subj, Preamble
## Mixed Model Anova Table (Type 3 tests, LRT-method)
##
## Model: ACC ~ lp * Head_num * Local_num + (1 + Head_num | subj) + (1
| Preamble)
## Data: df6
## Df full model: 12
##                  Effect df     Chisq p.value
## 1                    lp  1   9.03 **    .003
## 2              Head_num  1 18.71 ***   <.001
## 3             Local_num  1 15.52 ***   <.001
## 4           lp:Head_num  1    3.69 +    .055
## 5          lp:Local_num  1      0.01    .911
## 6    Head_num:Local_num  1 77.67 ***   <.001
## 7 lp:Head_num:Local_num  1      0.71    .399
## ---
## Signif. codes:  0 '***' 0.001 '**' 0.01 '*' 0.05 '+' 0.1 ' ' 1
```

结果显示,中心名词、局部名词和语言水平都有显著的主效应(中心名词:$\chi^2(1)=18.71$, $p<.001$;局部名词:$\chi^2(1)=15.52$, $p<.001$;语言水平:$\chi^2(1)=9.05$, $p=.003$)。三个变量之间不存在显著的三项交互效应($\chi^2(1)=.71$, $p=.399$),但中心名词和局部名词之间存在显著的交互效应,说明中心名词对被试产出主谓一致结构的影响还要取决于局部名词是单数还是复数($\chi^2(1)=77.67$, $p<.001$)。事后检验的结果显示,当局部名词是复数时,被试在中心名词是单数时产出的准确率显著于低于当中心名词是复数时($\beta=-0.74$, SE$=0.23$, $z=-3.16$, $p=.002$),而局部名词是单数时,被试在中心名词是复数时产出的准确率显著于低于中心名词是单数时($\beta=-2.46$, SE$=0.27$, $z=-9.03$, $p<.0001$)。中心名词是复数、局部名词是单数与中心名词是单数、局部名词是复数之间的准确率没有区别,不支持标记性不对称现象的预测($\beta=0.18$, SE$=0.23$, $z=0.80$, $p=.85$)。

上面并没有提供事后检验的 R 代码,请读者根据前面的章节自己完成。

另外,上面的结果还显示,中心名词与被试的语言水平存在边缘显著的交互效应($\chi^2(1)=3.69$, $p=.055$)。前面几个章节都曾经介绍过,作图是解读交互效应非常有效的手段,尤其是交互项中存在连续型变量时更是如此,比如这里的语言水平。图 8.4 清晰地展示了中心名词与被试的语言水平存在的这种交互关系:

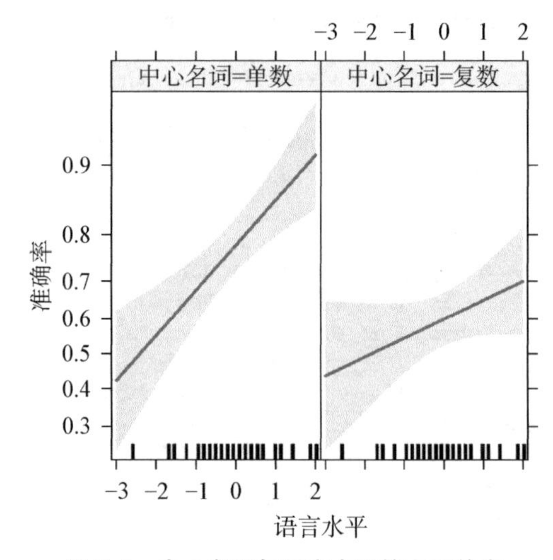

图 8.4　中心名词与语言水平的交互效应

从图 8.4 可看出,语言水平对中心名词是单数的影响显著更大,统计结果显示,语言水平每提高一个标准分,被试在中心名词是单数时的准确率就可以显著提高 0.50 个单位($\beta=0.50$, $SE=0.12$, $z=4.10$, $p<.0001$),而在中心名词是复数时只提高 0.24 个单位。

以上结果显示,当中心名词与局部名词的数不一致时,被试口头产出主谓一致结构的准确率显著低于两者的数相一致的时候。这个结果符合数吸效应的预测(Bock & Miller, 1991),说明我国英语学习者受数吸效应的影响:当主语是由数特征不匹配的中心名词和局部名词构成的名词短语时,局部名词的数会干扰学习者对谓语的数的标记,导致主谓一致产出错误。而这两个变量与被试语言水平之间不存在交互效应,进一步说明我国英语学习者的"数吸效应"不受他们语言水平的调节。

但上述结果不支持标记性效应(Vigliocco *et al.*, 1996)。从图 8.3 可以看到，无标记的单数局部名词反而诱发了最多主谓一致错误，后面的统计结果进一步证实这个条件下的准确率与有标记的复数局部名词之间不存在显著区别。我们认为标记性效应的缺失是因为复数中心名词的加工复杂性高于单数中心名词所致（也见 Kandel *et al.*，2022），上面结果显示的中心名词与语言水平之间存在显著的交互效应进一步支持了这一判断：相比中心名词是单数，中心名词是复数时，被试的准确率更难随着语言水平的提高而提高。

8.4　功效分析

统计检验的功效（The power of a statistical test）指的是在假设检验中能够正确地拒绝（错误的）零假设的概率。换句话说就是，功效（power）是如果实验干预的效果真实地存在，统计检验能把它探测出来的概率（参见 Gravetter & Wallnau，2017：255）。通过这个定义读者很容易理解统计的功效跟统计的二类错误（Type Ⅱ error）紧密关联，因为统计的二类错误就是指应该拒绝的零假设没有拒绝，可见统计功效与犯统计的二类错误的概率之和正好等于1。

当前，功效分析最经常使用的场景的是用来确定实验所要求的被试量（sample size）。功效分析越来越被重视，对实证结果的可靠性和可复制性至关重要。也正因为如此，越来越多的学术期刊要求研究者在开展实验之前，通过功效分析来确定实验研究的被试量。典型的如 *Journal of Memory and Language*（JML），新近发表的大部分实证研究都汇报了通过功效分析来确定被试量的过程。但是，考虑到时间和篇幅的限制，本书只在这个小节简单展示基于本章所汇报的实验的“基于数据的功效分析”，一方面展示上述所汇报的统计结果的功效，另一方面也简单介绍功效分析的思路。

前面已经介绍过，混合效应模型已经在语言学量化研究获得广泛应用，但是，评估混合效应模型的功效却是一件很难很复杂的事情。当前，最经常被采用的对混合效应模型功效分析的方法是一种被称作为基于模拟的功效分析

(simulation-based powcr analyses)法。它的最简单逻辑是"如果确定存在一定大小的(实验干预)效果,我运行我的实验 100 次,会有多少次获得统计意义上显著的结果?"(Coppock, 2013)。

对研究者来说,功效分析应该在实验开展之前就行,从而确定要获得某个效应量所需要的被试量(sample size),否则功效分析就失去了意义。但此时开展分析面对的一个很大的难题就是跟功效分析相关联的多个因素都是未知的,比如效应量的大小、拒绝零假设的 α 值,等等。当前,最常使用的解决方案是两种。一是基于已经存在的类似研究,至少是在实验设计上类似的研究,基于这些研究所汇报的结果进行功效分析,来预测自己要开展的研究的被试量。另一个方案,就是生成模拟数据,基于模拟数据进行功效分析,来决定自己要开展的研究的被试量。

我们当然也可以进行事后功效分析,以检验已经完成的实验中所获得的有关结果的功效。笔者把这类功效分析称作为基于数据的功效分析。可以使用 mixedpower 包的 mixedpower( )函数。就本研究来说,相关代码如下:

```
library(mixedpower)

df6 <- df6 %>%
  mutate(subj=as.numeric(subj))

power_Attr <- mixedpower(model=m.f,data=df6,
                         fixed_effects = c("Head_num",
                                           "Local_num"),
                         simvar = "subj",
                         steps = c(20,30,40,50,60),
                         critical_value = 2)

## [1] "Simulation running on:"
## socket cluster with 19 nodes on host 'localhost'
## [1] "Estimating power for step:"
## [1] 20
## [1] "Simulations for step  20  are based on  1000  successful single runs"
## [1] "Estimating power for step:"
## [1] 30
## [1] "Simulations for step  30  are based on  1000  successful single runs"
## [1] "Estimating power for step:"
## [1] 40
## [1] "Simulations for step  40  are based on  1000  successful single runs"
## [1] "Estimating power for step:"
## [1] 50
## [1] "Simulations for step  50  are based on  1000  successful single runs"
## [1] "Estimating power for step:"
## [1] 60
## [1] "Simulations for step  60  are based on  1000  successful single runs"
```

上面的代码首先把被试这个变量转变成数值型变量。mixedpower( )函数里需要定义的第一个参数是 model,把前面所获得的最终模型代入即可,第 2 个参数 fixed_effects 代表的含义很容易理解,simvar 是功效分析要模拟的随机变量,既可以是被试,也可以是测试材料。steps 是试图评估的样本量,上面一共评估了 5 个样本量,分别是 20,30,40,50 和 60。critival_value 是指获得显著结果的关键值,一般认为 t 值大于 2 即为显著。电脑在执行功效分析时往往需要耗费大量的时间,执行上面的代码后,呈现了一系列的过程信息,这些信息显示了执行功效分析时针对每个样本量的模拟过程,可以看到获得的是运行 1 000 次的模拟结果。就这个研究来说,基于前面已经拟合的最终模型的功效分析的结果如下:

```
power_Attr

   ##                          20    30    40    50    60      mode
## lp                       0.358 0.532 0.686 0.754 0.823      databased
## Head_numP                1.000 1.000 1.000 1.000 1.000      databased
## Local_numP               1.000 1.000 1.000 1.000 1.000      databased
## lp:Head_numP             0.082 0.110 0.146 0.140 0.184      databased
## lp:Local_numP            0.061 0.065 0.067 0.079 0.066      databased
## Head_numP:Local_numP     1.000 1.000 1.000 1.000 1.000      databased
## lp:Head_numP:Local_numP  0.111 0.123 0.113 0.138 0.154      databased
                                       effect
                                       lp
                                       Head_numP
                                       Local_numP
                                       lp:Head_numP
                                       lp:Local_numP
                                       Head_numP:Local_numP
                                       lp:Head_numP:Local_numP

multiplotPower(power_Attr)
```

从上面的结果可以看到,基于当前模型,被试量为 40 时,在 $\alpha=.05$ 的水平上获得 Head_num 和 Local_num 的显著主效应以及两者显著的交互效应的功效为 1。也可以对功效分析的结果进行可视化,如下:

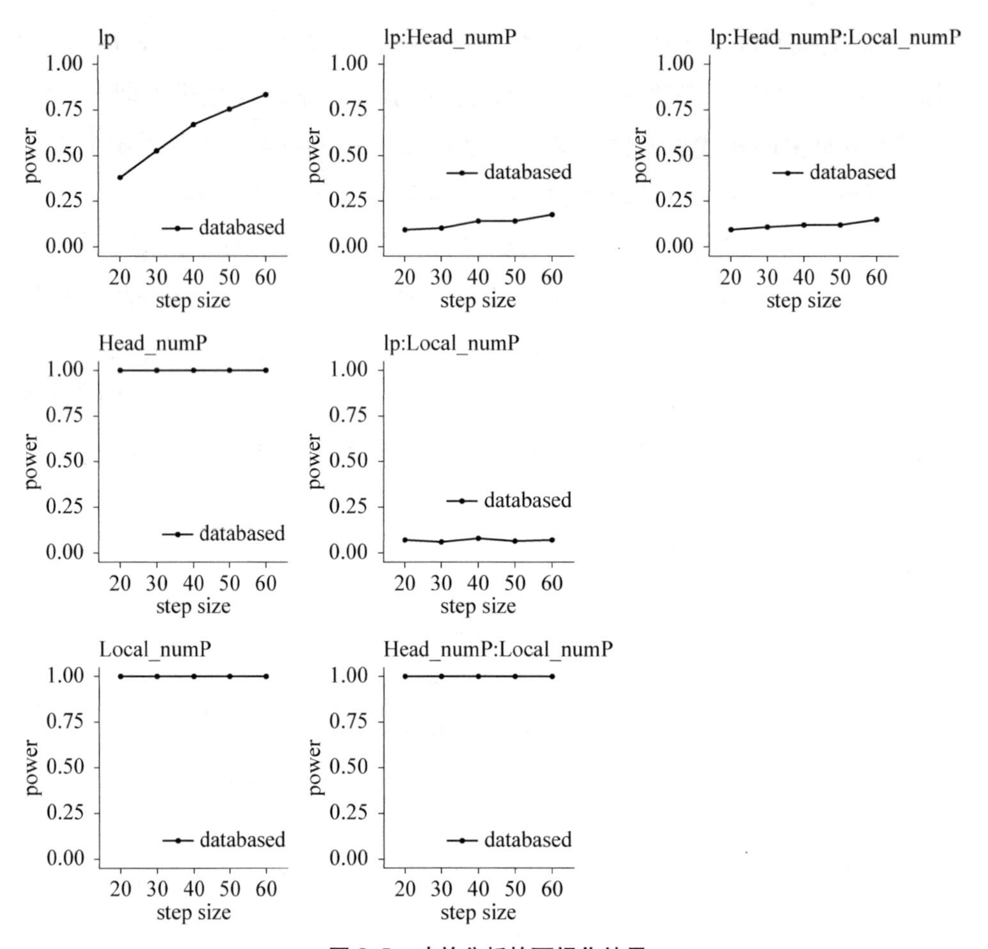

图 8.5　功效分析的可视化结果

上述结果进一步证明本研究选择 40 名被试完成实验,可以获得理想的统计功效。

参考文献 ▶▶▶

Almeida, D. & M. Tucker. 2017. The complex structure of agreement errors: Evidence from distributional analyses of agreement attraction in Arabic. Presented at *The 47th Annual Meeting of the North-East Linguistic Society*. University of Massachusetts.

Barr, D. J., R. Levy, C. Scheepers & H. J. Tily. 2013. Random effects structure for confirmatory hypothesis testing: Keep it maximal. *Journal of Memory and Language*, 68(3): 255 – 278.

Bates, D., M. Mächler, B. Bolker & S. Walker. 2014. *Fitting linear mixed-effects models using lme4*. heeps://arxiv.org/abs/1406.5823.

Bian, Jing (卞京) & Zhang, Hui (张辉). 2023. The number attraction effect in L2 agreement processing and its individual differences: ERP evidence from advanced Chinese EFL learners. *Foreign Languages and Their Teaching*, 1: 60 – 72+146.

Bock, K. & K. M. Eberhard. 1993. Meaning, sound and syntax in English number agreement. *Language and Cognitive Processes*, 8(1): 57 – 99.

Bock, K. & C. A. Miller. 1991. Broken agreement. *Cognitive Psychology*, 23(1): 45 – 93.

Dillon, B., A. Staub, J. Levy & C. Clifton. 2017. Which noun phrases is the verb supposed to agree with?: Object agreement in American English. *Language*, 93(1): 65 – 96.

Eberhard, K. M. 1997. The marked effect of number on subject-verb agreement. *Journal of Memory and Language*, 36(2): 147 – 164.

Ellis, N. C. & S. Wulff. 2020. Usage-based approaches to L2 acquisition. In B. VanPatten, G. D. Keating & S. Wulff (eds.). *Theories in Second Language Acquisition: An Introduction* (3rd ed.). New York: Routledge, 63 – 82.

Hoshino, N., P. E., Dussias & J. F. Kroll. 2010. Processing subject-verb agreement in a second language depends on proficiency. *Bilingualism: Language and Cognition*, 13: 87 – 98.

Huang, C.-T. James. 1984. On the distribution and reference of empty pronouns. *Linguistic Inquiry*, 15(4): 531 – 574.

Jackson, C. N., E. Mormer & L. Brehm. 2018. The production of subject-verb agreement among Swedish and Chinese second language speakers of English. *Studies in Second Language Acquisition*, 40(4): 907 – 921.

Jegerski, J. 2016. Number attraction effects in near-native Spanish sentence comprehension. *Studies in Second Language Acquisition*, 38(1): 5 – 33.

Jiang, N. 2004. Morphological insensitivity in second language processing. *Applied Psycholinguistics*, 25(4): 603 – 634.

Kandel, M. & C. Phillips. 2022. Number attraction in verb and anaphor production. *Journal of Memory and Language*, 127: 1 – 30.

Kandel, M., C. R. Wyatt & C. Phillips. 2022. Agreement attraction error and timing profiles in continuous speech. *Glossa Psycholinguistics*, 1(1): 1 – 46.

Li, Miaomiao (李苗苗), Wu, Mingjun (吴明军) & Wu, Di (吴迪). 2023. Influence of different determiners on L2 learners' neurocognitive processing of subject-verb agreement. *Modern Foreign Languages*, 3: 397 – 410.

Ma, Zheng (马拯). 2022. The bottleneck problem in English learning: Evidence from the SV-agreement performance by Chinese EFL learners. *Foreign Languages and Their Teaching*, 4: 122 – 133+149 – 150. [2022,英语学习中的"瓶颈问题"——中国学生主谓一致结构习得的证据.《外语与外语教学》第 4 期:122 – 133]

Nicol, J. L., K. I. Forster & C. Veres. 1997. Subject-verb agreement processes in comprehension. *Journal of Memory and Language*, 36(4): 569 – 587.

Nozari, N. & A. Omaki. 2022. An investigation of the dependency of subject-verb agreement on inhibitory control processes in sentence production. https://doi.org/10.31234/osf.io/9pcmg (PsyArXiv Preprints).

Vigliocco, G., R. J. Hartsuiker, G. Jarema & H. H. J. Kolk. 1996. One or more labels on the bottles? Notional concord in Dutch and French. *Language and Cognitive Processes*, 11: 407 – 442.

Wagers, M. W., E. F. Lau & C. Phillips. 2009. Agreement attraction in comprehension: Representations and processes. *Journal of Memory and Language*, 61(2): 206 – 237.

Wei, X., B. Chen, L. Liang & S. Dunlap. 2015. Native language influence on the distributive effect in producing second language subject-verb agreement. *Quarterly Journal of Experimental Psychology*, 68(12): 2370 – 2383.

Wu, S., D. Liu & Z. Li. 2022. Testing the bottleneck hypothesis: Chinese EFL learners' knowledge of morphology and syntax across proficiency levels. *Second Language Research*. Advance online publication. doi: 10.1177/02676583221128520.

索引